AF369433

L'ASTRONOMIE

POUR TOUS

L'ASTRONOMIE

POUR TOUS

OU

DESCRIPTION MÉTHODIQUE DES ASTRES

ET DES PHÉNOMÈNES CÉLESTES

ACCOMPAGNÉE

DE DÉTAILS HISTORIQUES ET DE CONSIDÉRATIONS PHILOSOPHIQUES

PAR

G. BOVIER-LAPIERRE

Professeur honoraire de l'Université, Officier de l'Instruction publique
Membre de la Société de linguistique de Paris
Auteur de plusieurs ouvrages classiques.

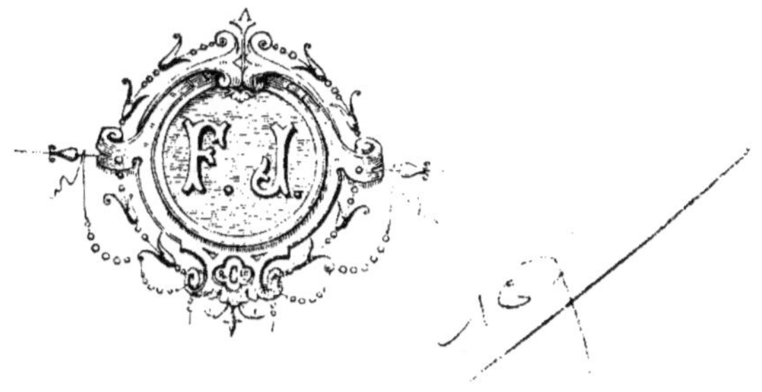

PARIS

LIBRAIRIE FURNE

JOUVET ET CIE, ÉDITEURS

5, RUE PALATINE. 5

1891

PRÉFACE

Nous nous sommes proposé un double but en écrivant ce ouvrage : nous avons voulu contribuer à répandre, à vulgariser la connaissance si attrayante et cependant un peu trop négligée des éléments de l'astronomie, et développer en même temps les sentiments que la contemplation de l'univers doit faire naître dans les âmes.

Pour le mettre à la portée de tous les lecteurs, il fallait expliquer les grandes lois qui régissent les mouvements des astres, à l'aide seulement des notions les plus élémentaires de la géométrie, et décrire les phénomènes célestes avec une grande simplicité de langage et une marche méthodique dans l'enchaînement des faits. Cette tâche nous était facilitée par l'expérience d'une longue carrière d'enseignement.

D'un autre côté, il y avait un écueil à éviter ; notre livre ne devait pas avoir l'aridité d'un livre classique, mais offrir au contraire une lecture intéressante. C'est ce que nous avons cherché à réaliser en y mêlant à chaque occasion des notions historiques sur les découvertes successives de la science, sur les hommes qui les ont faites, sur les circonstances au milieu desquelles elles se sont produites, en n'omettant aucun des progrès les plus récents, tout en laissant à l'écart ceux qui ne peuvent intéresser que les astronomes. Pour cela, nous avions à notre disposition les ouvrages des temps passés et les publications contemporaines. Nous avons surtout largement puisé dans les notices aussi intéressantes que savantes, dont un membre éminent de l'Académie des Sciences, M. Faye, enrichit chaque année l'*Annuaire du Bureau des longitudes*.

Nous n'avons rien négligé de ce qui pouvait donner à notre travail toute l'exactitude nécessaire. Un astronome de l'Observatoire de Paris, M. Bigourdan, a bien voulu l'examiner attentivement. Grâce à ses conseils, nous avons pu répandre plus de clarté en certains passages, mettre plus de précision dans des questions délicates. Nous nous plaisons à lui en exprimer ici toute notre reconnaissance.

Nos lecteurs seront ainsi assurés que nous n'avançons rien qui ne soit appuyé sur l'autorité de la science et que même dans l'exposé des faits les plus extraordinaires, nous n'avons laissé aucune part aux caprices de la fantaisie ou aux écarts de l'imagination. Ajoutons qu'aucune des découvertes astronomiques les plus récentes n'a été omise.

L'autre partie de notre tâche avait, à nos yeux, une si grande importance qu'au lieu d'exprimer seulement nos réflexions personnelles et nos sentiments particuliers, nous avons eu soin de faire parler à notre place, aussi souvent que possible, des hommes qui sont l'honneur de la science et qui savent, avec l'autorité de leur parole, montrer si éloquemment le Créateur au milieu de la Création et affirmer sa présence dans ce merveilleux domaine de l'univers, qu'ils passent leur vie à étudier. Ils y accompagnent en quelque sorte le lecteur ; ils lui répètent à leur tour ce que disait déjà autrefois le Psalmiste : *Les cieux racontent la gloire de Dieu* (Ps. xviii), et ils s'écrient aussi comme lui : *Que vos œuvres sont admirables, Seigneur ! Vous les avez toutes faites avec sagesse* (Ps. ciii).

INTRODUCTION

Parmi les spectacles si variés que présente la nature, celui qui produit l'impression la plus saisissante et se gravant le plus profondément dans l'âme, c'est sans contredit celui du ciel étoilé, par une belle nuit sans nuages. Loin du bruit des villes, dans le silence de la campagne troublé seulement par quelques sons mélancoliques, soupirs sortant du sein de la terre, on subit le charme d'une certaine harmonie mystérieuse qui semble accompagner la marche lente des astres dans le ciel. On les suit de l'œil, et ce n'est pas sans un vague sentiment de regret qu'on les voit descendre peu à peu pour disparaître sous la surface de la Terre ou se noyer dans les eaux de la mer, pendant que les étoiles radieuses de la Grande Ourse planent fièrement dans les hautes régions du ciel.

Tous ces astres appellent nos regards. Dans les froides soirées de l'hiver aussi bien que dans les tièdes nuits de l'été, les étincelles qu'ils font jaillir à chaque instant sont comme des signes muets par lesquels ils nous invitent à monter jusqu'à eux. Notre pensée s'y transporte ; mais d'autres astres l'attirent plus loin : derrière eux de nouveaux astres inconnus l'entraînent à des distances de plus en plus grandes. Elle court ainsi d'abîme en abîme, et n'entrevoyant plus aucun terme dans ces espaces infinis, elle se trouble et pour échapper au vertige, elle se hâte de revenir sur la terre, où elle tombe sous le poids des impressions qu'elle rapporte.

Ces mondes innombrables, qui sont disséminés dans une étendue sans bornes, ne se sont pas créés tout seuls, ne se sont pas imposé à eux-mêmes l'ordre constant dans lequel ils se meuvent. Ils doivent donc leur existence à une Cause suprême, à un Être infiniment puissant qui existait avant eux, sans avoir jamais eu lui-même un commencement, à un Dieu infiniment grand que notre esprit borné ne saurait comprendre, mais devant lequel nous sommes forcés de nous prosterner, en proclamant qu'il a tout créé, l'homme comme la Terre qui le porte et les astres qui l'éclairent.

Combien de réflexions naîtraient aussi en notre âme, si nous nous trouvions en face du ciel étoilé sur les hauteurs de l'Observatoire de Paris par exemple. Là les bruits sourds de la ville se perdent comme une rumeur lointaine ; les mille feux que l'industrie humaine y allume chaque nuit apparaissent au-dessous de la voûte étincelante comme des vers-luisants répandant une pâle lueur sur le gazon ; tout devient plus petit sur la Terre à mesure que l'on contemple plus longtemps le ciel. L'homme lui-même semble n'être qu'un atome devant l'immensité de la création. Et cependant n'a-t-il pas le droit de se regarder comme supérieur à tout cet univers, quand il songe qu'il a pu, armé d'ingénieux instruments, sonder l'océan infini des espaces célestes, mesurer les distances des astres qui les peuplent, déterminer leur marche, et même reconnaître dans leur substance, par l'examen de l'image que leur lumière, après avoir traversé un prisme de verre, nous montre nuancée de toutes les couleurs de l'arc-en-ciel, quelques-unes des matières qui entrent dans la substance de la Terre et des êtres qu'elle nourrit à sa surface ?

Evidemment, ce n'est pas par son corps de chair qu'il possède cette supériorité ; nous sentons bien que c'est par l'intelligence. L'âme, dont le corps n'est que l'humble serviteur, ne saurait être de même nature que lui, ne peut périr avec lui. Elle est un rayon émané de l'intelligence divine ; c'est à cette intelligence qu'elle retournera, après avoir accompli sa destinée terrestre.

Voilà les nobles jouissances et les grandes leçons que nous donne la seule contemplation du ciel ; elles suffisent pour montrer toute l'importance de la science astronomique, et faire naître le désir d'être initié à quelques-uns de ses secrets. Ecoutons le langage qu'elle inspire à un savant philosophe contemporain.

« Si parmi les sciences, dit M. Barthélemy Saint-Hilaire [1], il en est une qui nous montre l'empreinte de la main divine et toute-puissante, c'est celle des astres. Les objets qu'elle considère sont d'une grandeur incomparable : le temps et l'espace, les mouvements et les forces y prennent des proportions inouïes ; si quelque part l'homme se sent en présence du divin, c'est bien là, sous les formes les plus palpables et les plus saisissantes. Il aborde ces phénomènes prodigieux avec une sorte de respect et de terreur sainte qu'on ne sent que devant Dieu. Pour trouver un spectacle à la fois plus majestueux et plus touchant, l'homme doit sortir du monde matériel et entrer dans le monde intelligible et moral, où sa raison et sa conscience lui préparent de plus grands étonnements. Mais dans les sciences naturelles, il n'en est pas une qui ose rivaliser avec l'Astronomie et lui disputer le premier rang.

« Pour moi, plein de reconnaissance pour les enseignements qu'elle nous donne, je la remercie de nous en avoir tant appris sur les œuvres de Dieu. Toutefois, je crois qu'à cette première leçon elle peut en ajouter une autre non moins précieuse. Elle apprend à l'homme à se mieux connaître, en même temps qu'il connaît davantage ses rapports avec ce qui est infini et éternel. Ce n'est pas l'Astronomie sans doute qui lui donne le secret de sa destinée ; mais elle lui montre tout ensemble sa petitesse imperceptible, et sa grandeur sans égale parmi les créatures. Elle lui fait sentir, par des mouvements contraires, combien il est loin de Dieu, et combien il est au-dessus de tout ce qui l'environne. Ce sont bien là les deux abîmes qui épouvantaient le génie troublé de Pascal et qui peuvent en effet nous causer le vertige. Mais l'harmonie éternelle des mondes et la stabilité immuable de leurs lois sont faites pour nous rassurer. Celui qui a fait tout cela et qui le maintient, peut d'autant moins abandonner l'homme que l'homme est le seul être à qui il a permis de le comprendre et de l'adorer. L'homme peut s'en remettre à sa puissance, à sa justice et à sa bonté. »

[1] Préface de la traduction du *Livre du Ciel* d'Aristote.

L'Observatoire de Paris.

L'ASTRONOMIE POUR TOUS

LIVRE PREMIER

MOUVEMENT DIURNE ET DESCRIPTION DU CIEL

CHAPITRE PREMIER

L'HORIZON ET LA SPHÈRE CÉLESTE.

Dans le langage vulgaire, on entend par *horizon* la portion de la surface terrestre qui s'étend tout autour d'un observateur, jusqu'aux points les plus éloignés que sa vue puisse atteindre. La ligne qui la termine est plus ou moins sinueuse, suivant l'état plus ou moins accidenté du sol ; elle sépare la partie visible du ciel de celle qui nous est cachée : de là vient son nom d'*horizon*, mot tiré du grec et signifiant *qui borne*.

Sur une vaste plaine unie, cette ligne paraît à peu près circulaire ; sur la mer, elle se dessine très nettement comme une grande circonférence. La surface de l'eau comprise dans cette circonférence peut être regardée comme plane, la mer étant supposée immobile. Tel est l'aspect qu'elle présenterait à un baigneur qui n'aurait que la tête hors de l'eau. La surface de l'eau tranquille, comme celle d'un bassin, d'un étang, est appelée *surface horizontale ;* la ligne droite figurée par un fil à plomb lui est perpendiculaire, c'est-à-dire qu'elle ne penche pas plus d'un côté que de l'autre par rapport à cette

surface. La ligne droite du fil à plomb immobile est nommée ligne
verticale ; l'extrémité supérieure de cette droite qui serait prolongée
au-dessus de notre tête est appelée *zénith.* Le point opposé qui serait
au-dessous de nous est le *nadir.*

D'après les explications qui précèdent, *l'horizon astronomique*
doit être regardé comme un vaste cercle passant par l'œil de l'observateur et parallèle à la surface de l'eau tranquille, ou, ce qui
revient au même, dans une position telle que le fil à plomb lui est
perpendiculaire.

Une table sur laquelle une bille d'ivoire sphérique resterait
immobile en un point quelconque, sans rouler, est horizontale ; sa
surface prolongée indéfiniment figurerait l'horizon. On peut aussi
donner facilement une position horizontale à une table au moyen du
petit instrument nommé *niveau à bulle d'air* (fig. 1).

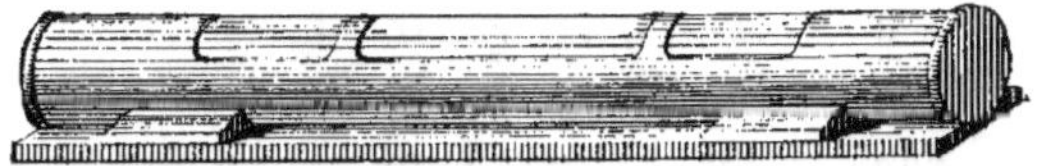

Fig. 1. — Niveau à bulle d'air.

Chacun sait quelles sont les deux parties opposées de l'horizon
qui s'appellent *levant* et *couchant.* En attendant que nous puissions en
donner une définition précise, nous dirons que, dans le langage scientifique, le *lever* et le *coucher* d'un astre en un lieu sont le moment
où il apparaît ou apparaîtrait sur l'horizon astronomique et le
moment où il disparaîtrait au-dessous.

Transportons-nous maintenant sur un lieu élevé, par exemple au
sommet d'une colline, où la vue ne soit contrariée par aucun obstacle.
Lorsque le Soleil s'est couché, la nuit arrive peu à peu et, si l'atmosphère est sans nuages, les étoiles se montrent successivement et
tapissent de mille feux étincelants tout l'espace qui s'étend au-dessus
de nous. C'est à cause du trop grand éclat du Soleil qu'elles étaient
invisibles pendant le jour. Un observateur les distinguerait, s'il se
mettait dans une position où la lumière de cet astre ne pourrait
arriver à ses yeux ; c'est ce qui se produirait pour un homme descendu au bas d'un puits d'une certaine profondeur ; car dans nos
pays le Soleil ne passe jamais directement sur notre tête.

« Les brillantes étoiles qui passent au zénith, dit l'astronome W. Herschell [1] dans un de ses écrits, peuvent être discernées à l'œil nu par les personnes situées au fond d'une cavité profonde et étroite, comme le sont les puits ordinaires. J'ai entendu moi-même, ajoute-t-il, raconter par un célèbre artiste que la première circonstance qui tourna son attention vers l'astronomie fut l'apparition régulière, à certaine heure, pendant plusieurs jours consécutifs, d'une étoile considérable dans la direction de l'intérieur du tuyau de sa cheminée. »

C'est pour la même raison qu'un astronome peut suivre une étoile en plein jour au bout de sa lunette, pourvu qu'elle ne soit pas trop voisine du Soleil. Dans une de ses lettres, Galilée [2] dit qu'avec ses lunettes perfectionnées on voit pendant le jour Jupiter, Vénus, les autres planètes et un grand nombre d'étoiles fixes.

Il ne faut pas beaucoup de temps pour remarquer que les astres ne restent pas immobiles au même endroit où ils ont apparu. On les voit du côté du levant monter dans le ciel et descendre du côté opposé où ils se couchent, pour reparaître le lendemain aux mêmes points que la veille et suivre le même chemin, en conservant dans ce mouvement commun les mêmes positions les uns par rapport aux autres, comme s'ils étaient attachés à la surface intérieure d'une immense voûte sphérique, tournant elle-même autour d'un axe qui passerait par l'œil de l'observateur. Cette sphère apparente est ce qu'on nomme la *sphère céleste* et le mouvement qu'elle accomplit sur elle-même en un jour et une nuit est appelé *mouvement diurne*. Les *deux pôles* sont les points où l'axe va rencontrer la sphère céleste.

[1] W. HERSCHELL, né dans le Hanovre en 1738, vint en Angleterre où il enseigna d'abord la musique; puis il se laissa entraîner par sa passion pour l'astronomie. Avec un grand télescope qu'il avait construit lui-même et installé au village de Slough, près de Windsor, il fit des découvertes remarquables, qui seront indiquées à leur place dans cet ouvrage. Il mourut en 1822.

[2] Nous parlerons plus loin de cet illustre savant; nous nous bornerons ici à dire qu'il naquit à Pise en 1564 et qu'il mourut en 1642, âgé de soixante-dix-huit ans, au village d'Arcetri, près de Florence.

On ne s'accorde pas sur le premier inventeur des lunettes. Selon certains historiens, ce serait un opticien batave, nommé Jean Lippersheim. En 1609, ayant par hasard assemblé deux lentilles de verre, il fut tout surpris de voir à travers que les objets paraissaient grossis et rapprochés.

Galilée, ayant entendu parler de cette découverte, réussit à construire un instrument moins imparfait où il employait une lentille concave à laquelle il appliquait l'œil et du côté de l'objet une lentille convexe. C'est sur la Lune, puis sur les planètes qu'il fit ses premières observations.

CHAPITRE II

Si une étoile occupait la position du pôle, elle ne se déplacerait pas comme les autres et resterait immobile en ce point. Or, il y en a une assez brillante qu'on aperçoit toujours au même point dans le ciel, à toute heure de la nuit et à toute époque de l'année, c'est-à-dire que, si un observateur la voit à un certain moment sur la direction d'une droite passant par deux points fixes, tels que le sommet d'un poteau et la tête d'une girouette, il la retrouvera constamment sur cette même direction. Son déplacement, si elle en a un, est assez faible pour être inappréciable à l'œil nu ; elle est donc au pôle ou au moins très voisine du pôle : pour cette raison, elle est nommée *étoile polaire*.

Il est facile de la reconnaître à l'aide d'une constellation qui pour nos pays est visible pendant toute la nuit, dans la partie du ciel opposée à celle qu'occupe le Soleil à midi : cette constellation est désignée par le nom de *Grande Ourse*. Elle comprend sept étoiles brillantes (fig. 2), dont quatre composent un quadrilatère qu'on nomme habituellement *Carré*, les trois autres formant au dehors une ligne brisée, qui est la queue de la Grande Ourse. Elle porte aussi le nom de *Chariot de David*.

Si l'on imagine une ligne droite menée par les deux étoiles du Carré les plus éloignées de la queue (fig. 3) et en dehors de sa courbure, son prolongement rencontre, à une distance à peu près égale à la longueur de la constellation, une étoile de même éclat, n'ayant dans son voisinage que des étoiles plus faibles : cette étoile est la *Polaire*. Elle se trouve elle-même au bout de la queue d'une autre constellation semblable à la Grande Ourse, un peu moins étendue et disposée en sens inverse ; les six autres étoiles qui la composent ont moins

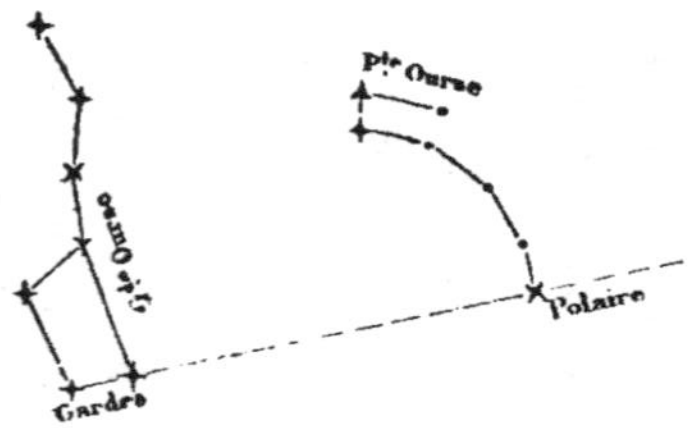

Fig. 3. — Les deux Ourses.

Fig. 4. — Petite Ourse.

Fig. 2. — Grande Ourse.

d'éclat que la Polaire. (fig. 4) Cette constellation, nommée *Petite Ourse*, ne se distingue bien qu'en l'absence du clair de lune.

Le pôle indiqué par l'étoile polaire est appelé *pôle nord, pôle boréal* ou *pôle arctique;* le pôle opposé, qui nous est caché par la Terre, est nommé *pôle sud, pôle austral* ou *pôle antarctique.*

En France nous voyons l'étoile polaire à peu près au milieu de la distance entre le zénith et l'horizon; mais à mesure qu'on s'avance

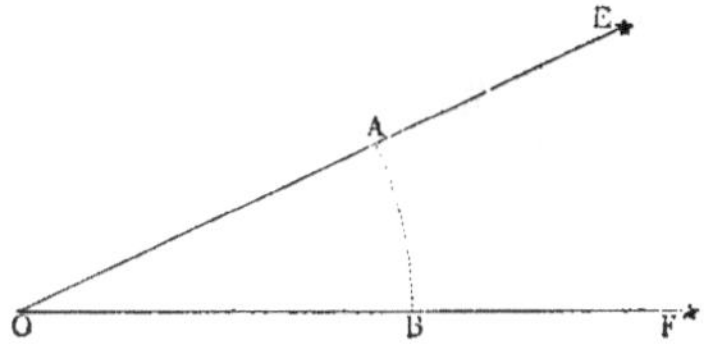

Fig. 5. — Distance angulaire.

dans la direction du midi au nord, son élévation au-dessus de l'horizon augmente; ainsi elle est plus grande à Marseille qu'à Alger, à Paris plus qu'à Marseille [1].

Mais comment peut-on évaluer cette hauteur? La distance apparente entre deux étoiles E et F (fig. 5) se mesure par l'angle EOF que forment entre eux les deux rayons visuels menés de l'œil O aux deux étoiles. Envisagée à ce point de vue, cette distance est nommée *distance angulaire;* sa grandeur est exprimée en degrés, minutes et secondes sur l'arc de circonférence AB décrit entre les côtés de l'angle, d'un rayon quelconque, avec le sommet pris pour centre [2]. Un graphomètre ordinaire (fig. 6) suffirait à la rigueur pour mesurer la distance angulaire de deux étoiles, si l'on n'avait pas besoin d'une grande précision. L'instrument est posé sur un trépied qui porte à son sommet V une noix GF, dans laquelle est engagée et serrée à volonté, à

[1] Sur les côtes de la Méditerranée l'étoile polaire était vulgairement désignée par le nom de *tramontane,* ce qui veut dire étoile *au delà des monts,* parce que les navigateurs, qui se guidaient sur elle avant l'invention de la boussole, la voyaient au delà des Alpes ou des Apennins, vers le nord. De là le proverbe : *perdre la tramontane,* qui veut dire être déconcerté, être désorienté.

[2] Le degré, qui est la 360ᵉ partie de la circonférence est indiqué par le signe °; la 60ᵉ partie du degré, nommée minute, est indiquée par le signe ′; la 60ᵉ partie de la minute, nommée seconde, est indiquée par le signe ″.

Il faut avoir soin de ne pas confondre la minute et la seconde de circonférence avec la minute et la seconde de temps, qui sont représentées par *m* et par *s.*

l'aide de la clef **K**, la courte tige **H** fixée au centre **C** du demi-cercle gradué en cuivre **EDE**. On établit ce demi-cercle dans un plan vertical, au moyen d'un fil à plomb, de manière que l'alidade fixe **AA** soit en même temps horizontale. On dirige alors l'alidade mobile **A′A′** sur l'astre ; l'axe compris entre les deux alidades mesure la

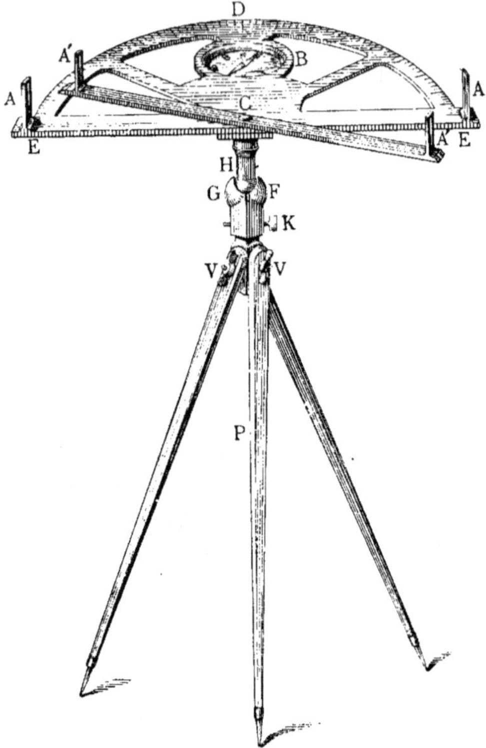

Fig. 6. — Graphomètre.

hauteur de l'astre. Au reste, avant l'invention des lunettes, c'est-à-dire avant le xvii° siècle, les astronomes n'avaient pas de meilleurs instruments à leur disposition. La figure 7 représente le quart de cercle dont se servait l'astronome danois Tycho-Brahé[1].

---

[1] Tycho-Brahé, né en 1546, mourut à Prague en 1600. Nous parlerons de lui plus longuement au Chapitre iii du Livre V.

C'est de la même manière qu'on évalue le diamètre apparent du Soleil et de la Lune.

La hauteur d'un astre au-dessus de l'horizon est l'angle formé dans un plan vertical, comme la surface d'un mur, par le rayon visuel mené à l'étoile et une droite horizontale. A Paris, par exemple, on trouve que la hauteur de l'étoile polaire est à peu près de 49 degrés. En ce lieu, l'axe du monde serait figuré par une immense tige droite qui, partant de l'étoile polaire et passant par notre œil, s'enfoncerait en terre, inclinée d'environ 49 degrés sur un sol uni et horizontal.

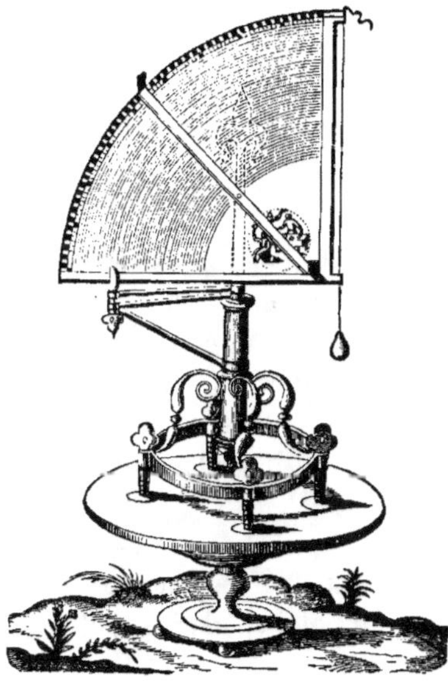

Fig. 7. — Quart de cercle de Tycho-Brahé.

Ici une objection se présente. D'après ce qui vient d'être dit, il semblerait qu'il y a autant d'axes du monde que de lieux sur la surface de la terre. Or, comme les distances angulaires de deux étoiles quelconques restent les mêmes, quels que soient les lieux d'observation, en France et en Chine par exemple, il faut admettre que la distance entre deux points de la Terre n'est rien en comparaison de la distance qui nous sépare des étoiles ; en d'autres termes, la Terre n'est qu'un point dans l'immensité de l'espace. L'axe du monde est donc toujours la droite passant par l'œil de l'observateur et le pôle.

C'est pour la même raison que l'horizon astronomique reste le même pour un observateur placé à des hauteurs différentes.

CHAPITRE III

Sans parler du Soleil et de la Lune, on voit quelques astres semblables aux étoiles se déplacer peu à peu sur la surface de la sphère céleste, et occuper des positions différentes à diverses époques parmi les étoiles, qui au contraire restent fixes les unes par rapport aux autres. Ces astres sont nommés *planètes*, d'un mot grec qui signifie *errants*. Cinq de ces planètes visibles à l'œil nu ont été connues de tout temps ; voici leurs noms :

Mercure, Vénus, Mars, Jupiter, Saturne.

Elles brillent comme les grandes étoiles, excepté cependant Mercure, qui, ne s'éloignant jamais beaucoup du Soleil, n'est pas toujours facile à apercevoir.

La Terre elle-même n'est qu'une planète, comme nous l'expliquerons plus tard.

Une septième planète a été reconnue en 1781 par l'astronome Herschell ; elle n'a que l'aspect des plus petites étoiles. On lui a donné le nom d'*Uranus*.

Nous devons en citer une huitième que le savant Le Verrier [1], à la suite de longs calculs, annonça en 1846 sans l'avoir vue. Elle fut aperçue en effet peu de temps après par M. Galle à l'observatoire de Berlin. Malgré l'énormité de son volume, elle n'est pas visible à l'œil nu, à cause de son immense éloignement : on l'appelle *Neptune*.

[1] LE VERRIER, né à Saint-Lô en 1811, sortit au premier rang de l'Ecole polytechnique. Il était professeur de mécanique, lorsqu'il se fit connaître au monde savant par la découverte de sa planète. Député à l'Assemblée législative en 1849, il fut nommé sénateur par Napoléon III et reçut la direction de l'Observatoire de Paris, qu'il perdit à la chute de l'Empire. Elle lui fut rendue en 1872, après la mort du directeur M. Delaunay. Il mourut dans ces fonctions en 1877. On lui a élevé une statue dans la cour de l'Observatoire.

Il y a d'autres planètes nombreuses, mais très petites, visibles seulement au télescope, et qui n'ont été découvertes que depuis le commencement de ce siècle ; nous parlerons plus loin de ces planètes dites *télescopiques*.

La plus remarquable des cinq planètes visibles à l'œil nu est Vénus, qui se montre le soir, après le coucher du Soleil, pendant neuf mois environ et le matin, avant le lever de cet astre, pendant les neuf mois suivants : c'est l'astre qui est vulgairement connu sous le nom d'*Etoile du berger*.

La lumière des planètes paraît calme comme celle de la Lune ; celle des étoiles au contraire semble, pour ainsi dire, lancer à chaque instant de légères étincelles : c'est ce phénomène qu'on nomme *scintillation*. Ces astres, ainsi que la Lune, ne sont pas lumineux par eux-mêmes ; ils ne font que nous renvoyer la lumière qui du Soleil tombe sur leur surface, de même qu'un mur blanc nous éblouit, quand il est éclairé directement par les rayons de cet astre.

Observées à l'aide des instruments, les planètes apparaissent très sensiblement grossies et rapprochées, au lieu que les étoiles n'éprouvent jamais de telles variations et ne se montrent que comme des points lumineux. De là il est permis de conclure que les planètes ne sont pas aussi éloignées que les étoiles. Il en est de même pour le Soleil et la Lune, et comme c'est la Lune qui présente le plus fort grossissement, nous pouvons déjà admettre qu'elle est de tous les astres celui qui est à la moindre distance de la Terre.

Quant aux étoiles, on les regarde comme autant de soleils, lumineux par eux-mêmes, analogues à celui qui nous éclaire et nous réchauffe ; elles ne nous paraissent si petites qu'en raison de l'immense distance qui les sépare de la Terre.

CHAPITRE IV

Supposons dans un lieu découvert une table ayant sa surface bien horizontale et portant une ligne droite OC qui lui est fixée verticalement (fig. 8) et terminée à son sommet par une légère plaque munie d'un petit trou. Sur la surface horizontale sont décrites diverses circonférences ayant toutes pour centre le pied O de la tige verticale.

L'ombre projetée par la tige varie en longueur et en direction aux divers instants de la journée. Au lever du Soleil, elle s'étend indéfiniment du côté du couchant ; puis, à mesure que l'astre continue sa marche dans le ciel, elle pivote autour du pied de la tige en se raccourcissant, dans les positions successives OA, OA′,

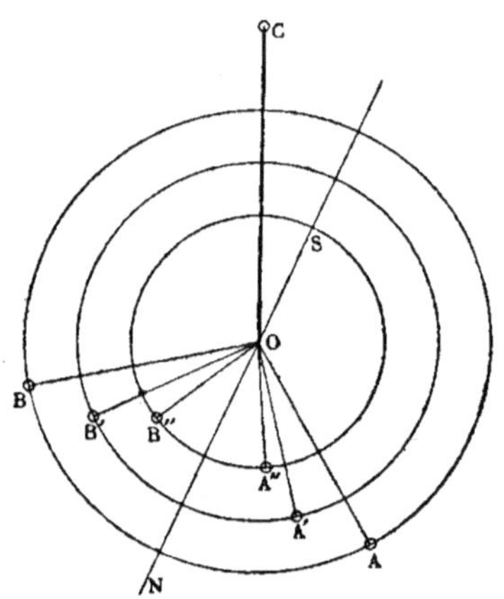

Fig. 8. — Gnomon.

OA″..., jusqu'à un certain moment à partir duquel elle s'allonge au contraire en OB″, OB′, OB..., en continuant à pivoter. On marque les directions de l'ombre quand elle se terminait à une de ces circonférences, par exemple OA et OB ; à ces deux instants le Soleil était évidemment à la même hauteur dans le ciel. Il se trouve à la plus grande hauteur, quand la longueur de l'ombre est au minimum, ce qui a lieu quand elle s'étend sur la direction de la droite ON, qui divise en deux parties égales l'un quelconque des angles AOB,

A′OB′, A″OB″... Ce modeste appareil, qui a cependant une grande importance, est nommé *gnomon*, d'un mot grec qui signifie *indicateur* ; la tige s'appelle *style*.

Imaginons maintenant qu'on établisse le long de la droite NOS une plaque mince appuyée contre le style. Il y aura dans la journée un moment où l'ombre de la plaque se réduira à la ligne d'ombre ON, comme si le style était seul sur la plaque, parce que le Soleil à ce moment traverse le prolongement du plan vertical qu'elle figure. A l'aide d'une bonne pendule, on peut constater que ce moment partage en deux parties égales le temps qui s'écoule depuis le lever du Soleil jusqu'à son coucher ; c'est donc le milieu du jour, c'est-à-dire *midi*. Le plan vertical a reçu le nom de *méridien*, d'un mot latin signifiant *milieu du jour*. Il passe aussi par le pôle.

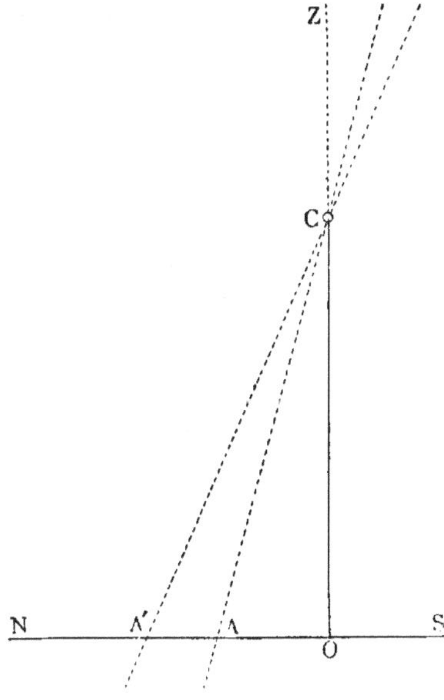

Fig. 9. — L'ombre à midi.

La ligne droite NOS le long de laquelle le méridien coupe l'horizon est dite *méridienne*.

L'ombre minimum projetée par le style du gnomon à midi conserve constamment la même direction NOS, mais sa longueur varie d'un jour à l'autre (fig. 9). Elle va en augmentant depuis le 21 juin, où sa longueur sur la méridienne est OA par exemple jusqu'au 22 décembre, où elle atteint sa plus grande longueur OA′. Ainsi c'est le 21 juin que le Soleil à midi est le plus près de notre zénith et que ses rayons tombent le moins obliquement sur notre sol ; c'est le 22 décembre qu'il est le plus éloigné du zénith et que ses rayons nous arrivent dans la direction la plus oblique. Cette remarque n'est pas sans importance ; car de cette différence d'obliquité des rayons solaires proviennent en grande partie les différences de température aux diverses époques de l'année. C'est ce qui se passe dans une même journée, pendant que le Soleil s'élève du matin jusqu'à midi et s'abaisse ensuite de midi jusqu'au soir.

Dans l'église Saint-Sulpice à Paris, existe un gnomon qui y fut établi en 1743 par l'astronome Lemonnier. La méridienne est figurée par une tige droite de cuivre encastrée dans le pavé, et allant du pied d'un obélisque en marbre posé dans un angle du bras gauche vers le portail sud de la rue Servandoni. Le trou par lequel passe la lumière du Soleil à midi est pratiqué dans le mur, à 25 mètres environ au-dessus du pavé de ce portail.

La méridienne rencontre la circonférence de l'horizon en deux points importants : celui qui est du côté de l'étoile polaire est le *nord* ou *septentrion ;* le point opposé est le *sud* ou *midi*. Le diamètre mené sur l'horizon perpendiculairement à la méridienne aboutit à deux autres points qui avec les deux autres partagent la circonférence de l'horizon en quatre parties égales. Le point situé du côté où le Soleil se lève se nomme *est, orient* ou *levant ;* celui qui est situé du côté où le Soleil se couche se nomme *ouest, occident* ou *couchant*. Ces quatre points de l'horizon sont ce qu'on appelle les *points cardinaux*. Les milieux de ces quatre arcs égaux de l'horizon sont désignés par des noms composés de ceux des deux points cardinaux entre lesquels ils se trouvent : *nord-est, nord-ouest, sud-ouest, sud-est.*

Le nom de *levant*, donné aussi à l'*est*, pourrait faire croire que le Soleil se lève toujours en ce point ; cela n'arrive que deux fois par an, le 21 mars et le 22 septembre. Le point du lever se déplace de jour en jour ; il se trouve à 23 degrés et demi environ au nord le 21 juin et à la même distance au sud le 22 décembre. Ce déplacement, facile à constater, est bien connu des habitants des campagnes.

Les marins ont besoin de déterminer avec exactitude la direction du vent et la marche du navire ; aussi la circonférence de l'horizon est-elle divisée pour eux en 32 parties égales : la figure où sont tracées toutes ces directions est appelée *Rose des vents* (fig. 10). La méridienne est indiquée au pilote non par l'aiguille elle-même de la boussole, mais par le diamètre qui fait avec la moitié boréale de l'aiguille et du côté de l'est un angle qui varie avec le temps et les lieux : cet angle est nommé *déclinaison*.

Les deux procédés qui viennent d'être indiqués pour trouver la direction de la méridienne, et par suite les quatre points cardinaux en un lieu, ne sont praticables que pendant le jour ; on peut en employer un autre pendant la nuit, à l'aide de l'étoile polaire. Après avoir suspendu à un point quelconque un fil à plomb dans un endroit

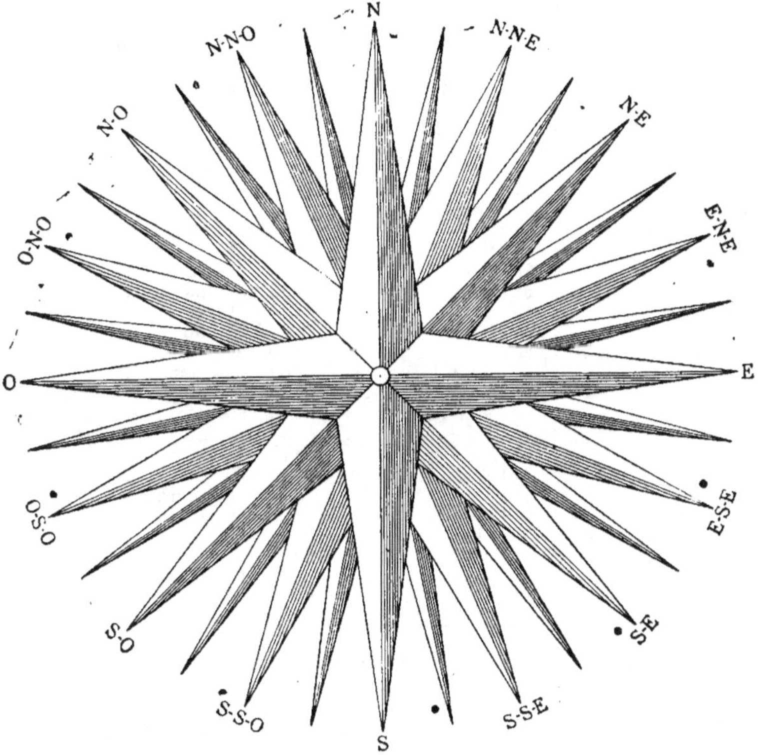

Fig. 10. — Rose des vents.

découvert, on se place en arrière à une distance de deux ou trois mètres, en face de l'étoile polaire et en tenant à la main, élevée plus haut que l'œil, un autre fil à plomb qu'on amène à une position où on voie les deux fils se confondre en un seul sur l'étoile polaire. Les deux points du sol correspondant aux deux fils à plomb sont deux points de la méridienne.

DÉCLINAISON DE L'AIGUILLE AIMANTÉE

POUR LES PRINCIPALES VILLES DE FRANCE, AU 1ᵉʳ JANVIER 1890.

Paris.	15°47'	Epinal	13°45'	Perpignan	14°27'
Agen.	15.41	Evreux.	16.08	Poitiers	16.14
Ajaccio.	11.58	Foix.	14.58	Privas	14.03
Albi.	14.58	Gap.	13.28	Quimper.	18.30
Alençon	16.42	Grenoble.	13.44	Rennes.	17.19
Amiens.	16.07	Guéret.	15.30	La Roche-sur-Yon.	17.03
Angers.	16.45	Laon.	15.21	Rodez	14.48
Angoulême.	16.06	La Rochelle	16.49	Rouen.	16.30
Annecy.	15.40	Laval	16.58	Saint-Brieuc	17.58
Arras	15.44	Le Mans	16.33	Saint-Etienne.	14.17
Auch.	15.34	Le Puy.	14.25	Saint-Lô.	17.27
Aurillac	15.02	Lille.	15.38	Tarbes.	15.41
Auxerre	15.02	Limoges	15.41	Toulouse.	15.15
Avignon	13.57	Lons-le-Saulnier.	14.00	Tours	16.15
Bar-le-Duc	14.25	Lyon.	14.11	Troyes.	14.48
Beauvais.	16.04	Mâcon	14.12	Tulle.	15.22
Besançon.	13.48	Marseille.	13.34	Valence	14.01
Blois.	15.58	Melun	15.33	Vannes.	17.44
Bordeaux.	16.19	Mende.	14.27	Versailles.	15.54
Bourg	14.04	Mézières	14.42	Vesoul.	14.50
Bourges	15.25	Montauban	15.17		—
Caen.	17.03	Mont-de-Marsan.	16.04	Bayonne.	16.21
Cahors.	15.19	Montpellier.	14.12	Boulogne.	16.27
Carcassonne	14.43	Moulins	14.59	Brest	18.40
Châlons-s.-Marne.	14.49	Nancy.	13.58	Calais	16.23
Chambéry	13.40	Nantes.	17.09	Cherbourg	17.44
Chartres.	15.54	Nevers.	15.04	Dieppe.	16.33
Châteauroux	15.41	Nice.	12.52	Dunkerque.	16.05
Chaumont	14.23	Nîmes.	14.03	Le Havre.	16.50
Clermont-Ferrand.	14.58	Niort.	16.33	Saint-Malo	17.42
Digne	13.21	Orléans	15.48		—
Dijon	14.18	Pau	15.51	Cette.	14.19
Draguignan.	13.07	Périgueux	15.42	Toulon.	13.17

Nous n'avons pas à entrer ici dans le détail des précautions à prendre ; il y en a une cependant qui ne peut pas être négligée. L'étoile polaire n'est pas au pôle même ; elle en est distante actuellement d'environ 1 degré 20 minutes, comme nous l'expliquerons bientôt. Pour obtenir un résultat d'une exactitude suffisante, il faut opérer quand elle est dans le plan du méridien : actuellement c'est à peu près le moment où elle se trouve sur le même fil à plomb que la deuxième des trois étoiles de la queue de la Grande Ourse. Pour avoir l'instant précis du passage de l'étoile polaire au méridien, il faudrait consulter l'*Annuaire du Bureau des longitudes*.

CHAPITRE V

HAUTEUR DU PÔLE. — RÉFRACTION.

Nous avons dit que l'étoile polaire est seulement voisine du pôle.
Comment a-t-on pu déterminer la position exacte de ce point et reconnaître la distance qui en sépare l'étoile?

Pour le faire comprendre, considérons un demi-cercle gradué ACB
(fig. 11), fixé verticalement le long de la méridienne NS, et muni d'une

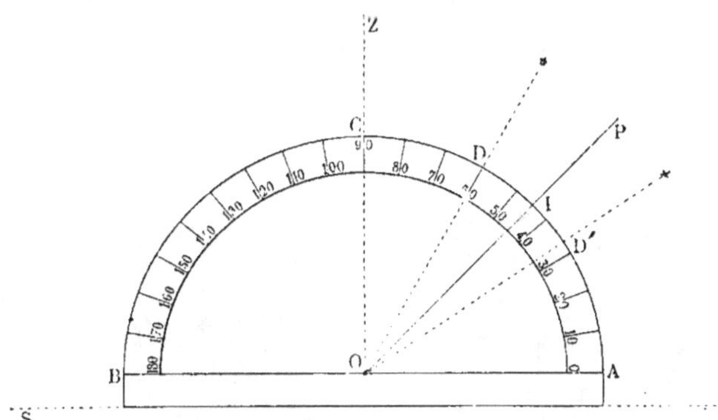

Fig. 11. — Demi-cercle gradué.

lunette tournant autour de son centre et dans son plan ; ce cercle
représente le méridien, et la verticale OZ indique la direction du
zénith. Les étoiles de la Grande Ourse ne descendant pas au-dessous
de notre horizon traversent deux fois le méridien dans leur mouvement diurne. On vise à l'aide de la lunette une de ces étoiles ; on
mesure sa hauteur AD à son passage supérieur et sa hauteur AD′
à son passage inférieur ; la demi-somme de ces deux hauteurs est
la hauteur AI du pôle, et la droite OIP est la direction de l'axe du

monde. A Paris, la hauteur du pôle prise au Panthéon est de 48° 51'.
Elle augmente à mesure que le lieu d'observation est plus au nord ;
ainsi elle est de 43° 18' à Marseille, de 45° 46' à Lyon, de 50° 39' à
Lille. C'est en observant de la même manière l'étoile polaire qu'on a
reconnu qu'elle est actuellement à 1° 20' du pôle.

D'après ce qui précède, il semblerait que cette opération est des
plus simples et des plus faciles ; ce serait une grande erreur de le
croire. Ici, comme dans tout le cours de cet ouvrage, nous devons
nous borner à donner une idée sommaire des procédés employés par
les astronomes, sans entrer dans le détail des précautions minutieuses qu'ils sont obligés de prendre. Cependant il y a dans la
mesure des hauteurs des astres ou de leurs distances zénithales une
circonstance qui exerce une trop grande influence sur les observations pour que nous ne la fassions pas connaître : c'est la *réfraction*.

On désigne par ce nom le changement de direction qu'éprouve
un rayon de lumière, quand il passe d'un milieu dans un autre de
densité différente. Dans le milieu le plus dense il fait avec la droite
normale menée à la surface de séparation des deux milieux, au point
où il la traverse, un angle plus petit que celui qu'il fait avec la même
normale dans le milieu le moins dense. C'est par la réfraction qu'un
bâton droit **ABH** (fig. 12) enfoncé en partie dans l'eau paraît brisé

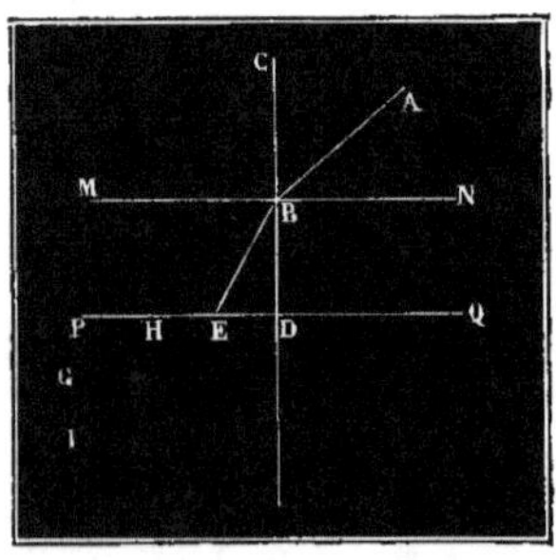

Fig. 12. — Réfraction.

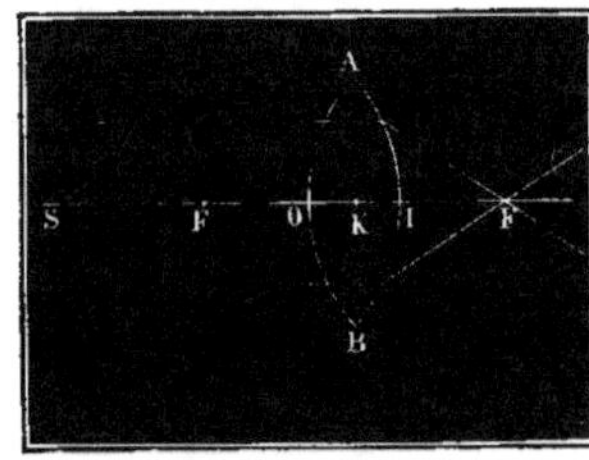

Fig. 13. — Lentille convexe.

en B à la surface de l'eau, et présente la forme ABE ; que les rayons
de lumière qui traversent une lentille de verre convexe changent de
direction, et se rencontrent au delà en F à droite si la lentille n'est
pas trop voisine du corps lumineux (fig. 13), et s'écartent au contraire les uns des autres quand la lentille est concave (fig. 14).

Soit donc **TMT′** la surface de la Terre (fig 15), et imaginons l'atmosphère décomposée en couches, séparées par les lignes **AA′**, **BB′**, **CC′**, **DD′**…, la droite **MZ** étant la verticale du lieu **M**. Un rayon lumi-

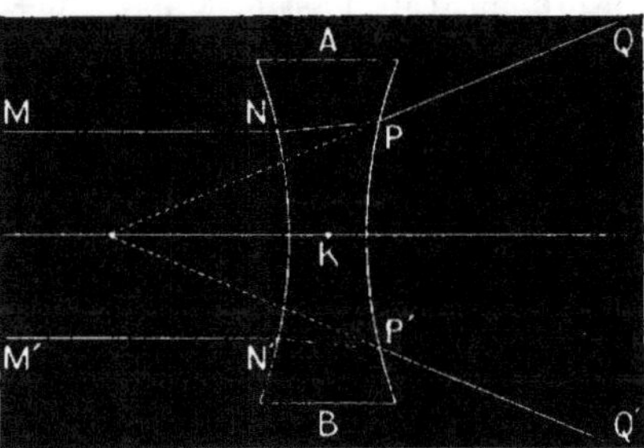

Fig. 14. — Lentille concave.

neux partant d'un astre **S** suit la ligne droite **SH** jusqu'au point **H**, où il pénètre dans la première couche de l'atmosphère. Là il prend la direction **HI**, puis dans la deuxième la direction **IK**, dans la troisième la direction **KL** et enfin dans la dernière la direction **LM**, en

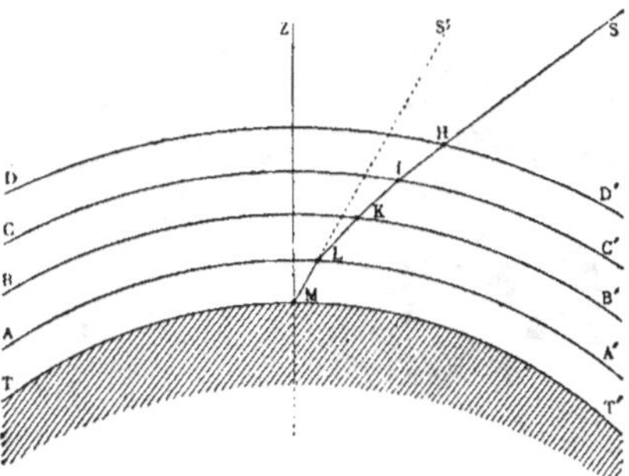

Fig. 15. — Réfraction atmosphérique.

faisant dans chaque couche avec la normale correspondante un'angle de plus en plus petit, puisque la densité de l'air va en augmentant d'une couche à l'autre jusqu'à la surface de la Terre.

Si on considère les couches comme infiniment nombreuses et infiniment minces, on voit que le rayon lumineux **SH** parcourt dans l'atmosphère, pour arriver en **M**, une ligne courbe **HIKLM**. Or en vertu d'une illusion, dont nous ne pouvons nous défaire, le rayon lumineux qui a pénétré dans l'œil en M produit une impression telle que nous croyons qu'il a marché toujours dans la direction de la petite ligne droite ML ; c'est donc en S′ sur le prolongement de cette ligne droite qu'apparaît l'astre, dont la position réelle est en S. Ainsi par l'effet de la réfraction atmosphérique la distance zénithale apparente est moindre que la distance réelle ; réciproquement la hauteur de l'astre se montre augmentée.

C'est au xvi⁰ siècle que l'astronome danois Tycho-Brahé parvint à reconnaître l'influence de la réfraction atmosphérique sur la position apparente des astres. Il s'appliqua alors à construire une table de correction, au moyen de laquelle il pouvait des observations déduire la position vraie. Elle lui coûta de longs travaux. Une telle table a une si grande importance que les astronomes n'ont jamais cessé de s'attacher à la perfectionner de plus en plus. La réfraction produit son plus grand effet à l'horizon ; elle y relève la hauteur d'un astre d'environ un demi-degré. Au zénith la réfraction est nulle ; car en ce point le rayon lumineux suit la direction de la normale en pénétrant dans l'atmosphère.

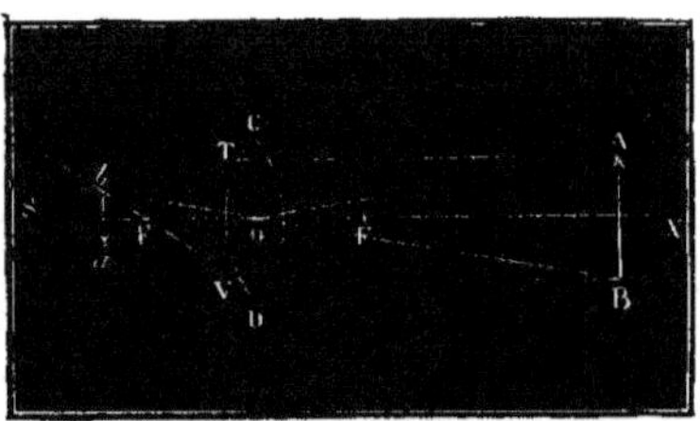

Fig. 16. — Lentille convexe.

Avant de parler des instruments employés par les astronomes, il convient de donner une idée suffisante de la lunette et du télescope, sans entrer toutefois dans des détails de théorie et de construction qui appartiennent aux traités de physique.

Considérons d'abord une lentille biconvexe CD (fig. 16), dont les deux faces peuvent être regardées comme deux calottes sphériques. On appelle *axe* la droite indéfinie SX, qui serait perpendiculaire par le centre O sur le cercle intérieur déterminé par la circonférence de la lentille. Des rayons lumineux parallèles à l'axe, tels que AT et BV, arrivant sur la lentille, subissent, en entrant et en sortant, deux réfractions, après lesquelles ils suivent au delà les directions T*a* et V*b*, en se croisant sur l'axe au point F, qui est nommé pour cette raison *foyer*, ou aussi *foyer principal*. Quand ces rayons lumineux viennent, par exemple, du Soleil, ils forment en F une petite image ronde et blanche; il y a en même temps une accumulation de chaleur assez grande pour mettre le feu à un morceau d'amadou ou même à un morceau d'étoffe noire. C'est une expérience bien facile et bien connue.

Si au lieu de partir du Soleil, la lumière vient de la flamme AB d'une bougie allumée à quelque distance, les rayons AT et AO vont se rencontrer au point *a*, et les rayons BV et BO au point *b*, de telle sorte que la lumière de la flamme AB va former de l'autre côté de la lentille une image réelle et renversée *ba*, qui s'éloigne en grandissant, à mesure que le corps lumineux AB se rapproche de la lentille.

La lentille produit un effet tout différent, quand l'objet lumineux

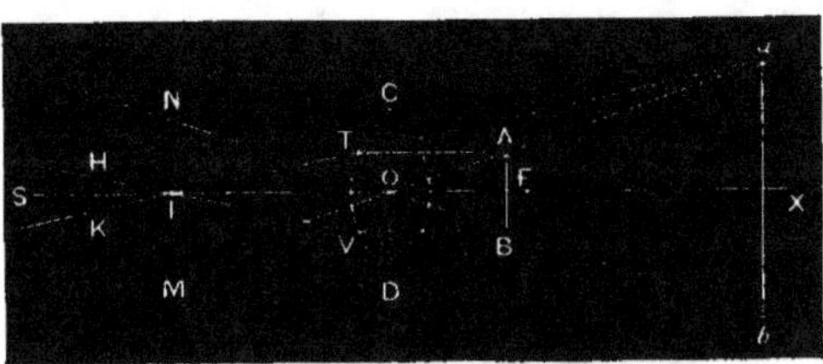

Fig. 17. — La loupe.

se trouve placé entre elle et son foyer principal, comme en AB dans la figure 17. En effet, par suite de ce rapprochement, les deux rayons AT et AO suivent à leur sortie de la lentille les directions TIK et OM, qui s'écartent l'une de l'autre, au lieu de se rencontrer. En pénétrant tous deux dans l'œil, ils produisent, sur le nerf optique, une impression telle que nous croyons qu'ils ont toujours marché en ligne droite, comme s'ils étaient partis du point *a*. C'est donc en ce point *a* qu'apparaît l'image du point A; de même l'image du point B se montre en *b*. Ainsi, en regardant l'objet AB à travers la lentille, nous l'apercevons un peu plus loin, droit et agrandi. La lentille est alors le verre grossissant vulgairement nommé *loupe*.

Imaginons maintenant deux lentilles convexes, enchâssées aux deux bouts d'un tuyau cylindrique (fig. 18), l'une CD du côté de

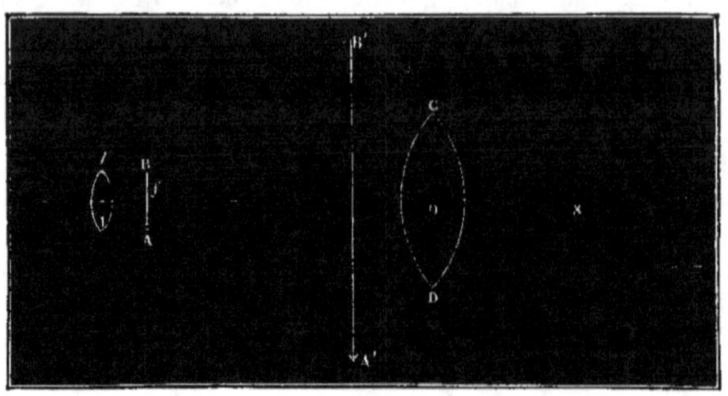

Fig. 18. — Lunette astronomique.

l'objet et nommée pour cette raison *objectif*, l'autre *li* à l'opposé, à laquelle on applique l'œil et nommée *oculaire*. Les rayons d'un astre venant dans la direction XO traversent l'objectif CD, et vont former

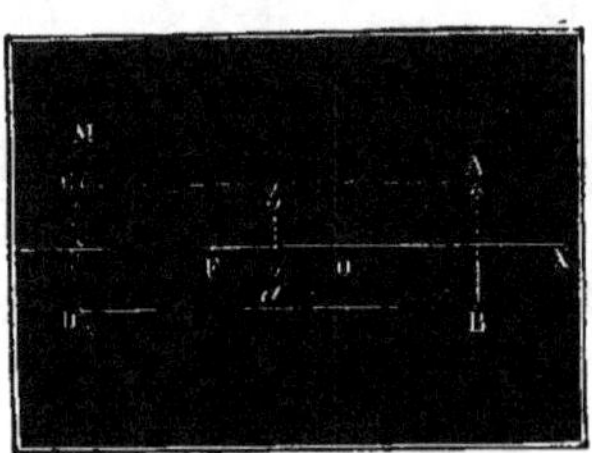

Fig. 19. — Réflexion de la lumière sur un miroir concave.

au delà une image réelle et renversée de l'astre en BA. Si l'oculaire est disposé de telle sorte que cette image tombe entre lui et son foyer principal *f*, l'oculaire est alors une loupe, à travers laquelle l'image réelle BA de l'astre se montre agrandie en B'A'. Telle est la *lunette astronomique* réduite à toute sa simplicité.

Le *télescope* diffère de la lunette en ce que l'image réelle du corps lumineux éloigné est formée par la réflexion des rayons qui tombent sur un miroir concave, au lieu de traverser une lentille. Soit par exemple le miroir concave MCD (fig. 19), formé d'une calotte décou-

Fig. 20. — Le grand télescope de l'Observatoire de Paris.

pée sur une sphère qui aurait pour centre le point O. La droite menée par ce centre et le milieu S du miroir est l'*axe*. Des rayons lumineux, AC et BD par exemple, arrivant parallèlement à l'axe, éprouvent, en tombant sur le miroir, une réflexion, en vertu de laquelle ils marchent dans les directions C*a* et D*b*, en faisant avec la normale menée du centre O aux points d'incidence C et D un angle de réflexion égal à l'angle d'incidence. Ils se croisent ainsi sur l'axe, en un point F, qui est à peu près au milieu de la distance OS : ce point est le *foyer principal*. Si par exemple les rayons lumineux viennent de la Lune, on voit en F une petite image réelle de cet astre, qui se trouve alors, pour ainsi dire, mis devant l'observateur. Il n'y a plus qu'à regarder cette image avec une forte loupe. L'instrument ainsi constitué par le miroir et la lentille qui fait l'office de loupe, n'est autre chose qu'un télescope. Le miroir est placé au fond d'un grand cylindre auquel on peut imprimer un mouvement à volonté ; quant à la lentille, elle n'est pas dans tous disposée de la même manière.

La figure 20 représente le grand télescope qui a été établi en 1876 dans le jardin de l'Observatoire de Paris, du côté du sud.

Ajoutons en finissant que le nom *télescope* est composé de deux mots grecs, *télé* signifiant loin, et *scope* qui veut dire voir et qu'on retrouve dans *microscope*.

CHAPITRE VI

LES PRINCIPAUX INSTRUMENTS ASTRONOMIQUES.
LOIS DU MOUVEMENT DIURNE.

Outre le télescope, les instruments principaux employés par les astronomes sont le *cercle mural,* la *lunette méridienne* et le *théodolite.* Le cercle mural n'est autre chose que le cercle décrit dans le

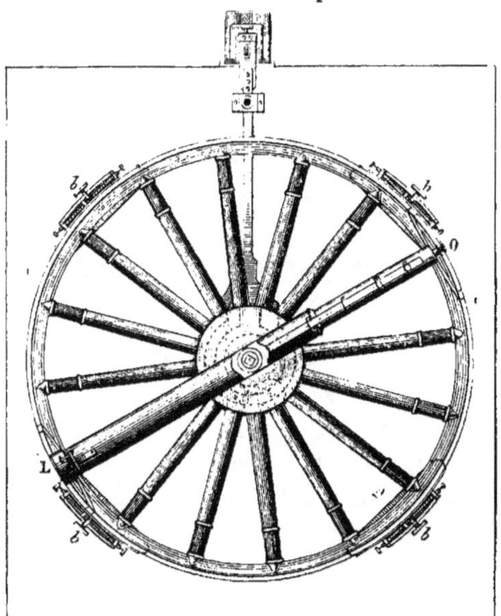

Fig. 21. — Cercle mural.

chapitre précédent, fixé à demeure sur la face d'un mur qui est dans la direction du nord au sud, et dans une position telle que l'axe de la lunette décrive exactement le méridien (fig. 21). Il sert à mesurer la distance zénithale et par suite la hauteur d'un astre à son passage au méridien.

La lunette méridienne est employée, quand on veut déterminer le moment précis du passage de l'astre au méridien. Ce n'est autre chose qu'une grande lunette pouvant tourner autour de deux bras horizontaux, dont l'un est dans le prolongement de l'autre (fig. 22),

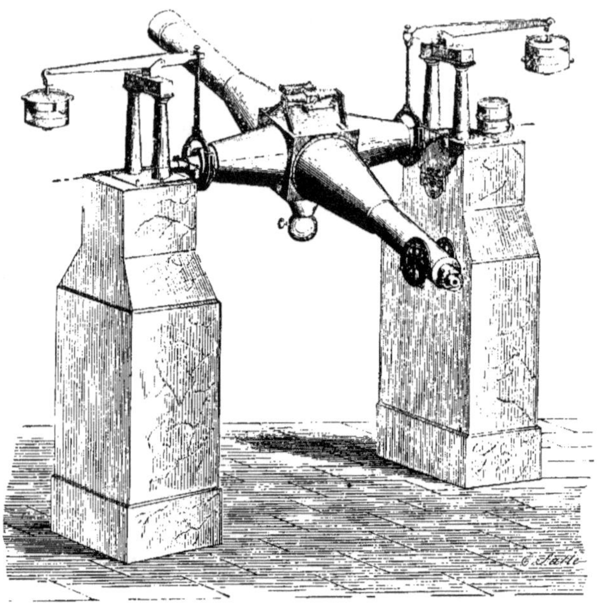

Fig. 22. — Lunette méridienne.

et ayant leurs extrémités appuyées sur deux coussinets métalliques, que supportent deux montants solides en maçonnerie. Par une suite d'opérations délicates, on parvient à lui donner une position où l'axe optique de la lunette en tournant décrit exactement le méridien.

Dans cette lunette, comme dans toutes celles qui servent aux observations astronomiques, se trouve un anneau traversé par deux fils extrêmement fins, souvent des fils de toile d'araignée, se croisant au centre à angle droit : cette pièce est nommée *micromètre* ou *réticule*. C'est par le point de croisée de ces deux fils que doit passer le rayon visuel dirigé vers l'astre qu'on observe.

La lunette méridienne et le cercle mural sont, avec une pendule parfaitement construite, les instruments fondamentaux d'un observatoire. Ils se trouvent généralement établis dans une même salle,

Fig. 23. — Salle de la méridienne à l'Observatoire de Paris.

dont les murs et le plafond sont coupés du nord au sud d'une large ouverture fermée par des feuilles de tôle, qu'on peut retirer à volonté, à l'aide d'un mécanisme mû au moyen d'une manivelle (fig. 23).

La lunette méridienne et le cercle mural peuvent être remplacés par le *théodolite*[1], qui est un instrument portatif (fig. 24).

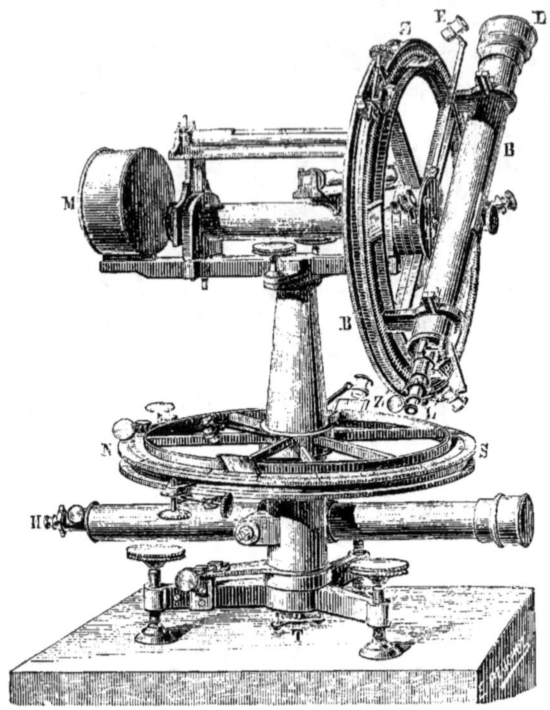

Fig. 24. — Théodolite.

Quelques lignes suffiront pour en donner une idée satisfaisante. Si nous le réduisons à ses éléments essentiels (fig. 25), il se compose d'un cercle gradué NOSE, établi dans une position horizontale à l'aide de trois pieds. En son centre il est traversé par un axe vertical TC, supportant un autre cercle ZBZ' vertical comme lui, muni d'une lunette LL', qui peut tourner sur le plan de ce cercle autour de son centre. La masse M qu'on voit à l'opposé du cercle vertical, ne sert que de contrepoids pour équilibrer l'instrument.

En faisant tourner l'axe sur lui-même et par suite le cercle ver-

[1] L'étymologie de ce nom est fort obscure.

tical qui fait corps avec lui, on peut amener le plan de ce cercle dans la direction du méridien, qui aura été déterminée préalablement. Le cercle avec sa lunette sera alors réellement un cercle mural ou une lunette méridienne.

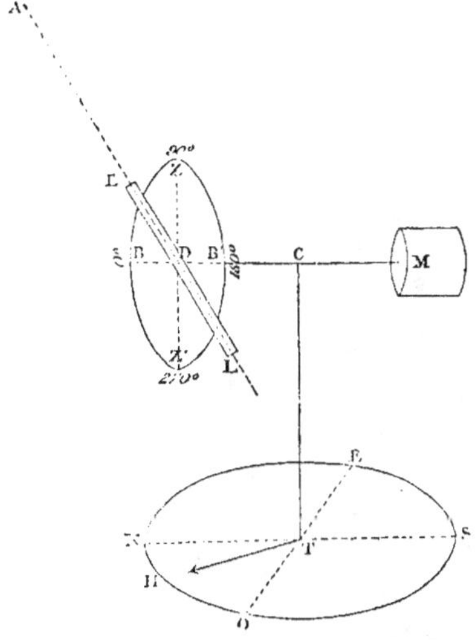

Fig. 25. — Théodolite.

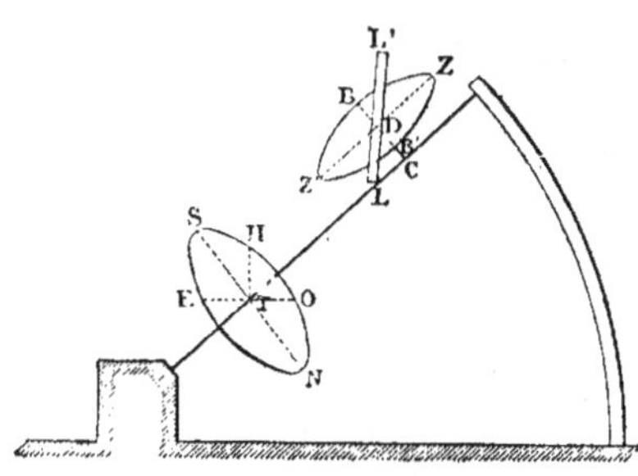

Fig. 26. — Machine parallactique.

Si on incline l'axe du théodolite dans la direction de l'axe du monde, on aura l'instrument nommé *machine parallactique*, (fig. 26), au moyen de laquelle on peut reconnaître les lois du mouvement diurne En effet, qu'on dirige la lunette LL′ sur une étoile quelconque A. Pour suivre l'étoile dans sa marche, il faut faire tourner l'axe de la machine sur lui-même et ne pas changer l'angle formé par cet axe avec celui de la lunette. Il résulte de là que la courbe suivie par l'étoile sur la sphère céleste est un cercle. On trouve en outre que le mouvement de l'étoile est uniforme et que la durée de la révolution diurne est la même pour toutes les étoiles.

Supposons l'axe de cet appareil établi d'une manière invariable dans la direction de l'axe du monde et pouvant, sous l'action d'un mouvement d'horlogerie, tourner sur lui-même, de telle sorte que la lunette dirigée sur une étoile et fixée dans cette position tourne avec l'axe et suive l'étoile dans son mouvement diurne. On aura l'instrument nommé *équatorial*, dans toute sa simplicité et dégagé des pièces nombreuses qui entrent dans sa construction, pour lui donner toute la perfection possible.

A l'Observatoire de Paris, il y en a un installé sous chacune des deux coupoles qu'on voit sur la terrasse. Sous la coupole de l'ouest est celui qui est représenté par la figure 27. Une bande de la coupole depuis le sommet jusqu'au bas est fermée de plaques qu'on peut retirer à volonté pour observer ; en outre, cette ouverture peut être amenée vers tel ou tel côté du ciel, en faisant tourner la coupole

Fig. 27. — Équatorial.

elle-même, au moyen d'un engrenage qu'on manœuvre avec une simple manivelle.

Pour s'entendre sur le sens d'un mouvement, les astronomes sont convenus de regarder comme *direct* le mouvement qui s'effectue de droite à gauche pour un observateur placé le long de l'axe et ayant le pôle au-dessus de lui ; le mouvement est *rétrograde*, quand il s'effectue au contraire de gauche à droite. D'après cette convention, le mouvement diurne, qui se fait d'orient en occident, est rétrograde.

CHAPITRE VII

La durée de la révolution diurne des étoiles étant constante a été adoptée par les astronomes comme unité, pour la mesure du temps, sous le nom de *jour sidéral*. Ce jour se divise en 24 heures sidérales ; l'heure en 60 minutes sidérales ; la minute en 60 secondes sidérales. Le commencement de ce jour est le moment du passage au méridien d'un certain point du ciel, qui a une grande importance dans l'astronomie ; il est connu sous le nom de *point vernal*. Il en sera question plus loin, dans l'étude du mouvement apparent du Soleil.

Chaque étoile décrit en 24 heures les 360° de la circonférence ; elle décrit donc :

1° en 4 minutes ; 1′ en 4 secondes ;

15° en 1 heure ; 15′ en 1 minute ; 15″ en 1 seconde.

Laissant le jour sidéral aux astronomes, la société, qui règle ses occupations sur les retours alternatifs du jour et de la nuit, a pris pour unité le temps qui comprend le jour et la nuit suivante. Cette unité, nommée *jour solaire*, est le temps qui s'écoule entre deux levers consécutifs, ou mieux entre deux passages consécutifs du Soleil au méridien, c'est-à-dire d'un midi à l'autre. N'oublions pas que ce midi est marqué par le moment où l'ombre du style du gnomon se trouve sur la direction de la méridienne.

Le jour solaire est un peu plus grand que le jour sidéral. En effet comme la Lune, le Soleil, tout en obéissant au mouvement diurne, se déplace chaque jour peu à peu par rapport aux étoiles sur la sphère céleste, d'occident en orient. Supposons, par exemple, qu'un certain jour il passe au méridien en même temps qu'une

étoile ; le lendemain, il n'y revient que 4 minutes environ après elle ;
le surlendemain il est encore en retard de 4 minutes sur la veille.
et ainsi de suite de jour en jour. Par l'accumulation continuelle de
ces retards successifs, il arrive un moment où le Soleil et l'étoile se
retrouvent ensemble au méridien. Nous dirons dès à présent qu'on
nomme *année* le temps qui s'écoule depuis le moment où le Soleil et
l'étoile passaient ensemble au méridien et le moment où ils y
reviennent ensemble, sauf à donner plus tard des notions plus précises sur la durée de cette période. En nombre rond elle comprend
365 jours solaires.

La durée du jour solaire surpasse celle du jour sidéral du temps
que met le Soleil à parcourir, pour arriver au méridien, l'arc dont
il est en arrière sur l'étoile, depuis le passage de la veille. Or ce
temps, qui ne diffère pas beaucoup de 4 minutes, varie un peu
aux divers jours de l'année, ce qui montre que ce mouvement particulier du Soleil n'est pas uniforme ; ainsi la durée du jour solaire
n'est pas constante. Par conséquent si une horloge bien réglée mar-
quait un certain jour 12 heures au passage du Soleil au méridien,
et 12 heures aussi le lendemain au même passage, elle avancerait
ou retarderait ensuite peu à peu de jour en jour sur le *midi vrai*, qui
est le moment où l'ombre du style du gnomon se trouve sur la méridienne ; on serait ainsi obligé de retarder ou d'avancer fréquemment
l'horloge, pour rétablir l'accord entre sa marche et celle du Soleil.

Nous ne pouvons pas exposer ici les combinaisons qui ont été
établies par les astronomes pour remédier à cet inconvénient. Nous
nous bornerons à dire qu'ils ont imaginé un jour solaire dont la
durée serait la moyenne des durées des jours solaires de l'année ;
c'est ce qu'on appelle *jour solaire moyen*, pour le distinguer de
l'autre qui est le *jour solaire vrai*. Par le calcul, ils déterminent pour
chaque jour de l'année l'avance ou le retard du *midi moyen* sur le
midi vrai, et ces indications sont publiées dans l'*Annuaire du Bureau
des longitudes*.

Le temps moyen s'accorde avec le temps vrai à quatre époques de
l'année, qui varient peu et qui sont actuellement : le 15 avril, le
14 juin, le 1ᵉʳ septembre, le 24 décembre.

La différence entre le midi moyen et le midi vrai peut aller jusqu'à
un quart d'heure environ ; c'est ce qui se produit le 11 février

où le midi moyen est en avance, et le 1er novembre où il est en retard.

Le jour solaire moyen est aussi divisé en 24 heures; l'heure en 60 minutes, et la minute en 60 secondes. Pour les usages civils il est composé de deux parties de 12 heures, commençant l'une à minuit et l'autre à midi. Ce n'est que depuis 1816 que les horloges sont réglées en France sur le temps moyen.

La différence entre le temps moyen et le temps vrai explique une singularité, qui se fait remarquer surtout à la fin de janvier. La durée du jour augmente alors depuis le 22 décembre ; mais il semble que cette augmentation est presque nulle le matin et qu'elle se produit seulement le soir, c'est-à-dire que du lever du soleil à midi l'intervalle de temps est moins étendu que de midi au coucher. Or à cette époque, le midi moyen est en avance sur le midi vrai ; nos horloges marquent donc midi un peu trop tôt, ce qui diminue d'autant la première moitié du jour, en augmentant le seconde moitié de la même quantité.

Le gnomon indique seulement l'heure de midi vrai ; mais on conçoit qu'on puisse y tracer les directions de l'ombre du style aux diverses heures de la journée ; le gnomon ainsi complété n'est autre chose que le cadran solaire. Sa surface peut être courbe ou plane ; ordinairement elle est plane, quelquefois horizontale, le plus souvent verticale sur un mur exposé au midi ; mais dans tout cadran le style est fixé suivant la direction de l'axe du monde, c'est-à-dire qu'il fait avec la droite horizontale passant par le fil à plomb qui descendrait du pied du style un angle égal à la hauteur du pôle au-dessus de l'horizon du lieu. Un cadran portatif construit pour un lieu donné ne pourrait donc convenir à un lieu quelconque. C'est ce qu'ignoraient les Romains, lorsqu'ils attachèrent dans le forum un cadran solaire que le consul Valérius Messala avait pris à Catane en Sicile, pendant la première guerre punique.

Nous ne pouvons pas traiter ici de la théorie et de la construction des cadrans solaires, ce qui suppose certaines connaissances géométriques et exigerait des développements assez longs. Au reste l'importance de ces appareils s'est bien amoindrie, depuis que l'usage des horloges et des montres s'est répandu partout. Si on pouvait en avoir quelque regret, ce serait au point de vue du pittoresque. Le mur chargé de lignes noires, de nombres, de signes astronomiques coloriés, semblait une page d'un livre magique toujours ouvert au même endroit et l'inscription latine dont il était orné ne laissait pas d'attirer l'attention d'un voyageur curieux. C'était ordinairement une grave sentence rappelant la rapidité du temps ou l'incertitude de l'heure de la mort, quelquefois une maxime déguisée sous un jeu de mots plus ou moins spirituel. Une rareté, c'est une inscription grecque ; nous avons eu autrefois l'agréable surprise d'en rencontrer une dans un village du Dauphiné. Les deux mots Τρέχει ἄπαυστος (*trekhei apaustos; il court sans s'arrêter*) s'étalaient en beaux caractères noirs, au-dessus d'un radieux soleil jaune, sur le fond blanc de la façade d'une auberge de village, et au-dessous était la traduction libre : *il court en poste*.

CHAPITRE VIII

Les cercles décrits par les étoiles dans le mouvement diurne étant perpendiculaires à l'axe du monde, et par suite parallèles entre eux,

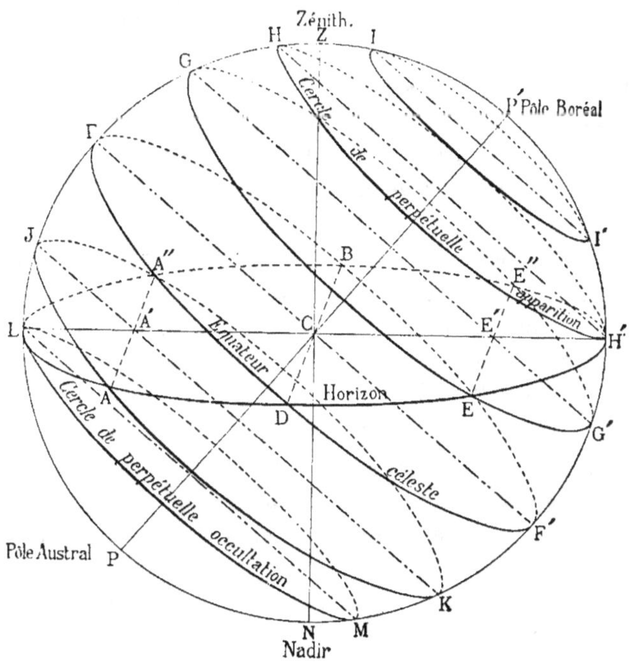

Fig. 28.— Cercles de la sphère céleste.

sont désignés par le nom de *parallèles*. Le plus grand FDF′ est celui qui passe par le centre C de la sphère céleste (fig. 28) ; c'est *l'équateur*. Il coupe la sphère en deux moitiés : l'hémisphère boréal P'FDF' et l'hémisphère austral PFDF'.

Soit LDH' le cercle de l'horizon pour un observateur placé en C, à Paris. Prenons l'arc H'P' égal à 49°, ce qui est à peu près la hauteur du pôle en cette ville ; le diamètre PCP' sera l'axe du monde. On voit qu'il n'est en ce lieu ni horizontal, ni vertical ; la même chose a lieu pour l'équateur. Pour se familiariser avec ce cercle en France, on peut se le représenter comme dirigé de l'est à l'ouest et incliné du côté du sud à peu près à moitié distance entre le zénith et l'horizon. La figure 28 montre que les étoiles situées entre le pôle P' et le parallèle HH' qui touche l'horizon en H', restent toujours au-dessus de cet horizon et par conséquent n'ont ni lever ni coucher ; au contraire, celles qui sont au delà du parallèle LM qui touche l'horizon en L, dans l'hémisphère austral, n'apparaissent jamais au-dessus du même horizon.

La position d'un astre sur la sphère céleste peut être déterminée au moyen de deux éléments, autrement dit de deux *coordonnées*, qu'on nomme *ascension droite* et *déclinaison*. Elles sont représentées, la première par $\mathcal{R}$ et la seconde par D.

La *déclinaison* d'un astre est la distance de cet astre à l'équateur, comptée en degrés, minutes et secondes, à partir de l'équateur sur le grand cercle passant par l'astre et par les pôles ; elle est dite *boréale* quand l'astre est au nord de l'équateur, *australe* quand l'astre est au sud. Par exemple, pour un astre G la déclinaison GF est boréale (fig. 28) ; pour un astre J la déclinaison JF est australe. La plus grande déclinaison est de 90° ; c'est celle des pôles.

Il est facile de voir que la distance FZ de l'équateur au zénith d'un lieu est égale à la hauteur H'P' du pôle au-dessus de l'horizon LDH' de ce lieu ; car ces deux arcs augmentés tous deux de l'arc ZP' deviennent égaux à un quart de circonférence. Si l'on remarque que la déclinaison FI d'un astre I se compose de l'arc ZF plus l'arc ZI, on trouve qu'on a la déclinaison de l'astre en mesurant sa distance zénithale à l'aide du cercle mural ou du théodolite et en l'ajoutant à la hauteur du pôle au-dessus de l'horizon. Pour l'astre G, il faudrait au contraire retrancher sa distance zénithale ZG de la hauteur du pôle.

L'*ascension droite* d'un astre *u*, par exemple (fig. 29), est l'angle que forme le demi-cercle P*u*P' mené par cet astre et les pôles avec un autre demi-cercle passant aussi par les pôles et par un point du ciel que nous avons déjà indiqué sous le nom de *point vernal;* soit P*a*P' ce demi-cercle, qui est le 1er méridien céleste. Cette ascension droite est mesurée par l'arc *a*C d'équateur compris entre ces deux demi-cercles. Pour connaître l'ascension droite d'une étoile *u*, on

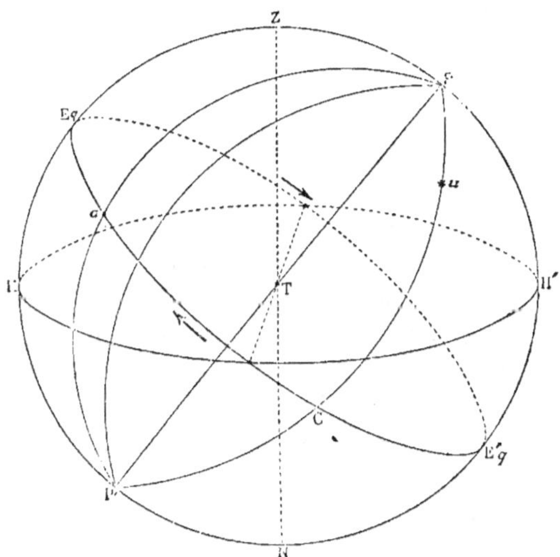

Fig. 29. — Ascension droite et déclinaison.

compte sur la pendule sidérale le temps qui s'écoule depuis le passage du premier méridien céleste jusqu'au passage de l'étoile, ce qui se fait à la lunette méridienne. Cette ascension droite est ainsi évaluée en heures, minutes et secondes sidérales, ou en degrés, minutes et secondes de circonférence à raison de 360° par 24 heures ou de 15° par heure. Les cercles menés par les deux pôles sont des méridiens ; ils sont aussi appelés *cercles horaires.*

On forme un catalogue d'étoiles en inscrivant dans un tableau sur une première colonne leurs noms, dans une deuxième les ascensions droites, dans une troisième les déclinaisons.

Le plus ancien catalogue d'étoiles qui soit connu remonte au deuxième siècle avant J.-C. Il fut composé par Hipparque [1], qui fit ses observations principalement dans l'île de Rhodes. « Hipparque vit une nouvelle étoile engendrée de son temps, dit Pline le naturaliste [2], et il se demanda si un pareil phénomène ne pourrait pas se reproduire souvent et si les étoiles que nous croyons fixes ne se déplacent pas en réalité. Il osa donc entreprendre une œuvre qui aurait été audacieuse même pour un dieu, celle de transmettre à la postérité le dénombrement des étoiles et de leur imposer des noms, afin qu'on pût s'assurer ainsi s'il y en a qui naissent ou s'éteignent, qui augmentent ou diminuent. C'est ainsi qu'il laissa le ciel en héritage à tous ceux qui voudraient l'explorer attentivement. »

Le catalogue d'Hipparque nous a été conservé par l'astronome Ptolémée [3]. Il contient 1026 étoiles.

C'est à l'aide de l'ascension droite et de la déclinaison qu'on peut marquer sur un globe les positions des étoiles. Pour cela, on trace sur sa surface, d'après les règles de la géométrie, les pôles, l'équateur et les cercles horaires coupant l'équateur de degré en degré, et on numérote ces arcs d'équateur en mettant *zéro* au point où passe le premier méridien céleste. Supposons qu'une étoile ait une ascension droite de 20° et une déclinaison boréale de 35°. Sur le demi-cercle horaire passant par le 20° degré de l'équateur, on prendra, à partir de ce dernier cercle et dans la direction du pôle nord, un arc de 35° ; l'extrémité de cet arc sera la position de l'étoile.

Les cartes célestes sont plus commodes que les globes ; mais elles ne sauraient présenter exactement les étoiles dans leurs positions relatives ; car une surface sphérique ne peut pas être changée en une surface plane sans subir une déformation. La construction du planis-

[1] HIPPARQUE, le plus savant des astronomes de l'antiquité, était né en Bithynie et vivait dans le II° siècle avant J.-C. De plusieurs traités astronomiques qu'il avait composés, il ne reste que les *Commentaires sur les Phénomènes d'Aratus et d'Eudoxe*. Il découvrit le phénomène de la *précession des équinoxes*.

[2] PLINE LE NATURALISTE a laissé un ouvrage latin fort étendu sur l'histoire naturelle. Il commandait la flotte romaine stationnée au port de Misène, sur le golfe de Naples, lorsque éclata l'éruption du Vésuve, qui l'an 79 après J.-C. ensevelit Pompéi et les villes voisines, sous la lave et les cendres. Pline, qui s'était transporté sur le bord opposé du golfe, au pied du volcan, pour mieux étudier cet épouvantable phénomène, périt étouffé.

[3] CLAUDE PTOLÉMÉE vivait à Alexandrie en Egypte, dans le II° siècle après J.-C. Il s'attacha à recueillir les matériaux astronomiques laissés par ses devanciers et surtout par Hipparque. Ses principaux écrits sont une *Géographie* en huit livres et le traité nommé *Almageste*, où il expose le système d'après lequel le Soleil, la Lune et les planètes, conformément aux apparences, tournent autour de la Terre.

phère placé à la fin du volume est facile à comprendre. L'hémisphère est remplacé par un cercle, qui n'est autre que l'équateur, au centre duquel le pôle se projette. Les quarts de cercle horaire qui vont du pôle à l'équateur sont figurés par des rayons, et les parallèles par des circonférences concentriques à la première, passant par les points qui partagent ces rayons en 90 parties égales. Pour plus de clarté, on y a représenté dans un rectangle une zone équatoriale s'étendant à 40° au nord et au sud de l'équateur.

Comme beaucoup de personnes tiennent à voir les cartes célestes ornées des figures des êtres dont les constellations ont reçu les noms, nous plaçons au milieu du chapitre suivant un autre planisphère construit d'après les mêmes principes (fig. 32 et 33). On y a supprimé les circonférences et les rayons pour laisser plus de netteté au dessin.

Ce planisphère est la représentation de la surface étoilée, telle que les anciens la voyaient à travers leur imagination. On trouvera dans l'appendice, placé à la fin du volume, la description qu'en a donnée Cicéron dans sa traduction en vers latins du livre *Des Phénomènes* d'Aratus, astronome grec qui vivait dans le IIIe siècle avant l'ère chrétienne.

CHAPITRE IX

DESCRIPTION DU CIEL.

C'est grâce au mouvement particulier qui entraîne peu à peu le Soleil de jour en jour sur la sphère céleste, d'occident en orient, que les étoiles du ciel entier se montrent successivement à nos yeux pendant la nuit, dans le cours d'une année. Dans leur foule innombrable on distingua de bonne heure des groupes distincts les uns des autres : ce sont les *constellations*. On leur donna des noms empruntés pour la plupart aux animaux de la Terre ou aux personnages de la mythologie. Ces dénominations, dont les auteurs sont inconnus. remontent à la plus haute antiquité ; car on en trouve quelques-unes dans les poètes les plus anciens, tels qu'Homère et Hésiode et même dans le Livre de Job. Au deuxième siècle après J.-C., l'astronome Ptolémée comptait une quarantaine de constellations ; les astronomes modernes en ont formé quelques autres. C'est un astronome allemand Bayer, qui établit en 1603 l'usage de désigner les étoiles de chaque constellation par les lettres de l'alphabet grec [1], en attribuant la première lettre à la plus brillante étoile et ainsi de suite. Quelques étoiles remarquables portent aussi des noms d'origine arabe.

Au point de vue de leur grandeur apparente, les étoiles visibles à l'œil nu sont divisées en six catégories, comprenant :

20 étoiles de 1re grandeur ; 70 de la 2e ; 190 de la 3e ; 430 de la 4e.

Le nombre des étoiles de la 5e et de la 6e grandeur est très

---

[1] Voici les douze premières lettres de l'alphabet grec avec leurs noms :

$$\alpha \quad \beta \quad \gamma \quad \delta \quad \varepsilon \quad \zeta \quad \eta \quad \theta \quad \iota \quad \varkappa \quad \lambda \quad \mu$$

alpha, bêta, gamma, delta, epsilon, dzéta, èta, thèta, iota, cappa, lambda, mu.

considérable, mais elles n'ont d'importance que pour les astronomes. Au reste cette classification n'a rien de bien précis, et surtout elle ne dit rien sur la grandeur réelle des étoiles. On estime que le nombre des étoiles visibles à l'œil nu ne surpasse pas 7000.

Quant au nombre des étoiles qui pourraient être aperçues à l'aide de bons instruments, il n'est guère possible de l'évaluer.

Nous allons décrire les constellations les plus intéressantes, qui sont visibles sur l'horizon de Paris, en indiquant les alignements qui, à l'aide du planisphère placé à la fin du volume, permettent de les reconnaître.

La Grande Ourse et la Petite Ourse. — Ces deux constellations ont déjà été décrites à propos de l'étoile polaire (fig. 2 et 4); elles restent toujours sur l'horizon et sont ainsi visibles toute la nuit pour nous.

C'est du nombre des étoiles de la Grande Ourse que vient le nom de *septentrion*, composé de *septem* (sept) et du mot *triones*, qui en latin désigne des bœufs employés au labourage.

Les étoiles de la Grande Ourse ainsi que la Polaire sont de 2° grandeur, excepté cependant la quatrième qui est un peu plus faible.

Céphée. — *Pégase*. — La droite qui a servi à reconnaître la Polaire étant prolongée un peu au delà rencontre l'une des extrémités d'un grand arc dessiné par trois étoiles de 3° grandeur, et tournant sa convexité du côté du pôle : c'est *Céphée* (fig. 30).

Cette même droite, prolongée, au delà de Céphée, passe par deux étoiles de 2° grandeur, qui avec deux autres ayant le même éclat, forment un grand carré qui se nomme *Pégase*.

Prolongée encore plus loin, elle aboutit à une étoile de 1ʳᵉ grandeur, nommée *Fomalhaut*, qui n'apparaît sur notre horizon que dans les mois de septembre, octobre et novembre, à une faible hauteur.

Cassiopée. — Une droite joignant la cinquième étoile de la Grande Ourse à la Polaire, et prolongée au delà d'une longueur à peu près égale, croise une constellation composée de cinq étoiles brillantes comme celles de la Grande Ourse, formant une espèce d'Y, dont la jambe serait brisée : c'est la constellation de *Cassiopée*.

Persée, Andromède. — La diagonale menée dans le carré de la Grande Ourse, de la troisième étoile à la première, rencontre par son prolongement, dans le voisinage de Cassiopée, une étoile brillante de

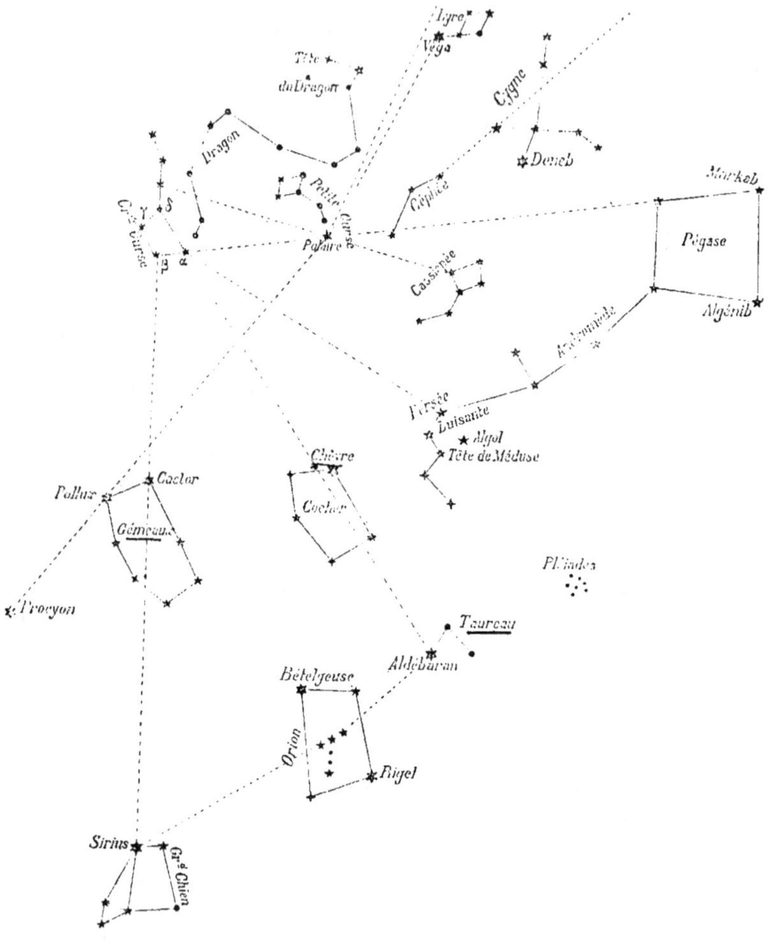

Fig. 30.

2ᵉ grandeur, qui avec d'autres plus faibles à droite et à gauche compose la constellation de *Persée*. L'étoile β, nommée *Algol* ou la *Tête de Méduse*, est remarquable par le changement d'éclat qui la fait passer de la 2ᵉ à la 4ᵉ grandeur dans une période de près de trois jours.

Entre Persée et Pégase se trouve *Andromède*, dont deux étoiles sont sur le prolongement d'une diagonale de Pégase. Ces deux étoiles avec la *Luisante* de Persée forment la queue d'une constellation qui prenant en outre le carré de Pégase est semblable à la Grande Ourse.

Dragon. — Cette constellation sinueuse comprend quelques étoiles de faible éclat, situées entre les deux Ourses; elle se continue du côté de Céphée, pour se terminer par un quadrilatère très apparent, la *Tête du Dragon*, situé sur le prolongement de la droite qui joindrait la première étoile de Cassiopée à la deuxième de Céphée.

Cocher. — Le côté le plus grand du Carré de la Grande Ourse, celui qui joint la quatrième étoile à la première, va rencontrer, dans le voisinage de Persée, un grand pentagone dans lequel brille une étoile de 1ʳᵉ grandeur nommée la *Chèvre*.

Cygne. — A peu près à égale distance de la Tête du Dragon et du milieu de Céphée se montre une étoile de 1ʳᵉ grandeur, qui est la tête d'une grande croix, dont les trois autres extrémités sont marquées chacune par une étoile de 2ᵉ grandeur : cette constellation est le *Cygne*. La primaire du Cygne s'appelle *Déneb*.

Les deux Ourses, Céphée, Cassiopée, le Dragon, Persée, la Chèvre du Cocher et Déneb du Cygne sont toujours visibles au-dessus de l'horizon de Paris.

CHAPITRE X

Les constellations que nous avons encore à étudier descendent sous l'horizon de Paris ; elles ont donc un lever et un coucher.

Le Bouvier. La Couronne boréale. Le Serpent. — Le prolongement de la queue de la Grande Ourse, à une assez grande distance, aboutit à une étoile de 1re grandeur, nommée *Arcturus*. Elle appartient à la constellation du *Bouvier*, qui présente, avec trois autres étoiles de 3e grandeur, une espèce de quadrilatère très allongé, où Arcturus occupe l'angle le plus aigu (fig. 31).

Tout près du Bouvier est la *Couronne boréale*, formée de sept étoiles, dont la plus brillante, nommée la *Perle*, n'est que de 2e grandeur. Elle serait traversée par le prolongement de la droite menée de la Polaire à travers le Carré de la Petite Ourse.

Cette droite rencontre plus loin que la Couronne la constellation du Serpent, où se trouve une étoile de 2e grandeur.

La Lyre. L'Aigle. — La droite menée du milieu de Cassiopée, par la première de l'arc de Céphée, rencontre une étoile de 1re grandeur, nommée *Véga*. Avec un petit losange assez apparent, qui en est voisin, elle forme la constellation de la *Lyre*.

La diagonale de ce losange, menée de Véga, passe plus loin près d'*Altaïr*, étoile de 1re grandeur dans la constellation de l'*Aigle*.

C'est dans la partie du ciel située au delà de la Polaire, par rapport à celle qui vient d'être décrite, que se montrent les plus brillantes constellations du ciel. Là est le Cocher, dont nous avons déjà parlé. Les autres constellations sont les suivantes.

Orion. — La ligne, qui, partant de la Polaire, traverse le Cocher, coupe plus loin (fig. 30) la plus belle de toutes les constellations, qui est nommée *Orion*. C'est un grand rectangle, où deux sommets opposés sont occupés par deux étoiles de 1re grandeur, nommées *Bételgeuse* au nord et *Rigel* au sud. Au milieu sont trois étoiles de 2e gran-

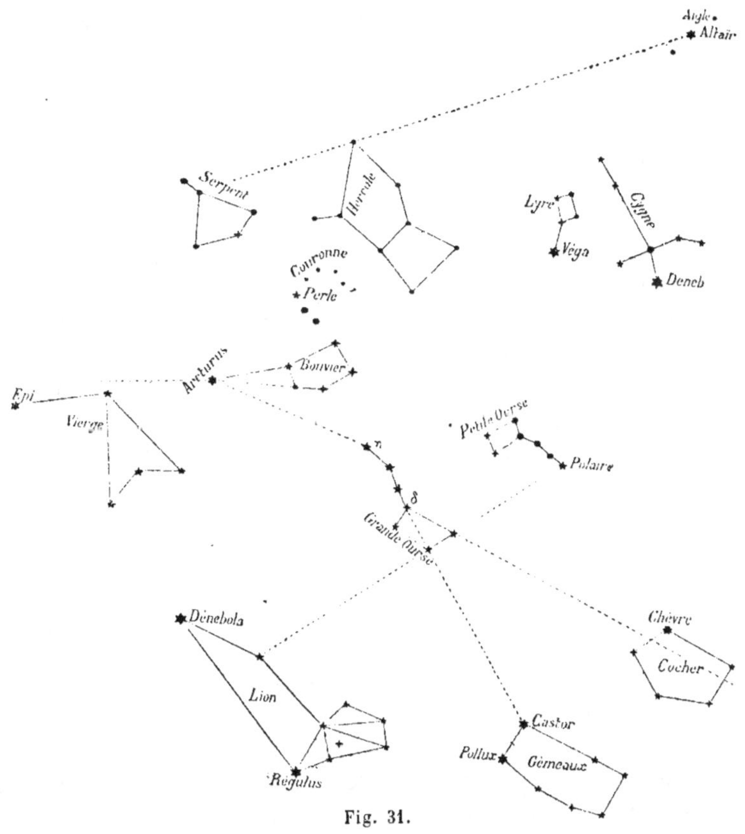

Fig. 31.

deur, très rapprochées entre elles en ligne droite, et nommées les *trois Rois* ou le *Baudrier d'Orion*. Elles forment, avec une quatrième placée tout près, mais en dehors de leur ligne, ce qu'on appelle aussi le *Râteau*. Celle de ces trois étoiles qui se trouve sur la diagonale unissant Rigel et Bételgeuse est sur l'équateur.

Grand Chien. Petit Chien. — Non loin d'Orion, à l'est et sur le prolongement de la ligne des trois Rois, apparaît la plus belle de toutes les étoiles, *Sirius* ; elle appartient à la constellation du *Grand Chien*, qui est complétée par cinq autres étoiles de faible éclat.

Au nord du Grand Chien, une belle étoile de 1re grandeur forme un triangle équilatéral avec Sirius et Bételgeuse d'Orion ; elle se nomme *Procyon* et fait partie de la constellation du *Petit Chien*.

Les Gémeaux. — Au nord du Petit Chien se montrent deux étoiles de 1re grandeur voisines, l'une *Castor* au nord, l'autre *Pollux* au sud ; elles sont les extrémités du côté oriental d'un grand quadrilatère allongé, qui est la constellation des *Gémeaux* (fig. 31).

Le Taureau. Les Pléiades. Les Hyades. — Au nord-ouest d'Orion brille une grosse étoile jaunâtre de 1re grandeur ; c'est *Aldébaran*. Elle appartient à la constellation du *Taureau*, qui apparaît sous la forme d'un triangle isoscèle. Entre le Taureau et le Cocher, mais un peu à l'occident, se trouve un petit amas d'étoiles très serrées, où l'on peut en distinguer six assez brillantes, quoiqu'on en compte habituellement sept : c'est la constellation des *Pléiades*, vulgairement appelée la *Poussinière* par le peuple des campagnes.

A l'opposé des Pléiades, au delà de l'étoile Aldébaran, est une constellation peu apparente nommée les *Hyades*, qui avait, comme les Pléiades, quelque importance dans l'antiquité ; car elles sont citées chez plusieurs poètes, qui donnent aux Hyades la qualification de pluvieuses et regardent les Pléiades comme indiquant l'époque favorable pour la navigation dans la Méditerranée.

Cette région du ciel, occupée par Orion et les constellations qui l'environnent, présente pendant les nuits d'hiver et jusqu'en avril un des plus splendides tableaux de la voûte étoilée. En février et en mars, entre 9 et 10 heures du soir, on peut y voir briller une dizaine d'étoiles de première grandeur : Sirius, Procyon, Castor et Pollux, Régulus et Dénebola du Lion, la Chèvre, Aldébaran, enfin Rigel et Bételgeuse.

CHAPITRE XI

La marche lente du Soleil d'occident en orient, à travers les constellations, dut être l'objet de l'attention des premiers observateurs de
la voûte étoilée ; ils ne tardèrent pas à remarquer sur la zone qu'il
parcourt ainsi un certain nombre de constellations. Comme sa révolution comprend à peu près douze fois la révolution des phases de
la Lune, on eut, à une époque tout à fait inconnue, l'idée de compter sur cette zone douze constellations, pour délimiter les portions
du ciel parcourues par le Soleil pendant chacune des douze révolutions de la Lune. La plupart de ces douze constellations reçurent des
noms d'animaux ; de là vient le nom de *Zodiaque*[1], qui fut donné à
la zone de la sphère céleste sur laquelle elles sont placées. Le Zodiaque paraît avoir eu de tout temps une grande importance chez
les peuples de l'antiquité, à en juger par les représentations qu'ils
ont laissées dans leurs temples, surtout en Egypte. C'est de ce pays
que fut apporté en 1821 le fameux zodiaque en pierre, du temple
de Dendérah, qui est placé à la Bibliothèque nationale à Paris.

La bande zodiacale suit la direction de l'équateur, mais une partie
au nord et l'autre partie au sud de ce cercle. Voici les noms des
douze constellations dans le sens de l'occident à l'orient :

Le Bélier,	le Cancer,	la Balance,	le Capricorne,
Le Taureau,	le Lion,	le Scorpion,	le Verseau,
Les Gémeaux,	la Vierge,	le Sagittaire,	les Poissons.

[1] Ce nom est tiré du mot grec *zoon*, qui signifie animal, et qui se montre aussi dans
le nom de *zoologie*.

Il ne faut pas confondre les constellations avec les *Signes* du zodiaque, qui seront expliqués plus tard dans l'étude du Soleil.

Le *Bélier* est une constellation peu apparente, où l'étoile la plus brillante n'est que de 2ᵉ grandeur.

Le *Taureau* a déjà été nommé avec Aldébaran, son étoile de 1ʳᵉ grandeur.

Les *Gémeaux* ont aussi été décrits, en même temps que le Taureau dans le voisinage d'Orion, avec leurs deux étoiles de 1ʳᵉ grandeur Castor et Pollux.

Le *Cancer* ou *Écrevisse* ne comprend que des étoiles qui ne sont pas même de 3ᵉ grandeur.

Le *Lion* a l'aspect d'un trapèze allongé, remarquable par deux étoiles de 1ʳᵉ grandeur, Régulus présentant la tête du Lion à l'ouest, et Dénebola terminant la queue à l'est.

La *Vierge* n'est remarquable que par une étoile de 1ʳᵉ grandeur, nommée l'*Épi* et située au sud d'Arcturus.

La *Balance* est caractérisée par deux étoiles, qui sont considérées comme les plateaux ; elles ont le même éclat que celles de la Grande Ourse.

Le *Scorpion* présente l'aspect d'un arc de cercle, ayant pour centre une grosse étoile rouge de 1ʳᵉ grandeur, nommée Antarès.

Le *Sagittaire* (qui lance des flèches) n'est formé que par des étoiles inférieures à la 2ᵉ grandeur.

Le *Capricorne* n'a pas plus d'apparence que le Sagittaire ; il en est de même pour les deux dernières : le *Verseau*[1] et les *Poissons*.

---

[1] L'origine du mot *Verseau* est assez obscure ; le nom latin est *Amphora*, une amphore, une urne.

Des noms latins des constellations du zodiaque, on a formé les deux vers suivants :

Sunt Aries, Taurus, Gemini, Cancer, Leo, Virgo,
Libraque, Scorpius, Arcitenens, Caper, Amphora, Pisces.

ASPECT DU CIEL AU COMMENCEMENT DE CHAQUE MOIS

VERS NEUF HEURES DU SOIR A PARIS.

Le point de départ pour chaque colonne du tableau est le Zénith.

Les constellations qui restent toujours au-dessus de l'horizon de Paris sont :

Grande Ourse; Petite Ourse; Céphée; Cassiopée; Dragon; Persée (*en partie*); **la Chèvre du Cocher.**

MOIS	ZÉNITH	SUD	NORD	EST	OUEST	VOIE LACTÉE
Janvier.	Persée. La Chèvre.	Persée. Taureau. Pléiades. Orion. Grand Chien.	Cassiopée. Céphée. Les deux Ourses. Dragon. Cygne. Véga de la Lyre.	Cocher. Gémeaux. Grand Chien. Lion.	Cassiopée. Andromède. Pégase.	Du S.-E. au N.-O.
Février.	Cocher.	Taureau. Pléiades. Gémeaux. Orion. Les deux Chiens.	Cassiopée. Céphée. Petite Ourse. Dragon. Cygne.	Grande Ourse. Lion. Bouvier.	Persée. Andromède. Pégase.	Du N.-O. au S.-E.
Mars.	Lynx.	Gémeaux. Lion. Les deux Chiens. Orion.	Cassiopée. Petite Ourse. Dragon. Céphée. Cygne.	Grande Ourse. Bouvier. Couronne. Vierge.	Cocher. Taureau. Pléiades. Persée. Andromède.	Du N. au S. Hémisph. ocd.
Avril.	Le Carré de la Grande Ourse.	Lion.	Les deux Ourses. Céphée. Cassiopée. Dragon. Cygne. Lyre. Andromède.	Grande Ourse. Bouvier. Couronne. Vierge.	Gémeaux. Taureau. Orion. Cocher. Les deux Chiens. Persée. Andromède.	Du N. au S. Hémisph. ocd.
Mai.	Grande Ourse.	Vierge. Lion. Balance.	Les deux Ourses. Dragon. Céphée. Cassiopée. Cocher. Andromède. Persée. Lyre.	Bouvier. Couronne. Lyre.	Gémeaux. Petit Chien. Taureau. Cocher. Persée.	De l'E. à l'O. Hémisph. nord.

Juin.	Queue de la Grande Ourse.	Bouvier. Couronne. Vierge. Balance. Scorpion.	Les deux Ourses. Dragon. Céphée. Cassiopée. Cocher. Persée.	Dragon. Cygne. Lyre. Aigle.	Lion. Gémeaux.	Du N.-O. au S.-E.
Juillet.	Le Carré du Dragon.	Couronne. Scorpion. Balance.	Les deux Ourses. Dragon. Céphée. Cassiopée. Cocher. Persée.	Lyre. Cygne. Aigle. Pégase. Andromède.	Grande Ourse. Bouvier. Couronne. Lion. Vierge.	Du N. au S. Hémisph. orien.
Août.	Véga et le Carré du Dragon.	Aigle. Scorpion.	Petite Ourse. Dragon. Céphée. Cassiopée. Grande Ourse. Cocher. Persée.	Cygne. Pégase. Andromède.	Bouvier. Couronne. Lion. Vierge. Balance.	Du N.-E. au S. Hémisph. orien.
Septembre	Cygne.	Aigle. Fomalhaut.	Céphée. Cassiopée. Les deux Ourses. Cocher.	Pégase. Andromède. Persée.	Lyre. Dragon. Bouvier. Couronne. Balance. Scorpion.	Du N.-E. au S.-O.
Octobre.	Déneb du Cygne.	Pégase. Fomalhaut.	Céphée. Cassiopée. Les deux Ourses. Dragon.	Andromède. Persée. Taureau. Pléiades. Cocher.	Cygne. Lyre. Aigle. Couronne. Bouvier.	Du N.-E. au S.-O.
Novembre.	Andromède. Cassiopée.	Andromède. Pégase. Fomalhaut.	Cassiopée. Céphée. Les deux Ourses. Dragon.	Persée. Taureau. Pléiades. Cocher. Orion. Gémeaux.	Cygne. Lyre. Aigle.	De l'E. à l'O.
Décembre.	Algol et le bout d'Andromède.	Baleine.	Cassiopée. Céphée. Les deux Ourses. Dragon.	Persée. Cocher. Taureau. Pléiades. Orion. Gémeaux. Grand Chien. Lion.	Pégase. Andromède. Cygne. Aigle. Lyre.	Du S.-E. au N.-O.

Fig. 32. — Le Ciel. Hémisphère boréal.

Fig. 33. — Le Ciel. Hémisphère austral.

CHAPITRE XII

Résumons d'abord les noms des étoiles de 1re grandeur, visibles à Paris ou plutôt en France. Ces étoiles sont les suivantes :

Sirius dans le Grand Chien.		Chèvre	dans le Cocher.	
Procyon	dans le Petit Chien.	Epi	—	Vierge.
Rigel . . .) Orion.		Antarès	—	Scorpion.
Bételgeuse.)		Arcturus	—	Bouvier.
Aldébaran. . Taureau.		Déneb	—	Cygne.
Régulus. .) Lion.		Véga	—	Lyre.
Dénebola .)		Altaïr	—	Aigle.
Castor . .) Gémeaux.		Fomalhaut	—	Poisson austral.
Pollux . .)				

Il n'est pas difficile de remarquer que la lumière n'a pas chez toutes ces étoiles la même couleur. Ainsi celle de Sirius et de Véga est d'un blanc vif ; celle d'Antarès est rougeâtre ; Arcturus et la Chèvre montrent une teinte jaunâtre. Il en est de même pour les étoiles de grandeur quelconque ; des observateurs exercés peuvent constater de légères différences de teinte entre leurs couleurs.

Les régions du pôle austral ne sont pas riches en brillantes constellations comme celles que nous venons de parcourir. Là aucune étoile bien apparente n'indique le pôle. La constellation la plus remarquable est la *Croix du Sud*, qui frappa d'admiration les premiers navigateurs du xve siècle ; cependant, malgré la réputation qu'ils lui firent et qui semble se conserver, elle est loin d'égaler Orion.

Nous ne perdrons pas notre temps à raconter ici les fables mythologiques qui se rapportent à un grand nombre de constellations. L'intérêt qu'elles ont pu avoir autrefois est aujourd'hui bien peu de chose. Nous dirons seulement que chez les anciens certains astres avaient une grande importance, en raison de l'influence qu'ils étaient supposés exercer sur la Terre. Dans les poèmes didactiques de la Grèce et de Rome, on voit souvent Arcturus signalé aux agriculteurs comme un guide à consulter pour les travaux des champs, tandis que, d'un autre côté, il est regardé comme un présage de tempête pour les navigateurs.

Sirius surtout a dû appeler particulièrement les regards des hommes et parler à leur imagination. Chez les Egyptiens, elle avait un rôle dans leur calendrier et annonçait l'époque de la crue du Nil. Cette étoile s'appelait aussi *Canicule*, en raison de la place qu'elle occupe dans la constellation du Grand Chien.

A cause de son vif éclat, elle était considérée comme un foyer incandescent, et ses feux s'ajoutant à ceux du Soleil, quand elle était levée pendant le jour, contribuaient à produire les chaleurs brûlantes qui se faisaient alors sentir. Ces jours portaient le nom de *jours caniculaires*, qu'ils conservent encore dans nos almanachs. C'est une période d'environ un mois, commençant actuellement vers la fin de juillet, depuis le moment où Sirius se lève en même temps que le Soleil.

Une région des espaces célestes appelle encore notre attention : c'est cette bande blanchâtre qui apparaît assez bien à nos regards pendant les nuits sereines et en l'absence de la Lune, et qui fait le tour de la sphère céleste, en passant entre la constellation d'Orion et celle du Petit Chien, puis traversant le Cocher, Persée et Cassiopée. A la brillante étoile Déneb du Cygne elle se fend en deux branches, qui ne vont se réunir que dans l'hémisphère austral au-dessous de notre horizon. Cette zone est la *Voie lactée*, ainsi nommée de la teinte laiteuse qu'elle montre à nos yeux (fig. 29 et 30). Le peuple des campagnes l'appelle vulgairement le *Chemin de saint Jacques*. Chez les anciens, c'était la route que suivaient les dieux pour se rendre au palais de Jupiter, quand ils étaient convoqués en assemblée chez le roi de l'Olympe.

Elle est composée d'une multitude innombrable d'étoiles, si serrées que leur ensemble présente à l'œil nu comme l'aspect d'une poussière lumineuse, tandis qu'à l'aide de bons instruments on les voit se détacher distinctement les unes des autres.

W. Herschell a fait une étude spéciale de la Voie lactée, à l'aide de son grand télescope. Il la regardait comme une couche, une tranche à peu près circulaire d'étoiles, dont notre Soleil lui-même

Fig. 34. — Voie lactée dans l'hémisphère boréal.

fait partie et où la Terre ne serait de son côté qu'un grain de poussière imperceptible. Dirigé parallèlement au plan de cette couche dans son épaisseur, notre rayon visuel rencontre des étoiles qui se succèdent à des distances indéfiniment grandes, les unes fermant pour ainsi dire les vides qui restent entre celles qui sont en avant et produisent pour nos yeux la teinte blanchâtre d'une lumière continue.

Fig. 35. — Voie lactée dans l'hémisphère austral.

En regardant au contraire dans la direction perpendiculaire au plan de la couche, nous n'en voyons qu'un petit nombre; ce sont les étoiles isolées qui apparaissent dans le reste du ciel.

LIVRE II

LA TERRE

CHAPITRE PREMIER

RÉFLEXIONS SUGGÉRÉES PAR LE SPECTACLE DE LA TERRE.
SUPÉRIORITÉ DE L'HOMME SUR TOUTE LA NATURE.

Nous avons vu que dans la multitude innombrable des astres qui peuplent l'espace, à des distances sans bornes, la Terre n'est qu'un point, un grain de sable. Cependant ce grain, sur lequel se passe notre vie, qui a porté tant de générations humaines les unes après les autres, a pour nous une vaste étendue. A sa surface des montagnes, dont la hauteur semble se perdre dans le ciel ; des collines couvertes de forêts ou de vertes prairies ; des plaines sur lesquelles abondent les fleurs et les fruits ; dans son sein, des trésors inépuisables que l'homme en extrait pour ses besoins. Partout le Créateur y a répandu la vie, depuis le brin de mousse qui abrite sa fragilité à l'ombre des buissons, jusqu'au sapin altier qui, sur les sommets des Alpes, brave les tempêtes ; depuis l'insecte imperceptible jusqu'à l'éléphant, qui promène lourdement sa masse énorme. Rien n'y est immobile. Le fleuve recueille sur son chemin les eaux de l'humble ruisseau, pour les porter avec les siennes dans le réservoir des mers ; les eaux des mers sont sans cesse agitées par le vent ; les flots de l'Océan montent et descendent chaque jour à des intervalles réguliers sur ses rivages. Le mouvement règne même au sein de la mort ; car la tombe a dévoré le corps qu'on lui a confié, avant même que les larmes de ceux qui pleurent un être chéri aient cessé de couler.

Sur cette Terre si belle et si riche, au milieu de ces êtres qui y naissent et grandissent, les uns restant silencieusement fixés à la place où ils se montrent, les autres errant en divers lieux qu'ils réjouissent de l'harmonie de leurs chants ou qu'ils troublent par des cris discordants, il y a un maître, l'homme. Ce maître paraît bien faible, si on compare son corps à celui de tant d'animaux redoutables par leur taille; c'est dans ses œuvres qu'il manifeste toute sa supériorité.

« L'homme a presque changé la face du monde; il a su dompter par l'esprit les animaux qui le surmontaient par la force; il a su discipliner leur humeur brutale et contraindre leur liberté indocile. Il a même fléchi par adresse les créatures inanimées. Il serait superflu de raconter comme il sait ménager les éléments, après tant de sortes de miracles qu'il fait faire tous les jours aux plus intraitables, je veux dire au feu et à l'eau, ces deux grands ennemis qui s'accordent néanmoins à nous servir dans des opérations si utiles et si nécessaires. Quoi plus? Il est monté jusqu'aux cieux; pour marcher plus sûrement, il a appris aux astres à le guider dans ses voyages; pour mesurer plus également sa vie, il a obligé le Soleil à rendre compte, pour ainsi dire, de tous ses pas.

« Mais laissons à la rhétorique cette longue et scrupuleuse énumération, et contentons-nous de marquer, en théologiens, que Dieu ayant formé l'homme, dit l'oracle de l'Ecriture, pour être le chef de l'univers, d'une si noble institution, quoique changée par son crime, il lui a laissé un certain instinct de chercher ce qui lui manque, dans toute l'étendue de la nature. C'est pourquoi, si je l'ose dire, il fouille partout hardiment, comme dans son bien, et il n'y a aucune partie de l'univers où il n'ait signalé son industrie.

« Comment aurait pu prendre un tel ascendant une créature si faible et si exposée, selon le corps, aux insultes de toutes les autres, si elle n'avait eu en son esprit une force supérieure à toute la nature visible, un souffle immortel de l'Esprit de Dieu, un rayon de sa face, un trait de sa ressemblance? Non, non, il ne se peut autrement. »

Quel est celui qui, dans ce noble langage, nous montre si bien la nature immortelle de notre âme et sa divine origine?

C'est Bossuet [1]. A l'eau et au feu qu'il nomme ajoutez l'électricité, dont il connaissait à peine le nom, et vous croirez entendre un éloquent chrétien de nos jours. Mais que penserait-il, s'il voyait au milieu de nous certains hommes qui, enivrés d'orgueil par les merveilleuses découvertes de la science, voudraient anéantir le Créateur, en niant son existence, et qui, plutôt que de s'incliner devant le Souverain Maître, se regardent comme sortis de je ne sais quelle substance informe, qui se serait donné la vie à elle-même, devenant ainsi un animal rudimentaire, lequel à la suite de lentes transformations se serait perfectionné successivement, jusqu'à l'état de singe, pour passer enfin à un degré supérieur, celui de l'homme? Ces hommes ont touché, comme nos premiers parents dans le paradis terrestre, à l'arbre de la science du bien et du mal et ils se sont crus des dieux, tristes dieux, hélas! qui s'anéantiraient tout entiers avec la mort de leur corps, comme les plus vils des animaux de la création! Notre cœur, d'accord avec la raison, proteste contre une doctrine aussi désolante que fausse.

Cette protestation s'est fait entendre à toutes les époques de l'humanité, même au sein du paganisme. Sans parler des grands philosophes, tels que Platon et Cicéron, nous citerons seulement un passage du poème latin des *Astronomiques*, où le poète Manilius exprimait si bien, du temps de l'empereur Auguste, les pensées que fait naître la contemplation de l'univers.

Oui, c'est du ciel que l'homme est né; toute autre croyance serait impie. Les animaux rampent courbés sur la terre, ou sont plongés dans les vagues, ou planent dans les airs. Privés de la raison, ils le sont aussi de la parole; tous ne connaissent que trois choses: le repos, leur ventre, leurs sens. L'homme seul sait contempler la nature; seul il a le don de la parole, un esprit capable d'étudier et

---

[1] Sermon sur la mort, prêché devant le roi Louis XIV.

Bossuet naquit à Dijon en 1627. Après être entré dans les ordres sacrés, il appela bientôt l'attention sur lui par ses sermons et devint évêque de Condom, petite ville voisine d'Auch. Ses célèbres *Oraisons funèbres* le firent choisir pour le précepteur du Dauphin et entrer à l'Académie française. Il mourut évêque de Meaux en 1704. Nous n'énumérerons pas ses nombreux ouvrages; nous dirons seulement qu'il est une des gloires du grand siècle de Louis XIV.

de s'élever à tous les arts. Roi de l'univers, il a fondé les sociétés et les villes ; il a contraint la terre à lui donner des moissons ; il s'est assujetti les animaux ; il s'est ouvert un chemin sur les eaux. Seul il se tient debout, la tête droite comme une citadelle qui domine son corps ; en triomphant, il lève vers les astres ses yeux qui ont l'éclat des astres. »

Arrêtons ici le cours de nos réflexions. Recueillons-nous pour adorer Dieu dans ses œuvres et penser qu'il nous a préparé une demeure bien plus belle dans son royaume céleste. Puis rentrant dans dans l'étude que nous avons entreprise, voyons comment on a pu reconnaître la forme et l'étendue de l'immense domaine que nous habitons.

CHAPITRE II

Nous ne perdrons pas notre temps à rappeler ici les systèmes, plus bizarres les uns que les autres, qui furent imaginés depuis les les temps les plus reculés, pour expliquer la stabilité de la Terre au milieu de l'espace. De même qu'un objet abandonné à lui-même tombe vers le sol, se dirige *en bas*, on croyait que la Terre, pour ne pas tomber aussi, devait reposer sur quelque appui. Cependant, en réfléchissant que cet appui ne pouvait pas se terminer brusquement, mais être soutenu lui-même par un autre, on devait arriver forcément à cette conclusion que la Terre n'est liée à rien, sauf à découvrir plus tard la cause de la chute des corps. La Terre est donc isolée dans l'espace, suspendue dans le vide, sans aucun support, comme le disait Job il y a plus de trois mille ans : *Appendit terram super nihilum.* Plus tard, on en a eu des preuves irréfutables, dans les voyages des navigateurs qui, partis d'Europe en allant toujours vers l'ouest, y sont revenus par l'est.

Le premier de ces voyages fut entrepris par un portugais, Fernand Magellan. Le 21 septembre 1519, il quitta le port de San Lucar, situé en Espagne à l'embouchure du Guadalquivir, avec cinq navires dont Charles-Quint lui avait confié le commandement. Il toucha le Brésil, passa au sud de l'Amérique par le détroit qui porte son nom, et aborda aux Iles Philippines, où il périt dans un combat contre les indigènes. Ses compagnons continuèrent leur route avec le seul navire qui restait de leur petite flotte ; ils traversèrent la mer de Chine, l'Océan Indien ; puis, remontant la côte occidentale de l'Afrique, ils rentrèrent le 6 septembre 1522, au port d'où ils étaient partis, trois ans auparavant.

A cette époque, une telle expédition excita une admiration universelle ; aujourd'hui ces voyages sont aussi fréquents et aussi faciles que sur les chemins de fer du continent. S'ils présentent encore quelque chose d'extraordinaire, c'est la rapidité avec laquelle ils s'accomplissent. Sur la fin de l'année 1889, une demoiselle américaine, à l'aide des chemins de fer et des bateaux à vapeur, a pu faire le tour du monde en 72 jours, dans la direction de l'ouest à l'est. Un voyageur américain en suivant la direction contraire a réussi à le faire en 60 jours, presque aussitôt après.

Dans notre siècle, plusieurs voyages ont été entrepris du côté du nord ; mais les froids rigoureux de ces régions et les glaces qui couvrent la mer, ont été des barrières infranchissables, et le seul résultat de ces expéditions aventureuses a été trop souvent la mort d'hommes vaillants, qui auraient peut-être mieux utilisé d'une autre manière le courage dont ils étaient doués.

Parlons maintenant de la forme que présente la surface des mers. Certains phénomènes, qui frappent l'attention de tous les voyageurs embarqués sur un navire, prouvent que cette surface est convexe, comme celle d'une boule. En effet, quand le navire s'éloigne du port, les maisons, les tours, la côte enfin semblent s'enfoncer dans la mer. peu à peu et d'une manière continue. Si au contraire le navire marche vers la terre, on aperçoit d'abord dans le lointain une ligne plus ou moins nette, qui se dessine à la surface de la mer et qui s'élargit de plus en plus dans le sens de la hauteur ; enfin on voit une côte. qui semble sortir de l'eau avec les arbres et les maisons qu'elle porte. Ces apparences ne peuvent se produire que par la convexité de la surface de la mer.

En effet, considérons un vaisseau marchant de droite à gauche (fig. 36). Son horizon, qui rase la surface de l'eau, change continuellement de direction ; en A, il est figuré par la droite AE ; en B, par la droite BF, etc. De la première position A, on ne voit plus ce qui est au-dessous du point E ; de la position B, ce qui est au-dessous de F et ainsi de suite, comme si la ligne HE s'enfonçait progressivement dans l'eau. On verrait au contraire cette ligne sortir pour ainsi dire de l'eau, à mesure que le vaisseau s'avancerait, de gauche à droite, vers le point E.

Mais est-il possible de regarder aussi comme étant convexe la surface du continent, surtout là où elle est hérissée de collines et de montagnes ? La même conclusion doit lui être appliquée ; car des phénomènes analogues à ceux de la mer peuvent être observés par un voyageur, qui regarderait non plus des lieux de la terre, mais un point qui serait visible partout, l'étoile polaire par exemple. Supposons en effet qu'on traverse la France du sud au nord, en partant de Marseille, par Lyon, Paris et Dunkerque. La hauteur de l'étoile polaire au-dessus de l'horizon de chacune de ces villes augmente, à mesure qu'on avance vers le nord ; elle est en effet de 43° à Marseille, de 45° à Lyon, de 49° à Paris, de 51° à Dunkerque. Ainsi l'étoile polaire présente au voyageur les mêmes variations de hauteur que celles de la côte, pour le navigateur qui s'en approche. La surface du continent, prise dans une assez grande étendue, peut donc être regardée comme une surface convexe et, par suite, les inégalités dont elle est couverte sont négligeables par rapport à cette étendue.

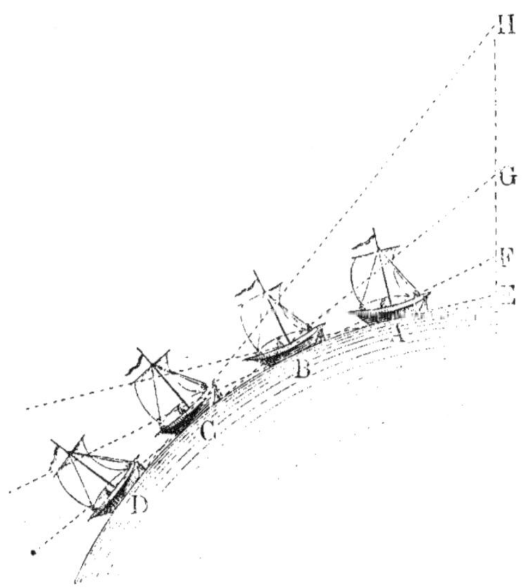

Fig. 36. — La rondeur de la Terre.

Des observations plus attentives et plus délicates permettent de dire que la surface de la mer est aussi à peu près sphérique. Dans cette hypothèse, il serait possible de connaître approximativement la longueur du rayon par le procédé suivant.

Soit O le centre de la terre (fig. 37) et B un point de la mer, où se trouve un rocher surmonté d'une tour, un phare, par exemple, BS dont on connaît la hauteur. Du sommet S on mesure l'angle ASO formé avec la verticale SO par le rayon visuel SA mené à la limite de l'horizon. Dans le triangle rectangle OSA on connaît ainsi l'angle

ASO et SB l'excès de l'hypoténuse SO sur le côté OA, lequel est égal au rayon de la terre. Avec ces deux quantités on peut construire, ou mieux calculer le côté OA du triangle rectangle. En opérant à une hauteur de 75 mètres au-dessus de la mer, on a trouvé 7378 kilomètres pour le rayon de la terre ; mais ce résultat ne saurait être accepté comme suffisamment exact, parce qu'il n'est pas facile de mesurer l'angle ASO avec la précision nécessaire.

Par d'autres méthodes plus compliquées, on a trouvé que la longueur du rayon est de 6366 kilomètres, ce qui fait 1591 lieues de 4 kilomètres (1600 lieues en nombre ronds). Malgré les montagnes qui couvrent en plusieurs pays la surface du continent, on peut admettre qu'elle diffère très peu de la surface que présenterait le globe terrestre, si la mer le recouvrait tout entier. En effet, on a mesuré la hauteur de plusieurs montagnes au-dessus de cette surface imagi-

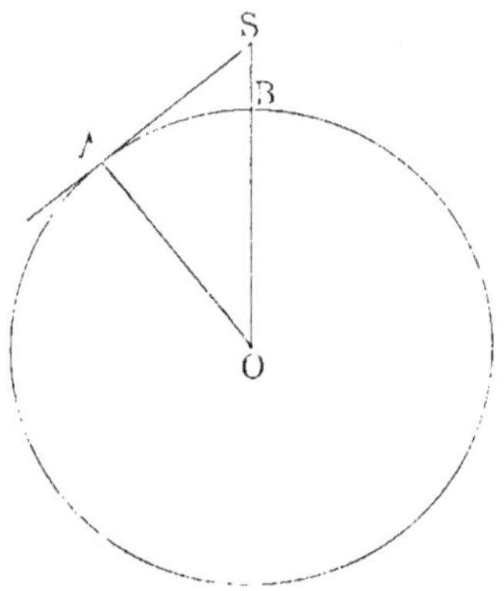

Fig. 37. — Mesure du rayon de la sphère terrestre.

naire de la mer prolongée par-dessous. Le Mont Blanc, qui est le point le plus haut de l'Europe, est à 4810 mètres, un peu plus qu'une lieue, au-dessus du niveau de la mer. C'est en Asie, dans les monts Himalaya, que se trouve la montagne la plus haute du monde, le Gaurisankar, qui a 8840 mètres, ce qui fait à peu près deux lieues. Or, si l'on prend 1600 lieues pour la longueur du rayon terrestre, on voit que la plus grande hauteur des montagnes du globe n'est que la 800ᵉ partie du rayon. Si donc on représentait la Terre par un globe de carton ayant un rayon de 800 demi-millimètres, ce qui ferait un diamètre de 8 décimètres, la plus haute montagne ne serait figurée à sa surface que par un grain de sable d'un demi-millimètre d'épaisseur. On a donc raison de dire que les inégalités formées par les montagnes sur la Terre sont moins sensibles que les aspérités de la surface d'une orange.

Mais puisque la Terre est ronde et entièrement isolée, comment nos *antipodes*, c'est-à-dire les habitants de la partie de la Terre

directement opposée à celle que nous occupons peuvent-ils rester la
tête en bas, sans tomber? Telle est la question qui était autrefois
discutée; la réponse est facile, si l'on a une juste idée de la cause qui
produit la chute des corps.

En effet deux pierres lâchées par deux hommes antipodes tom-
beront le long de la verticale, et si elles n'étaient arrêtées par la
résistance du sol, elles continueraient leur marche dans la même direction, allant l'une vers l'autre, jusqu'au centre, où il semble qu'une
force agissant de ce point les attire à elle. Cette attraction, nommée
pesanteur, est exercée ou paraît exercée par la masse totale de la
Terre sur les corps voisins, comme si cette masse se trouvait tout
entière condensée au centre. Ainsi *tomber* c'est se rapprocher de la
surface de la terre ou plutôt se rapprocher du centre. Les deux
hommes qui sont antipodes n'ont donc nullement la tête en bas, l'un
par rapport à l'autre; car un lieu est plus bas qu'un autre, quand
il est plus rapproché que celui-ci du centre de la terre. Les antipodes
de la France sont à peu près sur la Nouvelle-Zélande.

L'opinion de la rondeur de la Terre et de l'existence des antipodes
avait été entrevue dans l'antiquité; mais elle trouvait peu de crédit
comme on le voit par le passage suivant de Plutarque [1]. « Il ne faut
pas prêter l'oreille aux philosophes, qui veulent soutenir des opinions
étranges par d'autres opinions encore plus étranges, fait-il dire par
un des interlocuteurs dans un dialogue. Ne soutiennent-ils pas que
la Terre est ronde comme une boule, et nous voyons cependant
qu'elle a de grandes hauteurs, de grandes profondeurs et de fortes
inégalités? Ne soutiennent-ils pas qu'ils y a des antipodes, qui habi-
tent à l'opposé l'un de l'autre, attachés de leur côté à la Terre, mettant dessus ce qui est dessous et dessous ce qui est dessus, comme
si c'étaient des artisons et des chats qui s'attachent à belles griffes?
Ne font-ils pas ces contes que si des fardeaux de mille quintaux
tombaient dans la profondeur de la Terre, quand ils seraient arrivés
au milieu, ils s'arrêteraient, sans que rien les soutînt et se trouvât au
devant d'eux? »

Est-il étonnant que plus tard la même incrédulité ait été partagée,

---

[1] PLUTARQUE, né en Grèce l'an 48 après J.-C., est connu surtout par ses *Vies des hommes
illustres*. Il a écrit aussi plusieurs opuscules dans lesquels il traite de diverses questions
de politique, de morale et même de quelques phénomènes physiques.

dans les premiers siècles de l'Église, par quelques écrivains chrétiens, tels que Lactance, qui fut le précepteur du fils de l'empereur Constantin ? Peut-on raisonnablement exiger d'eux qu'ils eussent, sur des questions purement scientifiques, des connaissances supérieures à celles de leur temps ? En haine du christianisme, certains hommes leur en ont fait un crime pour les déconsidérer ; plusieurs n'ont pas hésité à prêter cette erreur même à ceux qui ne la professaient point, par exemple, à l'un des plus illustres docteurs de l'Église, saint Augustin[1]. Dans ses *Commentaires sur le sens littéral de la Genèse*, ce grand évêque avoue en effet qu'il ne sait à quoi s'en tenir sur cette question et que d'ailleurs elle importe peu à la foi chrétienne. « On demande souvent, dit-il, ce que nos Écritures enseignent sur la forme et la figure du ciel. Plusieurs disputent longuement sur ces choses que nos saints auteurs plus réservés n'ont pas osé traiter. En effet, en quoi nous importe-t-il de savoir si le ciel, semblable à une sphère, enveloppe de toutes parts la Terre suspendue en équilibre par sa masse au milieu du monde, ou si, pareil à un disque, il la couvre d'un côté seulement ? »

Ailleurs, dans son livre de la *Cité de Dieu*, il observe qu'on peut croire que la Terre est douée d'une forme globulaire et arrondie, sans qu'il s'ensuive pour cela que la partie opposée de sa surface soit habitable ou habitée.

Plus tard cette opinion était affirmée, au viiie siècle, par le vénérable Bède, moine anglais, qui était l'homme le plus savant de son siècle. Saint Virgile, évêque de Salzbourg, la soutint aussi ; mais s'il encourut les censures du pape Zacharie, c'est qu'il allait trop loin en ajoutant qu'il y avait aux antipodes des hommes d'une autre nature, qui ne descendaient pas d'Adam.

---

[1] SAINT AUGUSTIN, le plus illustre des Pères de l'Église latine, était né à Tagaste en Afrique. Il professa l'éloquence à Carthage, à Rome, puis à Milan, où après une jeunesse de plaisirs, il se convertit sous l'influence de sa mère, sainte Monique, et de saint Ambroise, le grand évêque de cette ville. Rentré en Afrique il fut ordonné prêtre et mourut en 430 évêque d'Hippone, pendant que cette ville était assiégée par les Vandales.

CHAPITRE III

Autrefois les globes géographiques, qui mettent sous les yeux une image réduite de la Terre, mais non défigurée comme dans les cartes, n'étaient pas aussi communs qu'ils le sont à présent. En les voyant, beaucoup de personnes se demandent comment on parvient à marquer à leur surface les positions des divers lieux de la Terre, et ce ne sont pas toujours des enfants qui posent cette question : c'est ici le lieu d'y répondre.

La Terre n'étant qu'un point dans l'espace, c'est par son centre O que nous ferons passer désormais l'axe du monde P'P (fig. 38), tout en représentant la Terre elle-même par le cercle $e\,p\,e'\,p'$ au milieu de la sphère céleste PE$_q$ P'E'$_q$. Le cercle E$_q$ RE'$_q$ perpendiculaire à l'axe P'P, est l'équateur céleste [1].

On appelle *axe terrestre* la portion $p'p$ de l'axe du monde comprise dans la Terre ; ses deux extrémités p' et p sont les pôles terrestres ; ils portent les mêmes noms, *pôle nord* ou *pôle boréal*, *pôle sud* ou *pôle austral*, que les pôles célestes correspondants P et P'.

On appelle *méridiens terrestres* des cercles qui environnent la Terre en passant par ses deux pôles, par exemple le cercle *pep'e'*. Ce méridien pour un lieu donné n'est autre chose que l'intersection de la Terre par le méridien céleste passant par la verticale de ce lieu.

L'*équateur terrestre* est un cercle *ese'* qui environne la Terre en passant à égale distance des deux pôles ; c'est aussi l'intersection de la Terre par l'équateur céleste E$_q$ RE'$_q$. Il divise la sphère terrestre

---

[1] Il est bon de dire ici pourquoi, le plus souvent, on donne à l'axe du monde dans les figures une position oblique sur l'horizon, au lieu de le faire vertical ou horizontal. Avec cette position oblique la figure présente les choses plus exactement pour nous, qui avons en France l'axe incliné sur notre horizon d'un angle qui diffère peu de 45°.

en deux moitiés : l'hémisphère boréal au nord de l'équateur, comprenant l'Europe, l'Asie, une des deux moitiés de l'Amérique et la plus grande partie de l'Afrique ; l'hémisphère austral, qui comprend l'Océanie, une partie de l'Afrique et la plus grande partie de l'Amérique du Sud.

La circonférence de l'équateur est aussi désignée par le nom de *ligne équinoxiale*.

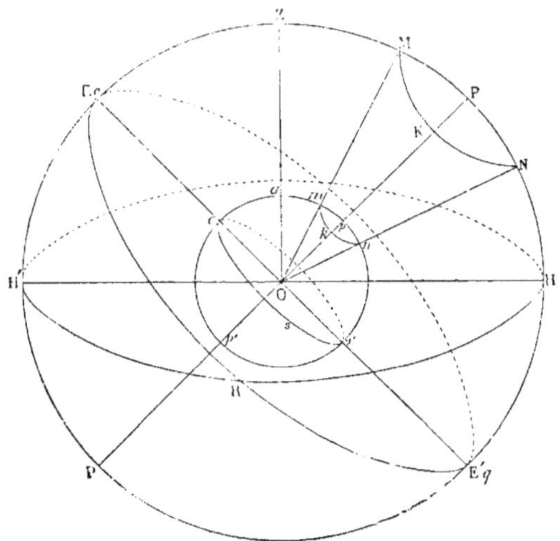

Fig. 38. — Sphère céleste et sphère terrestre.

On nomme *parallèles terrestres* des cercles qui coupent la Terre perpendiculairement à l'axe, comme le cercle *m k n* ; ils sont parallèles à l'équateur et vont en diminuant de grandeur, à mesure qu'ils se rapprochent des pôles.

Les droites menées du centre O de la sphère aux points d'un parallèle terrestre, tels que *m* et *n*, vont rencontrer dans leur prolongement les points du parallèle céleste correspondant.

On détermine la position d'un lieu à la surface de la Terre au moyen de deux distances nommées *latitude* et *longitude*.

La *latitude* d'un lieu est la distance de ce lieu à l'équateur, évaluée en degrés, à partir de ce cercle, le long du méridien passant par ce lieu. Elle s'étend depuis l'équateur, où elle est nulle, jusqu'au pôle où elle est de 90°. On la distingue en boréale et australe, suivant que le lieu est dans l'hémisphère nord ou dans l'hémisphère sud.

La latitude d'un lieu est égale à la hauteur du pôle au-dessus de l'horizon de ce lieu. C'est ce qu'on peut voir sans de longues explications sur la figure 38. En effet, soit a un lieu de la Terre et OaZ sa verticale ; son horizon astronomique est le cercle H'H, perpendiculaire à cette verticale et passant par le centre de la Terre. La latitude du lieu a est l'arc $a\,e$, qui a le même nombre de degrés que l'arc $E_q\,Z$. Or, ce dernier arc est égal à l'arc HP, qui est la hauteur du pôle pour le lieu a ; car en ajoutant le même arc Z P à chacun de ces deux arcs $E_q\,Z$ et H P on obtient un quart de circonférence.

Un observateur placé en un point de l'équateur terrestre, par exemple dans la colonie française du Gabon, sur la côte occidentale de l'Afrique, v rrait l'étoile polaire à l'horizon. Au pôle il l'aurait sur sa tête, au zénith.

La latitude de Paris prise au Panthéon est de 48° 51'. Parmi nos chefs-lieux d'arrondissement, celui qui est le plus au midi est Céret, dans le département des Pyrénées-Orientales, qui a une latitude de 42° et demi ; c'est Dunkerque, dont la latitude est de 51°, qui est le plus avancé au nord.

La *longitude* d'un lieu est la distance comprise entre le méridien de ce lieu et un autre méridien adopté, sous le nom de 1er méridien, pour être celui à partir duquel on compte tous les autres. Cette distance est mesurée en degrés sur l'arc d'équateur compris entre les deux méridiens, de 0° à 180° du côté de l'est et de 0° à 180° à l'ouest : il y a ainsi une longitude orientale et une longitude occidentale. Nous avons pour 1er méridien en France le méridien qui passe par l'Observatoire de Paris. Chez les Anglais, c'est celui de leur observatoire de Greenwich, petite ville située à une dizaine de kilomètres à l'est de Londres ; ce méridien est à 2° 20' 15" à l'ouest de celui de Paris.

En général, chaque nation prend pour 1er méridien celui de son principal observatoire. Il est à désirer que les astronomes et les géographes des diverses nations s'accordent pour adopter un 1er méridien unique.

Si la détermination de la longitude d'un lieu est une opération fort délicate, la théorie n'en est point difficile, comme nous allons l'expliquer.

Observons d'abord que pour tous les lieux situés sur le même méridien il est midi au même instant ; c'est ce qui arrive en France à peu près pour les villes de Carcassonne, Bourges, Paris, Amiens et Dunkerque.

Considérons Lyon et Paris, par exemple, et supposons deux observateurs installés dans ces deux villes, communiquant entre eux par un télégraphe électrique et ayant sous les yeux une pendule bien réglée. L'observateur de Lyon, au moment où sa pendule marque midi, envoie un signal à l'observateur de Paris ; celui-ci consultant aussitôt sa pendule constate qu'il est pour lui 11 heures 50 minutes. Le Soleil n'arrive donc au méridien de Paris que 10 minutes après avoir passé au méridien de Lyon ; ainsi le méridien de Lyon est à l'est de celui de Paris. Or, pour effectuer sa révolution diurne, c'est-à-dire pour décrire 360°, le Soleil met 24 heures (temps moyen), ce qui fait 1 heure pour 15° et 4 minutes de temps par degré. Par un calcul très simple on trouve que l'arc d'équateur qui sépare le méridien de Lyon de celui de Paris est de 2 degrés et demi : telle est la longitude de Lyon.

En opérant entre Paris et Bordeaux, on trouverait qu'il est midi 11 minutes à Paris, quand il est midi à Bordeaux ; il en résulte que Bordeaux est à 2°55′ de longitude. C'est une différence d'environ un demi-degré avec la longitude de Lyon ; seulement celle-ci est orientale et celle de Bordeaux occidentale.

Un moyen très commode pour trouver la longitude d'un lieu consisterait à emporter avec soi l'heure du premier méridien ; c'est ce qu'on réalise avec un chronomètre, qui est une montre construite avec toute la perfection possible et qu'on règle avant le départ, sur l'heure de l'Observatoire de Paris. Il marque midi, en quelque lieu qu'on se trouve, quand il est midi à Paris. Quand il est midi à Rome par exemple, le chronomètre de Paris marque seulement 11 heures 20 minutes. Le Soleil met donc 40 minutes pour aller du méridien de Rome à celui de Paris, ce qui correspond à un intervalle de 10° entre les méridiens de ces deux villes.

Tous les navires sont munis d'un chronomètre réglé sur l'heure du 1ᵉʳ méridien ; car chaque jour on a soin de reconnaître la position qu'il occupe sur la mer, en déterminant sa longitude et sa latitude : c'est ce qui s'appelle *faire le point*. Pour connaître l'heure qu'il est dans l'endroit occupé par le navire, on observe la hauteur du Soleil à l'aide d'un instrument nommé *sextant*, qu'on tient à la main, en appliquant l'œil à sa lunette. Il n'y a plus qu'à effectuer quelques calculs avec les résultats fournis par l'observation : ces résultats ne sont pas influencés par la mobilité du navire. On peut aussi trouver l'heure pendant la nuit en observant certaines étoiles.

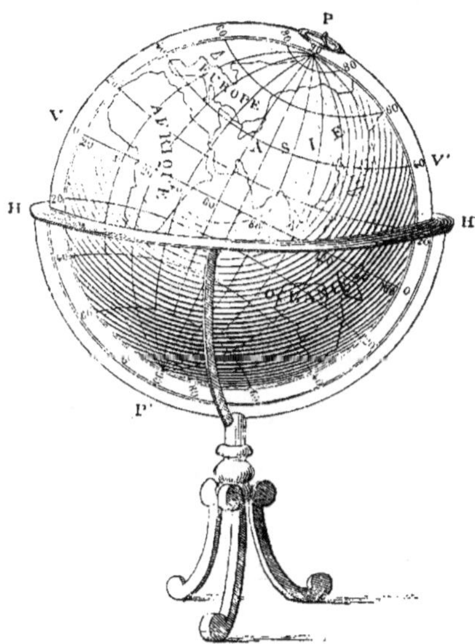

Fig. 39. — Globe terrestre.

Expliquons maintenant en quelques lignes la construction d'un globe terrestre (fig. 39). Les deux extrémités de la tige qui le traverse en son centre étant les deux pôles, on décrit tout autour un cercle à égale distance des deux pôles, en plaçant la pointe immobile du compas à l'un des pôles : ce cercle est l'équateur. On le divise en arcs égaux de 1 degré ; puis par chaque point de division et par les deux pôles on décrit des cercles qui sont les méridiens. On met 0° au point où l'équateur est coupé par le demi-méridien pris pour 1er méridien. On partage aussi ce demi-méridien en degrés et on inscrit 1°, 2°, etc., de l'équateur vers chaque pôle. Par chacun de ces points on décrit des cercles en posant la pointe du compas au pôle : ces cercles sont les parallèles.

Supposons qu'on ait à marquer sur le globe ainsi préparé la position de Marseille qui est à 43" de latitude nord et à 3° de longitude orientale. Sa position sera le point où le parallèle qui est à 43° de l'équateur au nord est coupé par le demi-méridien qui est à 3° à l'est du 1er méridien.

CHAPITRE IV

De la différence des heures marquées au même instant en deux lieux résulte une singularité que nous ne devons pas passer sous silence. Supposons que deux voyageurs Paul et Jean partent de Paris. pour faire le tour de la Terre, le premier se dirigeant vers l'ouest, du côté de l'Amérique, et le second vers l'est, du côté de l'Asie.

Arrivé à 15° de longitude à l'ouest, Paul compte 11 heures du matin quand il est midi à Paris ; à 30° il a 10 heures ; à 90° il a 6 heures : à 165° (11 fois 15°) il a 1 heure du matin ; à 180° minuit, commencement du jour dans lequel il est midi à Paris à cet instant.

Continuant son voyage, Paul arrivé à 15° au delà du méridien de 180°, se trouve à une longitude orientale de 165° et a encore un retard d'une heure sur le temps de Paris ; il est pour lui 11 heures avant minuit. Si donc le midi qui a lieu à ce moment à Paris est celui d'un jeudi, Paul se trouve au mercredi 11 heures du soir, et à 15° plus loin, il est pour lui 10 heures du soir, quand il est midi à Paris, le temps du lieu où il arrive retardant constamment d'une heure de plus de 15° en 15°, à mesure qu'il avance vers l'est. Quand il revient à Paris (ou en un lieu quelconque du méridien de Paris), Paul compte 24 heures de retard sur le temps de Paris. Par suite, si ce jour-là à Paris est un jeudi 20 mars, Paul se trouve, lui, au mercredi 19 mars.

Le contraire se produit pour Jean, qui au départ a marché vers l'est, et qui revient par l'ouest. Il est à son retour, à Paris, en avance d'un jour et croit être au vendredi 21 mars, s'il est jeudi 20 mars dans cette ville.

C'est là ce qui arriva aux compagnons de Magellan, en rentrant au port de Saint-Lucar. Ils furent tout étonnés, en apprenant que

TABLEAU

comprenant la longitude et la latitude de plusieurs villes et l'heure qu'il est dans chacune au moment du midi de Paris.

E signifie, est ; O, ouest ; N, nord ; S, sud.

NOMS	HEURE	LONGITUDE	LATITUDE
Paris (*Panthéon*)	midi.	0° 0'	48° 51' N
Brest	11 h. 33 m. matin.	6° 50' O	48° 23' N
Nice	midi 20 m.	4° 56' E	43° 42' N
Rome (*Saint-Pierre*)	midi 40 m.	10° 6' E	41° 54' N
Naples	midi 48 m.	11° 55' E	40° 52' N
Venise	midi 40 m.	10° 0' E	45° 26' N
Bruxelles	midi 8 m.	2° 2' E	50° 51' N
Cologne	midi 18 m.	4° 37' E	50° 56' N
Berlin	midi 44 m.	11° 3' E	52° 30' N
Saint-Pétersbourg	1 h. 52 m. soir.	28° 0' E	59° 56' N
Moscou	2 h. 21 m. soir.	35° 14' E	55° 45' N
Vienne	midi 56 m.	14° 2' E	48° 12' N
Constantinople	1 h. 46 m. soir.	26° 38' E	41° 0' N
Athènes	1 h. 25 m. soir.	21° 23' E	37° 58' N
Jérusalem (*Saint-Sépulcre*)	2 h. 11 m. soir.	32° 53' E	31° 46' N
Alexandrie	1 h. 50 m. soir.	27° 31' E	31° 12' N
Tunis	midi 31 m.	7° 50' E	36° 48' N
Alger	midi 3 m.	0° 44' E	36° 47' N
La Réunion (*Saint-Denis*)	3 h. 32 m. soir.	53° 7' E	20° 52' S
Saïgon	7 h. soir.	104° 22' E	10° 47' N
Pékin	7 h. 36 m. soir.	114° 8' E	39° 54' N
Tokio (*Yeddo*)	9 h. 9 m. soir.	137° 25' E	35° 37' N
San-Francisco	3 h. 41 m. matin.	124° 45' O	37° 49' N
Panama	6 h. 33 m. matin.	81° 52' O	8° 57' N
Québec	7 h. 6 m. matin.	73° 32' O	46° 48' N
New-York	6 h. 55 m. matin.	76° 20' O	40° 43' N
Madrid	11 h. 36 m. matin.	6° 1' O	40° 24' N
Londres (*Saint-Paul*)	11 h. 50 m. matin.	2° 26' O	51° 61' N
Zanzibar	2 h. et demie. soir.	37° 0' E	6° 9' S
Rio-Janeiro	8 h. 58 m. matin.	43° 30' O	22° 54' S

l'on comptait ce jour-là le 6 septembre dans la ville, tandis qu'ils se croyaient seulement au 5 septembre.

Pour les deux voyageurs Paul et Jean et un homme resté au méridien de Paris, il y a eu jeudi à trois jours différents dans la même semaine ; ainsi se trouve réalisé le dicton de la semaine des trois jeudis.

Il ne sera point sans intérêt d'arrêter l'attention de nos lecteurs sur une autre conséquence, due en même temps à l'immense rapidité de la transmission d'un signal par le télégraphe électrique.

Par exemple, une dépêche est envoyée de Londres à San-Francisco en Californie par le télégraphe, le 10 juillet, à 4 heures 12 minutes du matin. Elle subit au bureau de Valentia, sur la côte d'Irlande, pour la réexpédition, un retard que nous supposerons de 17 minutes. Reçue à New-York, elle est expédiée directement à San-Francisco, après un nouveau retard de 19 minutes.

En tenant compte de la différence des longitudes des trois villes, on trouve par un calcul élémentaire que la dépêche partie de Londres le 10 juillet, à 4 heures 12 minutes du matin, arrive à New-York le 9 juillet, à 11 heures 33 minutes du soir ; à San-Francisco le 9 juillet, à 8 heures 39 minutes du soir.

CHAPITRE V

MESURE DU MÉRIDIEN. — SA FORME ELLIPTIQUE.

On a répété si souvent sur les bancs de l'école que l'unité légale de longueur, le mètre, est la dix-millionième partie du quart du méridien terrestre que plus tard, quand la raison ne se paye pas de mots, on serait désireux d'avoir quelques notions plus claires sur ce sujet et quelque idée des moyens par lesquels on est parvenu à effectuer la mesure du méridien. C'est la question que nous allons traiter, sans faire usage d'autre chose que des principes les plus élémentaires de la géométrie.

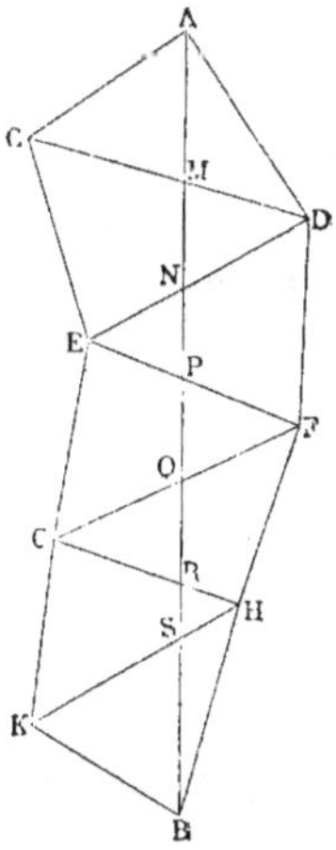

Si on connaissait la longueur d'un arc du méridien, que jusqu'à présent nous regardons comme une circonférence, et le nombre de degrés qu'il contient, en divisant la longueur par le nombre de degrés, on aurait la longueur d'un arc de 1 degré; puis en la multipliant par 180 on aurait la longueur de la demi-circonférence. Pour obtenir le rayon, il n'y aurait plus qu'à diviser la longueur de la demi-circonférence par le nombre π, c'est-à-dire par le nombre 3,1416.

Fig. 40.—Triangulation

Transportons-nous donc dans une région de la France, plate et découverte, et d'un lieu A marquons la direction de la méridienne, de distance en distance, jusqu'à un lieu B (fig. 40). On connaîtra d'abord le nombre de degrés de l'arc A B, en prenant la différence entre les latitudes des lieux A et B, qu'on déterminera par l'observation de la hauteur du pôle.

D'un autre côté, si entre A et B le sol était uni et sans obstacle, on pourrait mesurer la distance AB à la chaîne, comme firent, en 1768 deux astronomes américains dans l'Amérique du Nord. Mais ce procédé étant généralement impraticable, l'abbé Picard [1] en avait imaginé un autre, qu'il employa en France pour la première fois en 1669, sur la méridienne de Paris à Amiens.

Il prit à droite et à gauche de la méridienne AB pour signaux des points apparents et stables, tels que des sommets de tours, des pointes de clochers, ou des pyramides en pierre qu'il fit construire. En imaginant ces points rattachés deux à deux par des droites, comme le montre la figure 40, on voit que le sol entre les points A et B est couvert d'un réseau de triangles A C D, C D E… etc., dont chacun intercepte une portion de la méridienne, la portion A M dans le premier triangle, la portion M N dans le deuxième et ainsi de suite. Or, il suffit de mesurer sur le sol, mais avec les précautions les plus minutieuses, la longueur d'un *seul* des côtés de ces triangles, puis les angles de ces triangles et ceux que leurs côtés font avec la méridienne. Avec les résultats de ces mesures délicates effectuées sur le terrain, et les hauteurs des stations au-dessus du niveau de la mer, on peut calculer les longueurs des portions de la méridienne comprises dans les triangles du réseau, non pas comme elles sont à des hauteurs diverses sur le relief du sol, mais sur la surface sphérique de la mer qui serait prolongée par-dessous. La somme des longueurs ainsi obtenues est la longueur de la méridienne qui joint les points A et B projetés sur la surface de la mer.

Telle est l'opération géodésique désignée par le nom de *triangulation*, et qui est encore pratiquée aujourd'hui : le côté du triangle qui est mesuré sur le sol s'appelle *base*.

L'abbé Picard trouva que l'arc de méridien de 1 degré avait une longueur de 57 060 toises [2].

Quelques années après, Newton [3], guidé par des considérations

---

[1] L'abbé PICARD, né à La Flèche en 1620, fut professeur au Collège de France et membre de l'Académie des sciences à sa fondation. Il rendit de grands services à la science astronomique et contribua beaucoup à faire décider la construction de l'Observatoire de Paris. Il mourut en 1682.

[2] L'ancienne unité de longueur nommée *toise* a sans doute son origine dans la hauteur d'un homme de très grande taille; elle se divisait en six pieds. C'est aussi le pied de l'homme qui a suggéré l'idée de mesurer les longueurs en pieds.

[3] On trouvera plus loin quelques détails biographiques sur Newton, Huygens et Cassini.

théoriques, émit l'opinion que la terre n'est pas sphérique, mais qu'elle doit être aplatie aux pôles, par suite de l'état fluide dans lequel elle avait été probablement à l'origine. En ce cas, le méridien ne serait plus une circonférence véritable, mais une circonférence aplatie aux extrémités du diamètre polaire, c'est-à-dire présentant la forme d'une ellipse[1]. Cette assertion souleva bien des discussions ; soutenue par le savant hollandais Huygens, elle était combattue par l'astronome Cassini qui était directeur de l'Observatoire de Paris. Pour la résoudre, il fallait savoir si un arc de 1 degré du méridien, pris à diverses latitudes, a partout la même longueur ou non.

Dans ce but deux commissions furent nommées par l'Académie des sciences de Paris en 1736. L'une composée de Bouguer, La Condamine et Godin alla opérer dans le voisinage de l'équateur, au Pérou ; dans l'autre étaient Maupertuis, Clairaut, Le Monnier, qui se transportèrent au nord en Laponie. Pendant ce temps l'abbé Lacaille répétait en France les opérations déjà faites par l'abbé Picard.

' Pour décrire une ellipse, on attache les deux extrémités d'un fil à deux points fixes F et F' (fig. 41) sur un plan ; puis on fait mouvoir un crayon avec lequel on tient cons-

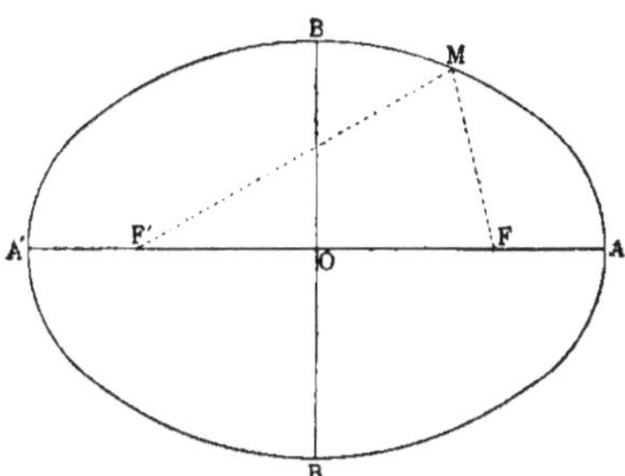

Fig. 41. — Ellipse.

tamment le fil tendu en deux parties, comme F'MF : le crayon dans ce mouvement décrit la courbe ABA'B' qui est une ellipse.

D'après cela on la définit ainsi : l'ellipse est une courbe plane telle que la somme des distances de chacun de ses points à deux points fixes est constante.

Les deux points fixes F' et F sont les *foyers*; le diamètre A'A mené par les foyers est le *grand axe*; le diamètre BB' qui lui est perpendiculaire en son milieu O est le *petit axe*; le point O est le *centre*; la distance OF du centre au foyer est l'*excentricité*; la droite FM menée d'un point de la courbe au foyer est nommée *rayon vecteur*.

Les deux points F' et F ont été appelés *foyers*, parce que, si l'on regarde l'arc A'BA comme une surface elliptique polie, les rayons de chaleur et de lumière partis d'un corps lumineux situé en F iraient, après avoir été réfléchis par cette surface, se croiser au point F'.

De tous ces travaux on conclut que la longueur de l'arc de 1 degré du méridien était :

<pre>
56 737 toises près de l'équateur;
57 060   —   en France;
57 419   —   en Laponie.
</pre>

Ainsi le méridien n'est pas une circonférence.

De cette augmentation progressive de longueur de l'arc de 1 degré à partir de l'équateur vers le pôle résulte une autre conséquence, celle de l'aplatissement du méridien au pôle. Pour le faire comprendre, regardons chaque arc de 1 degré comme circulaire, ce qui ne fait qu'une faible erreur. Le second à partir de l'équateur étant plus long que le premier a un rayon plus grand et par suite il est moins convexe; pour la même raison, le troisième est moins convexe que le second, et ainsi de suite jusqu'au dernier, qui aboutit au pôle.

Le quart du méridien a donc la forme de l'arc AB (fig. 41) et le méridien la forme elliptique ABA'B', l'axe polaire BB' étant plus court que l'axe équatorial AOA'. Le point O, intersection des deux axes, est le centre de la Terre.

CHAPITRE VI

Depuis on a mesuré et on travaille encore actuellement à mesurer en divers pays des arcs de méridien. L'opération la plus célèbre est celle qui fut exécutée de 1792 à 1798 par les ordres du gouvernement français. L'Assemblée nationale avait décrété le 8 mai 1790, la suppression des diverses mesures, qui usitées alors avaient, sous les mêmes noms, des grandeurs différentes. Par un autre décret du 26 mai 1791, rendu sur un rapport de l'Académie des sciences, il fut décidé que la nouvelle unité de longueur, désignée par le nom de *mètre*, serait égale à la dix-millionième partie du quart du méridien terrestre et servirait de base aux autres mesures, qui devaient entrer dans le *système métrique*

Pour donner plus de précision à cette unité fondamentale, il fut décidé qu'on procéderait de nouveau à la mesure de l'arc du méridien qui traverse la France par Paris, depuis Dunkerque, en le prolongeant jusqu'à Barcelone en Espagne. L'astronome Delambre fut chargé de mesurer l'arc de Dunkerque à Rodez, sur une longueur d'environ 360 000 toise ; l'autre partie de Rodez à Barcelone, qui n'avait que 170 000 toises fut donnée à Méchain[1]. Le côté du triangle qu'ils prirent pour base fut mesuré sur la route de Melun à Lieusaint, avec les précautions les plus minutieuses, à l'aide de règles

---

[1] MÉCHAIN, né à Laon en 1744 mourut en Espagne en 1805.

DELAMBRE, né à Amiens en 1749, se livra avec succès à l'astronomie et mourut à Paris en 1822. Il a publié une histoire de l'astronomie en 5 volumes in-4°.

On trouvera à la fin de cet ouvrage quelques détails intéressants sur les travaux qu'ils effectuèrent pour la mesure de la méridienne.

de platine. Sa longueur fut trouvée en toises égale sur le sol à 6075^T,98 et réduite au niveau de la mer égale à 6075^T,90. Leurs travaux furent retardés par bien des difficultés et même interrompus, au milieu des agitations politiques du temps; ils ne furent terminés qu'en 1798.

En combinant les résultats obtenus par Delambre et Méchain avec ceux que d'autres savants avaient trouvés, on assigna une longueur de 5 130 740 toises au quart du méridien, à partir de l'équateur jusqu'au pôle, sur la surface du sol considérée comme la continuation de la surface de la mer.

Le mètre égale donc 0^T,5130740 ou plus simplement 513 fois la millième partie de la toise.

D'après les travaux les plus récents, M. Faye a donné, dans l'*Annuaire du Bureau des longitudes* de l'année 1890, les nombres suivants pour les dimensions de la Terre en kilomètres :

rayon équatorial	6 378 kilomètres
rayon polaire	6 356 —
Différence	22 kilomètres.

Il en résulterait que la longueur du quart du méridien serait 10 002 008 mètres, ce qui fait une différence de 2 kilomètres avec la longueur adoptée primitivement.

L'aplatissement au pôle est exprimé par la fraction $\frac{1}{292}$, ce qui signifie que la différence entre les deux rayons du pôle et de l'équateur est la 292e partie de ce dernier rayon. Cet aplatissement est une quantité bien faible. En effet, considérons un globe sphérique de carton ayant un rayon de 292 millimètres. Si l'on veut en faire un globe terrestre, il faudra diminuer ce rayon de 1 millimètre seulement pour avoir le rayon du pôle, ce qui est fort peu de chose. Aussi dans les usages ordinaires regarde-t-on la Terre comme une sphère ayant 6 366 kilomètres de rayon.

Bornons-nous à ce nombre, sans nous fatiguer la mémoire par les nombres de kilomètres carrés de la surface et de kilomètres cubes du volume, qui, en raison de leur énormité, ne disent absolument rien à l'esprit.

La longueur de l'arc de 1 degré, sur le méridien ou sur l'équateur est la 90ᵉ partie de 10 millions de mètre, ce qui fait 111 111 mètres. Sur un parallèle elle est d'autant plus petite que le parallèle est plus éloigné de l'équateur.

En France, la longueur de l'arc de 1 degré a :

78 837 mètres sur le parallèle de 45° ;
71 687 mètres sur le parallèle de 50°.

La *lieue géographique* est la 25ᵉ partie du degré du méridien, ce qui fait une longueur de 4 444 mètres ; mais on a négligé les 444 mètres et pris 4 kilomètres pour la lieue commune.

CHAPITRE VII

La *lieue marine*, qui est la 20e partie du degré du méridien, égale 5 555 mètres.

Le *mille marin* est la longueur de l'arc de méridien de 1 minute ; il est donc le tiers de la lieue marine et vaut 1 852 mètres.

Chez les marins, il est aussi désigné par le nom de *nœud :* ainsi, dire qu'un navire file 10 nœuds à l'heure signifie que par heure il parcourt 10 fois 1 852 mètres, c'est-à-dire 18 kilomètres et demi.

Voici l'origine de cette dénomination. Chaque jour sur un navire, en même temps qu'on fait le *point*, on mesure aussi sa vitesse. Pour cela, on se sert d'une planchette triangulaire de bois, nommée *loch*. Deux côtés sont égaux ; le troisième, coupé suivant un arc de cercle, est chargé d'un poids de plomb destiné à lester l'appareil et à le tenir enfoncé debout dans l'eau, presque en totalité. De deux points de la planchette partent deux fils, rattachés au même point d'une corde fine, qui est divisée par des nœuds en parties égales à la 120e partie d'un mille marin, c'est-à-dire égales à 15 mètres et demi environ. On lance le loch à la mer, à l'arrière du navire : pendant que celui-ci continue à marcher, le loch reste à peu près stationnaire dans l'endroit où il est tombé, et la corde se déroule du haut du pont, sur une espèce de dévidoir qu'un marin tient entre ses mains. On compte au moyen d'un sablier le nombre de nœuds qui passent pendant une demi-minute, temps qui est la 120e partie de l'heure. S'il a passé 8 nœuds, le navire parcourt 8 fois la 120e partie d'un mille dans la 120e partie d'une heure et par conséquent 8 milles par heure.

Ajoutons que ce loch ne pouvant fournir des indications d'une grande précision, on a imaginé divers appareils destinés au même

usage ; ils en diffèrent plus ou moins, quoiqu'ils en portent toujours
le nom.

La question précédente appelle un complément tout naturel; c'est
l'explication de la méthode employée pour régler la direction d'un
navire. Tout le monde répète que c'est à l'aide de la boussole ; mais,
si l'on réfléchit un instant, on reconnaît que l'aiguille de la boussole
servant seulement, avec sa déclinaison, à indiquer la direction du

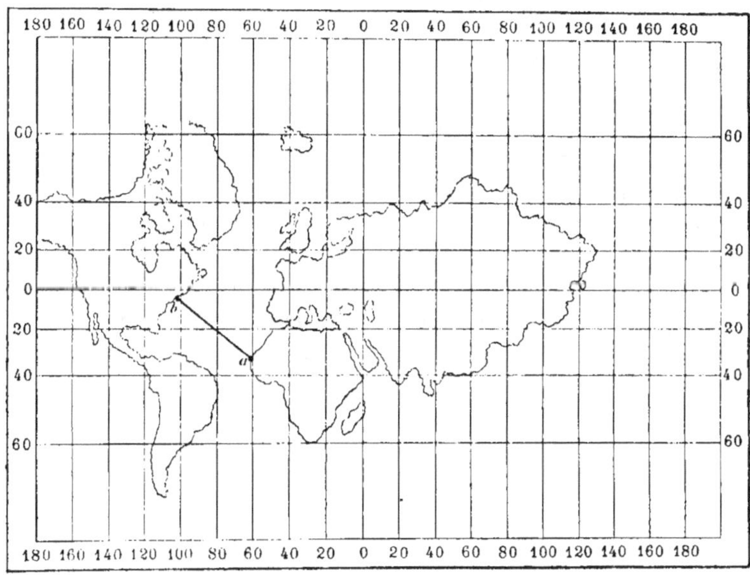

Fig. 42. — Carte marine.

méridien, ne saurait suffire seule pour guider un navire, qui aurait à
faire la traversée du Havre à New-York, par exemple.

La route qu'on lui fait suivre est la ligne qui coupe sous le même
angle tous les méridiens qu'il traverse. La boussole met le méridien
constamment sous les yeux du pilote ; l'angle est fourni par une
carte marine.

Ces cartes, inventées au xvie siècle par un géomètre flamand,
connu sous le nom de Mercator, sont construites d'après une méthode
toute particulière, qui a le défaut d'altérer beaucoup la configuration des rivages. Sur ces cartes l'équateur est une ligne droite

(fig. 42) ; les méridiens sont représentés par des droites perpendiculaires à l'équateur et équidistantes entre elles de degré en degré. Les cercles parallèles sont aussi des droites parallèles à la ligne équatoriale, mais séparées deux à deux par des distances qui augmentent avec la latitude, de degré en degré. Pour trouver l'angle de route, on tire une ligne droite sur la carte entre le point de départ *a* et le point d'arrivée *b* ; l'angle formé par cette droite avec les méridiens de la carte est l'angle cherché.

Le pilote n'a plus qu'à manœuvrer la barre du gouvernail, de manière que la direction suivie par le navire fasse avec l'aiguille de la boussole l'angle qui lui a été indiqué.

La ligne que parcourt le navire est appelée *loxodromie*. On désigne par le nom de *houache* la trace que son sillage laisse derrière lui sur les eaux.

Comme le bâtiment peut être écarté de sa direction par les courants ou d'autres causes, on est obligé de rectifier souvent sa marche. Pour cela, on détermine la latitude et la longitude du point où il se trouve ; on prend ce point sur la carte et la ligne droite menée de ce point au point d'arrivée donne le nouvel angle de route.

CHAPITRE VIII

Jusqu'ici nous avons raisonné comme si le mouvement diurne était une réalité, sans nous demander s'il ne serait pas plutôt une illusion de nos sens, résultant d'un mouvement dont la Terre se trouverait elle-même animée avec son atmosphère, et qui nous ferait tourner avec elle à notre insu. Or, nous voyons se produire fréquemment sous nos yeux des mouvements, qui ne sont que de trompeuses apparences. Par exemple, pour un voyageur assis dans une voiture à grande vitesse, comme sur les chemins de fer, les arbres qui bordent la voie semblent marcher eux-mêmes rapidement, en sens inverse de la direction du train. L'illusion est non moins frappante sur un bateau à vapeur, si, distrait par la curiosité, on ne s'est pas aperçu qu'il commence à se mouvoir pour partir. Les quais, avec les objets qui les couvrent, semblent se mettre en marche, et il faut pour ainsi dire un instant de réflexion pour reconnaître l'erreur dont on est le jouet.

Le mouvement diurne pourrait bien n'être qu'un phénomène du même genre. Les apparences resteraient identiques, si, la sphère céleste étant immobile, la Terre tournait sur elle-même, en 24 heures sidérales, autour de l'axe du monde qui passe par son centre, et en sens inverse du mouvement apparent des étoiles, c'est-à-dire d'occident en orient.

En effet, dans cette hypothèse, considérons un observateur placé à Paris par exemple. Pendant que, sans s'en douter, il tourne avec la Terre, son horizon, obéissant au même mouvement, s'abaisse du côté où il rencontre continuellement de nouvelles étoiles, qui semblent se lever au moment où elles apparaissent, monter dans le ciel à mesure que l'horizon s'éloigne d'elles du côté de l'orient, et s'abaisser à l'ouest, pendant que l'autre partie de l'horizon s'en rapproche, jusqu'au moment où, en les dépassant, il les cache aux yeux. De la même manière s'expliquent le lever et le coucher du Soleil et de la Lune.

Le passage d'un astre au méridien, en ce cas, n'est autre chose que la rencontre de l'astre par le méridien de l'observateur.

Il est beaucoup plus naturel d'attribuer ces phénomènes au mouvement d'un seul corps, la Terre, que de faire tourner autour d'elle en 24 heures des millions d'astres, situés à des distances incalculables, qui décriraient tous, dans ce même temps, des cercles immenses, avec des vitesses supérieures à tout ce que notre imagination pourrait concevoir.

L'aplatissement de la Terre aux pôles est une preuve de la rotation de la Terre autour de son axe. En effet, l'exemple de la fronde montre que tout corps obligé de se mouvoir en ligne courbe est soumis à chaque instant à une force particulière, qui tend à l'éloigner du centre de son mouvement et qui, pour cette raison, est appelée *force centrifuge*. Elle augmente quand la vitesse du corps augmente ; c'est ce que l'on constate facilement avec la fronde, car la corde est d'autant plus tendue que la pierre qui est au bout tourne plus rapidement. La force centrifuge augmente encore, quand le rayon de la circonférence décrite par le corps est plus grand. Or, la Terre avait primitivement une consistance molle et pâteuse. Sous l'influence de son mouvement de rotation, ses divers points sont soumis à l'action de la force centrifuge. Mais l'intensité de cette force, qui est nulle aux pôles, grandit à mesure que les points sont plus voisins de l'équateur, puisque le rayon du cercle décrit par un point de la Terre dans son mouvement autour de l'axe est la distance de ce point à l'axe. C'est à l'équateur que la force centrifuge a son maximum. La masse de la Terre a donc dû se renfler à l'équateur et par suite se rétrécir dans la direction de l'axe, c'est-à-dire s'aplatir aux pôles.

L'hypothèse de la rotation de la Terre a pu être confirmée par quelques expériences. Celle que M. Foucault fit, à l'aide du pendule, en 1851, est trop célèbre pour que nous n'essayions pas d'en donner une idée.

Un pendule se compose d'une boule pesante suspendue à un fil
délié, dont l'autre extrémité est attachée à un point fixe. Si, après
avoir été écarté de sa position verticale d'équilibre il est abandonné
librement à lui-même, il retombe dans la direction de la verticale,
la dépasse en montant à une hauteur égale à celle d'où il est descendu ; de cette position il revient à la première, puis de celle-ci à
la seconde, et ainsi de suite, en exécutant une série d'oscillations

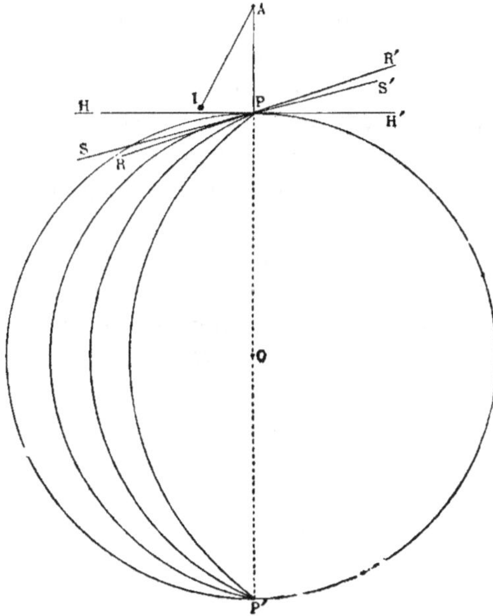

Fig. 43. — Démonstration de la rotation de la Terre par le pendule.

qui seraient toutes égales, si le mouvement n'était pas contrarié par
la résistance de l'air et le frottement du fil au point de suspension.
Quoi qu'il en soit, il est démontré que la direction du plan d'oscilla-
tion reste invariable, quand même le point de suspension ne serait
pas immobile.

Maintenant, supposons-nous, pour plus de simplicité, au pôle P de
la Terre (fig. 43), et considérons un pendule attaché à une certaine
hauteur, au point A situé sur le prolongement du diamètre polaire.
Au-dessous sur le plan du sol horizontal est un cercle ayant P pour

centre et divisé en 24 parties égales par les droites HPH', SPS', RPR', etc., tangentes aux divers méridiens.

Amenons le pendule de sa position verticale AP dans la direction AI. Abandonné à lui-même, il oscille suivant la direction de la droite HPH' et, d'après ce qui a été dit, les oscillations suivantes s'effectueront toujours dans le même plan. Si l'expérience pouvait être réalisée au pôle, on verrait que la ligne suivie par les oscillations successives semble pivoter autour du point P et fait avec la direction initiale HPH' un angle de plus en plus grand, en s'écartant vers l'ouest ; enfin, au bout de 24 heures, elle aurait tourné d'une circonférence et coïnciderait de nouveau avec la direction HPH'.

Puisque le plan des oscillations n'a pas changé dans l'espace, c'est la droite HPH' qui tourne autour du pôle P ; donc c'est la Terre elle-même, sur laquelle est tracée cette droite, qui tourne autour de l'axe PP'.

Dans un lieu situé entre le pôle et l'équateur, la déviation se produit aussi, mais avec plus de lenteur. On a calculé qu'à Paris elle n'accomplit son tour complet qu'en trente-deux heures. C'est ce qui a été vérifié par l'expérience de M. Foucault[1], faite au Panthéon. Le pendule était formé d'un fil d'acier de 64 mètres de longueur, attaché au sommet de la voûte du dôme et portant à son autre extrémité une boule de cuivre qui pesait 28 kilogrammes.

---

[1] Léon Foucault, mort en 1869, à l'âge de cinquante ans, fit de remarquables travaux sur la vitesse de la lumière, et apporta des perfectionnements dans les télescopes par l'argenture des miroirs.

CHAPITRE IX

GALILÉE ET LE MOUVEMENT DE LA TERRE.

L'opinion qui fait tourner la Terre sur son axe et en même temps autour du Soleil, avait été avancée dans l'antiquité par quelques philosophes de l'école pythagoricienne. « Philolaüs enseigna le double mouvement de la Terre autour de son axe, ce qui produit le jour et la nuit; puis, autour du feu central, ce qui produit l'année. Plus tard Aristarque n'aura qu'à remplacer le feu central par le Soleil pour posséder deux siècles avant notre ère le système de Copernic [1]. Cicéron, mentionnant ces hypothèses pythagoriciennes dans ses *Académiques*, déclare qu'on ne pourra jamais les vérifier; que pour savoir si la Terre est ronde, il faudrait la percer d'outre en outre, etc.; tels sont les sophismes que le prétendu *sens commun* a opposé de tout temps aux fécondes hardiesses de la spéculation. » (*Histoire de la Philosophie*, par Alfred Fouillée.)

« Il importe d'examiner, disait Sénèque [2], si la Terre est immobile au centre du monde, ou si, le ciel étant immobile, la Terre tourne sur elle-même. Des auteurs ont dit que la Terre nous entraîne sans que nous nous en apercevions et que c'est notre mouvement qui produit les levers et les couchers apparents des astres. »

Au XVIe siècle, l'opinion du mouvement de la Terre fut reprise et soutenue par Copernic. Plus tard, Galilée l'enseigna publiquement

---

[1] NICOLAS COPERNIC, né à Thorn sur la Vistule, en 1473, mourut en 1543. On trouvera plus loin quelques détails biographiques (Livre V. Chapitre III).

[2] SÉNÈQUE, célèbre philosophe latin, enseigna à Rome avec éclat la doctrine stoïcienne. Il resta exilé en Corse pendant huit ans, par les ordres de l'impératrice Messaline, puis fut rappelé par l'impératrice Agrippine, qui lui confia l'éducation de Néron. Après s'être retiré de la cour, il fut impliqué dans une conspiration, reçut de l'empereur, son ancien élève, l'ordre de mourir et obéit en s'ouvrant les veines, l'an 65 de J.-C. Il a laissé un grand nombre de traités philosophiques et de lettres.

en Italie. Ces idées nouvelles lui suscitèrent des ennemis, laïques et moines, parmi les nombreux partisans de la philosophie d'Aristote[1].

Pour répondre aux objections qu'ils tiraient contre lui de certains passages de la Bible relatifs au mouvement de Soleil, il écrivit au P. Castelli une lettre dans laquelle il énonçait des pensées fort justes

Fig. 44. — Copernic.

sur l'autorité des Saintes Ecritures, relativement aux sciences naturelles. « L'Ecriture est toujours véritable, disait-il ; elle a toute autorité sur les questions de foi ; mais sa profondeur mystérieuse est souvent impénétrable à notre faible esprit et l'on a grand tort d'y chercher des leçons de physique qui n'y sont pas. »

[1] Aristote, né en Macédoine l'an 384 avant J.-C., suivit à Athènes les leçons du philosophe Platon. Il fut ensuite précepteur d'Alexandre le Grand, qu'il accompagna pendant le commencement de ses expéditions en Asie. Revenu à Athènes, il fonda, dans une promenade nommée Lycée, une école de philosophie ; mais, lassé des attaques de ses ennemis, il se retira dans l'île d'Eubée, où il mourut à l'âge de soixante-deux ans. Aristote est le génie le plus vaste de l'antiquité ; il a traité de toutes les sciences dans ses nombreux ouvrages, excepté les mathématiques. Aussi a-t-il régné en maître dans les écoles du moyen âge.

Il fut dénoncé à l'Inquisition.

Tenus toujours en éveil, au milieu de la tempête religieuse qu'avait déchaînée l'hérésie de Luther, les membres de ce tribunal furent effrayés, en voyant l'Ecriture Sainte mêlée aux discussions des partis et crurent à une nouvelle attaque, dissimulée sous des dehors scientifiques, contre la doctrine catholique. Ils prononcèrent la censure des propositions de Galilée et lui imposèrent l'obligation de s'abstenir de les enseigner.

De l'avis de plusieurs savants théologiens du temps, elles étaient condamnées comme dangereuses plutôt que fausses. Un d'entre eux, le P. Kochansky en effet écrivait ceci : « Les arguments des Coperniciens établissent seulement une probabilité et n'obligent pas à abandonner l'interprétation habituelle de ces passages. Il sera permis et même nécessaire de l'abandonner, alors seulement qu'une démonstration physico-mathématique incontestable du mouvement de la Terre aura été trouvée, et cette démonstration, chacun est libre de la chercher. »

Peu à peu Galilée, enhardi par la faveur qu'il avait conservée à Rome, oublia la promesse qu'il avait faite de garder le silence sur sa nouvelle doctrine et ne se cacha pas pour la soutenir dans ses conversations et même dans un Dialogue imprimé. En même temps il acheva d'exaspérer ses ennemis par la verve sarcastique avec laquelle il leur répondait. Des poursuites furent ordonnées contre lui et il dut comparaître à Rome devant le tribunal de l'Inquisition, dix-sept ans après son premier procès. C'est alors qu'il fut condamné à abjurer les opinions dont on lui faisait un crime, et à *passer sa vie en prison*, ce qui ne fut autre chose que d'habiter dans la résidence qui lui serait désignée.

Ce malheureux procès de Galilée, qui fut une erreur de l'Inquisition, a été défiguré par les ennemis du catholicisme et transformé en une odieuse persécution, où le savant aurait subi toutes les tortures. Pour dissiper cette légende et retrouver la vérité nous n'avons qu'à écouter un illustre savant de notre temps, membre de l'Académie des sciences et de l'Académie française, et que personne ne soupçonnera de partialité en faveur de l'Eglise.

« On prétend, dit M. J. Bertrand, qu'après avoir prononcé les paroles d'abjuration, Galilée, poussé à bout, frappa la terre du pied, en

laissant éclater son impatience et son mépris, dans une exclamation
devenue célèbre : *E pur si muove*. Il le pensa sans aucun doute ;
mais il n'ignorait pas qu'il y a le temps de se taire et le temps de
parler. Tant de franchise l'eût exposé à de grands périls, et le caractère de Galilée permet difficilement de croire à un tel élan. On ne

Fig. 45. — Galilée.

trouve en lui ni cette noble vigueur que les épreuves fortifient, ni
la généreuse ardeur que la menace exalte et soutient...

« Après avoir satisfait à l'examen *rigoureux* de ses juges, il n'y a
nulle apparence que, par une dernière parole de raillerie, il ait osé
les braver. Plusieurs biographes ont affirmé que ce *rigoureux* examen du Saint-Office n'était autre chose que la torture et qu'on exerça
sur Galilée les dernières rigueurs : cette supposition n'a pas de fondement sérieux. Tout prouve au contraire que les tortures morales
sont les seules dont il ait souffert... L'abjuration honteuse qu'on lui

imposa fut son seul martyre; c'est le sentiment commun de tous ceux qui ont étudié et discuté les faits avec impartialité...

« Au lieu d'une prison, on lui assigna pour résidence le palais de Piccolomini, archevêque de Sienne : il y resta cinq mois. Vers les premiers jours de décembre, l'ambassadeur de Toscane, toujours ardent à le servir, obtint pour lui la permission de résider à sa maison de campagne d'Arcetri, près de Florence

« Entouré sans cesse de disciples studieux et dévoués, il reprit, pour les perfectionner, les grandes idées auxquelles l'avaient préparé les méditations de toute sa vie... Parmi les jeunes gens qui, admis dans son intime familiarité, aidaient aux derniers travaux de Galilée, en s'efforçant de lui tenir lieu des yeux qui lui manquaient, Viviani se distingue surtout par sa vive tendresse pour l'illustre vieillard. Une intimité de quatre années donne une grande valeur aux documents qu'il a été soigneux de recueillir et qu'il nous a transmis.

« Galilée, dit-il, avait l'air enjoué, surtout dans sa vieillesse. La jouissance du grand air lui semblait le meilleur allègement des passions de l'âme et le meilleur préservatif de la santé... La ville lui paraissait en quelque sorte la prison des esprits spéculatifs et il regardait la campagne, au contraire, comme le livre de la nature toujours ouvert à ceux qui aiment à le lire et à l'étudier... Son goût pour la solitude et le calme de la campagne ne l'empêchaient pas de goûter le commerce de ses amis. Il aimait à se trouver à table avec eux et appréciait particulièrement l'excellence et la variété des vins de tous pays, dont il avait toujours une provision, venant de la cave même du Grand-Duc. »

Nous avons vu à Pise, au fond d'une rue déserte, la modeste demeure où naquit Galilée en 1564. Nous avons visité au village d'Arcetri, près de Florence, la maison où il passa ses dernières années, taillant et liant les vignes de son jardin, au rapport de Viviani, avec un soin et une adresse plus qu'ordinaires, se plaisant à l'agriculture, où il voyait à la fois un passe-temps et une occasion de philosopher sur la végétation et la nutrition des plantes et autres merveilles de la création. C'est là qu'il mourut le 8 janvier 1642, dans sa soixante-dix-huitième année, ayant perdu la vue depuis cinq ans.

En ces lieux consacrés par le génie d'un illustre savant, tous les souvenirs de sa glorieuse existence semblaient revivre devant nous.

En bas à Florence, et plus loin à Rome, ses luttes contre les partisans d'antiques préjugés ; ici, loin du tumulte du monde, le calme et l'apaisement. Les fables de ses tortures imaginaires passaient encore devant notre esprit ; mais comme ces nuages éphémères qui s'évanouissent aussitôt qu'ils ont apparu dans un ciel serein, elles se dissipaient devant ces paroles du savant académicien que nous avons déjà cité : « La longue vie de Galilée, dit M. Bertrand, prise dans son ensemble, est une des plus douces et des plus enviables que raconte l'histoire de la science. »

CHAPITRE X

Nous avons dit que l'aplatissement de la Terre aux pôles s'était produit à une époque où sa masse était encore molle et sans consistance solide. Cette question est trop importante pour que nous n'entrions pas ici dans quelques développements sur l'état primitif de notre globe ; nous les cueillerons dans l'ouvrage d'un savant évêque [1], afin de marcher avec plus de sûreté dans ces matières délicates, où la science profane vient rencontrer nos Saintes Écritures.

Rappelons d'abord que la Bible emploie le langage ordinaire, les expressions vulgaires qui représentent souvent les choses telles qu'elles apparaissent aux yeux et non telles que la science les définit. Qui voudra incriminer comme absolument fausses les expressions suivantes : *lever et coucher du soleil, voûte du ciel*, etc.? La Bible parle le langage de son temps et elle expose dans ce langage l'histoire primitive.

La science donne à notre globe une haute antiquité. Le récit de la Bible ne contredit nullement sur ce point les conclusions admises par les géologues. Le premier verset de la Genèse laisse ici à la théorie la plus grande latitude ; car il ne contient que ces mots : « *Au commencement Dieu créa le ciel et la terre.* » Dans les premières lignes le mot *terre* exprime la Terre dans les états qu'elle a traversés. Le deuxième verset nous la montre *vide, désolée, enveloppée de ténèbres, couverte d'eau.* C'est précisément l'état dans lequel les géologues l'ont supposée, au moment du premier refroidissement de la croûte terrestre.

---

[1] *Le monde et l'homme primitif selon la Bible*, par Mgr Meignan, aujourd'hui archevêque de Tours.

En effet, d'après l'opinion généralement admise, la Terre a été d'abord un globe de matière liquéfiée par une forte chaleur et tournant sur un axe, accomplissant une évolution autour du Soleil. Personne ne peut dire combien de temps a duré cet état de la Terre ; mais alors les eaux, qui couvrent maintenant la surface du globe, beaucoup de corps aujourd'hui solides etalors gazeux, formaient par l'effet de la chaleur une vapeur épaisse etenveloppaient la Terre d'impénétrables et d'immenses brouillards. C'est là l'état indiqué par le deuxième verset de la Bible. La diminution graduelle de la chaleur a dû déterminer la formation d'une croûte solide autour de la masse liquide. Elle permit aux différentes molécules minérales de se rapprocher, de cristalliser, et cette cristallisation a dû donner naissance à toutes les roches des terrains granitiques et porphyriques, qui formaient la première enveloppe solide.

Les siècles s'écoulèrent : la croûte solide s'épaissit ; les vapeurs aqueuses qui enveloppaient d'abord le globe incandescent se précipitèrent à la surface, quand elle fut refroidie, et séjournèrent à l'état liquide sur la Terre. Mais le refroidissement successif et continu contracta et brisa l'enveloppe terrestre ; il se produisit sur certains points des plissements et des fissures qui livrèrent passage aux matières en ébullition.

Ces premiers bouleversements amenèrent un déplacement des eaux ; des courants s'établirent et les agents érosifs combinés, mordant les roches primitives, entraînèrent les détritus, pour les déposer au sein des mers en couches sédimentaires, quelquefois considérables.

Le cadre dans lequel nous devons nous renfermer ne nous permet pas de parcourir les autres transformations qui se succédèrent. La création a duré six jours ; mais ces six jours sont les périodes d'un temps indéterminé. Dieu laissait ainsi le monde pendant des intervalles plus ou moins longs sous l'action des causes qu'il avait créées, et ces intervalles pouvant être des siècles. La Bible nous le montre préparant ainsi le globe à devenir la demeure de l'homme et cette créature privilégiée arrivant la dernière. La géologie ne confirme-t-elle pas ce dernier fait ?

Il ne faut pas espérer toutefois rencontrer dans l'histoire et sur le globe des traces de l'homme primitif, tel qu'il sortit des mains du

Créateur, brillant de jeunesse, de force et d'intelligence. Ces beaux jours d'innocence et de grandeur n'ont duré que juste assez de temps pour que le genre humain en conservât le douloureux souvenir [1].

En se révoltant dans l'Eden contre l'Auteur de leur vie, nos premiers parents en ont bien vite changé les conditions. Si la géologie retrouve les restes de l'homme primitif, ce seront des restes de l'homme déchu ; ils ne pourront guère témoigner que des effets terribles d'un châtiment divin.

Il est bien certain que la punition divine qui tomba sur l'homme au moment de la chute originelle, le frappa à la fois dans son corps et dans son âme et humilia celle-ci encore plus qu'elle n'amoindrit celui-là. Selon la parole du Créateur, l'homme mangea désormais et bien réellement son pain à la sueur de son front.

Si sauvage et si grossier qu'il devint, l'homme put lentement, aidé par une Providence qui ne l'abandonna point, armé de son intelligence et poussé par la loi de la nécessité, reconquérir une partie des biens et des avantages naturels dont il fut primitivement doté.

---

[1] C'est ce qu'a si bien exprimé notre grand poète Lamartine dans ces deux beaux vers :

> Borné dans sa nature, infini dans ses vœux,
> L'homme est un dieu tombé qui se souvient des cieux.

LIVRE III

LE SOLEIL

CHAPITRE PREMIER

Pendant que les étoiles, étincelant dans les ténèbres de la nuit, semblent glisser mystérieusement sur la surface du ciel, en gardant invariablement l'ordre qui leur a été assigné par le Créateur, tout reste en repos sur la Terre et l'homme oublie dans un sommeil salutaire les fatigues de la journée. Après quelques heures de ce silence, une faible lueur apparaît du côté de l'orient; elle occupe plus d'espace en prenant plus d'éclat, et, devenant de plus en plus vive, elle chasse, pour ainsi dire, les étoiles qui se cachent promptement les unes après les autres. L'air semble embrasé des feux d'un vaste incendie; enfin apparaît sur l'horizon le disque radieux du Soleil, dont nos yeux ne pourraient supporter en face l'ardente lumière. A son aspect, tout renaît dans la nature et l'homme reprend avec courage son travail interrompu la veille. Cette lumière et cette chaleur bienfaisantes raniment ses forces et son ardeur, en même temps qu'elles répandent la vie jusque dans les sillons, pour y faire germer et grandir les semences qui leur ont été confiées. Sans le Soleil, la Terre ne serait qu'un vaste désert n'ayant ni arbres, ni gazon, complètement dépourvu d'êtres animés. Aussi est-il peu étonnant que dans les siècles de l'antiquité l'homme, ayant perdu la notion du Dieu créateur des mondes, ait donné une place au Soleil parmi ses nombreuses divinités et lui ait rendu un culte.

Ces erreurs s'étaient dissipées devant les divines lumières du christianisme. Mais depuis qu'on a déclaré contre Dieu une guerre acharnée, poursuivie jusque dans les lieux les plus reculés, à l'aide d'écrits qui y répandent chaque jour le mensonge, les hommes, prêtant l'oreille à un langage qui flatte leurs passions, en viennent à oublier qu'ils ont une âme qui ne peut pas périr avec le corps et que l'univers doit son existence à un Créateur tout-puissant.

L'ouvrier des villes, séduit par ces funestes doctrines, n'a plus qu'une passion, celle de se procurer la jouissance des plaisirs matériels. L'homme des champs, continuellement placé en face du spectacle de la nature, résiste mieux à cet entraînement grossier; il sent encore qu'une Puissance suprème règle toutes choses autour de lui, la vie des animaux et des plantes, le retour périodique des saisons, comme les variations de la durée des jours et des nuits; mais ne connaissant plus le Dieu du catéchisme, il s'en crée un autre, qui ne lui impose aucune contrainte dans sa conduite et n'exige de lui aucune adoration : cet autre Dieu, c'est le Soleil. Voilà en effet ce que nous avons entendu de nos propres oreilles, non sans tristesse et sans un sentiment de pitié pour le brave homme, qui, appuyé sur sa bêche au repos, faisait devant nous cette étrange profession de foi. C'est ainsi qu'avec le progrès dans les choses matérielles se produit une décadence morale, au bout de laquelle la société est exposée à retomber dans les aberrations et les désordres du paganisme antique.

Heureux ceux qui ont pu conserver la foi chrétienne ; ils marchent à la lueur de l'Evangile, sachant leur origine et leur destinée future. En étudiant les phénomènes admirables que présente le Soleil, en cherchant à reconnaître sa grandeur et sa nature, ils ne voient en lui qu'une œuvre merveilleuse du Créateur, un témoignage de sa puissance infinie et de son infinie bonté.

CHAPITRE II

Il n'est pas possible d'observer cet astre sans certaines précautions indispensables contre l'action trop vive de sa lumière. Pour préserver les yeux de tout danger, on ne doit le regarder qu'à travers un verre dont la surface est couverte d'une couche de noir de fumée, ou mieux d'un verre ayant une teinte noire, non à la surface seulement, mais dans toute sa masse. C'est un verre de ce genre qui est adapté aux lunettes dont se servent les astronomes.

Le Soleil présente à la vue un disque circulaire dont le diamètre, qui est un peu plus grand qu'un demi-degré, a une valeur moyenne de 32'. Le centre de ce disque est pris pour le centre apparent de l'astre; c'est la position de ce centre qui fixe la position du Soleil. Supposons qu'on ait à connaître la hauteur du Soleil à un moment donné; on mesure la hauteur du bord supérieur et la hauteur du bord inférieur; puis, en prenant la demi-somme de ces deux hauteurs, on a la hauteur du centre.

Nous avons vu, en étudiant le mouvement diurne, que le Soleil, tout en accomplissant sa révolution apparente, retarde chaque jour sur les étoiles, dans son retour au méridien, d'environ 4 minutes de temps; il possède donc un mouvement particulier, en vertu duquel il se déplace chaque jour sur la sphère céleste d'un arc d'environ 1 degré, d'occident en orient.

Il est facile de constater l'existence d'un autre mouvement, qui déplace le Soleil dans une autre direction. En effet, il n'est pas nécessaire d'être astronome pour remarquer que le point où cet astre se lève varie sur l'horizon. Il s'avance du côté du nord jusqu'au 21 juin; à partir de ce moment, il revient vers le sud jusqu'au

22 décembre; puis il remonte au nord jusqu'au 21 juin, et ainsi de suite. L'arc d'horizon que le Soleil parcourt entre ces deux époques est d'environ 47°; ce n'est que vers le 20 mars et le 22 septembre qu'il se trouve à égale distance de ces deux points extrêmes. A ces deux époques il se lève au point cardinal appelé *est*, et décrit dans son mouvement diurne l'équateur.

Ces deux époques sont les deux *équinoxes*, ainsi nommées parce que le jour est égal à la nuit sur toute la terre. Les deux époques du 21 juin et du 22 décembre sont appelés *solstices*, nom qui signifie *arrêt du Soleil*, parce que c'est alors que le Soleil s'arrête dans le mouvement par lequel il s'éloigne de l'équateur. Les cercles parallèles que le Soleil décrit en chacun de ces deux jours dans le mouvement diurne se nomment *tropiques ;* celui qui est au nord de l'équateur se nomme *tropique de Cancer ;* celui qui est au sud, *tropique du Capricorne,* en raison du voisinage de ces deux constellations.

Les quatre époques des deux équinoxes et des deux solstices divisent l'année en quatre parties, qui sont les quatre saisons : le *printemps* du 20 mars au 21 juin; l'été du 21 juin au 22 septe mbre l'*automne* du 22 septembre au 22 décembre; l'*hiver* du 22 décembre au 20 mars.

CHAPITRE III

Pour connaître la ligne formée sur la sphère céleste par les positions successives que le Soleil occupe à midi dans le cours de l'année, on a mesuré chaque jour l'ascension droite et la déclinaison de son

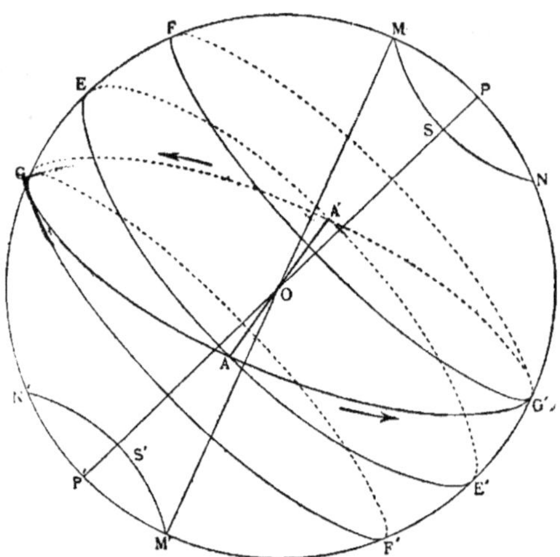

Fig. 46. — Cercles de la sphère céleste. — Écliptique.

centre ; on a marqué ces positions sur un globe céleste, et on a tiré un trait continu par ces divers points. Soit PP' l'axe du monde (fig. 46), le cercle EAE'A' étant l'équateur. On trouve que la courbe ainsi décrite par le Soleil est un grand cercle GAG'A', coupant l'équateur suivant une droite AOA' et formant avec lui un angle d'environ 23 degrés et demi (23° 27'). Ce cercle est appelé *écliptique*, parce que les éclipses ne peuvent arriver que lorsque la Lune se trouve sur son plan ou à une faible distance.

L'angle qu'il forme avec l'équateur est ce qu'on appelle *obliquité* de l'écliptique. Elle n'est pas constante et subit chaque année une diminution d'une demi-seconde environ. Mais la théorie montre que ce mouvement s'arrêtera avant d'avoir atteint 3 degrés et qu'il s'opèrera ensuite en sens inverse.

Les deux points A et A' où le Soleil se trouve sur l'équateur aux

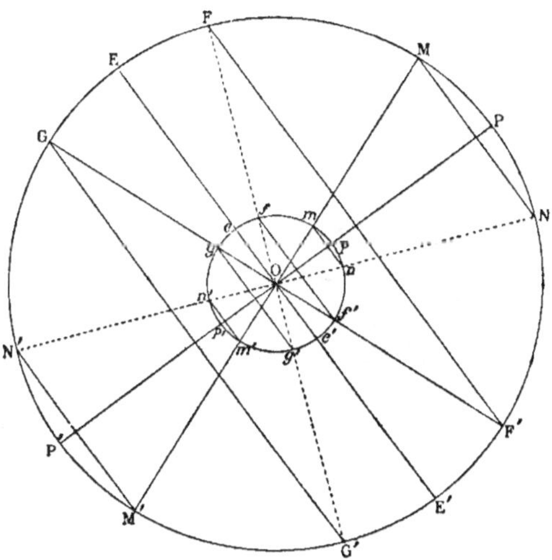

Fig. 47. — Cercles de la sphère céleste et de la Terre.

deux équinoxes sont les *points équinoxiaux ;* le point A qui correspond à l'équinoxe du printemps est nommé le *point vernal.* Les points G' et G, où le Soleil se trouve à sa plus grande distance de l'équateur, à l'époque des deux solstices, sont les *points solsticiaux;* ils coupent en deux parties égales les deux moitiés de l'écliptique AG'A' et A'GA. Les deux cercles FG' et GF' parallèles à l'équateur, sont les deux *tropiques* (fig. 46).

Le Soleil décrit ces quatre arcs égaux de l'écliptique pendant les quatre saisons : l'arc AG' pendant le printemps, l'arc G'A' pendant l'été; l'arc A'G pendant l'automne; l'arc GA pendant l'hiver.

La vitesse de ce mouvement n'est pas constante ; car on trouve
pour la durée du printemps 92 jours 21 heures, pour celle de l'été
93 jours 14 heures, pour celle de l'automne 89 jours 19 heures, pour
celle de l'hiver 89 jours. La durée totale du printemps et de l'été est
de 186 jours 11 heures ; celle des deux autres saisons est de 178 jours
19 heures.

On appelle *axe* de l'écliptique le diamètre **MM′** qui lui est perpendiculaire ; il forme avec l'axe de l'équateur **PP′** un angle égal à
l'obliquité de l'écliptique. Les deux pôles de l'écliptique M et M′ sont
à 23 degrés et demi des pôles P et P′ de l'équateur ; les deux cercles

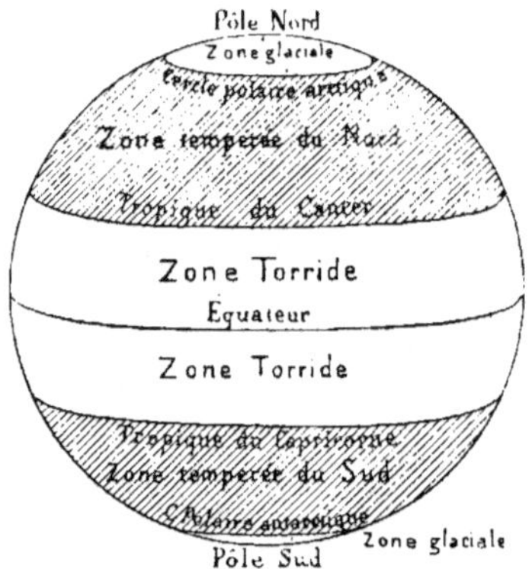

Fig. 48. — Zones terrestres.

MN et M′N′ parallèles à l'équateur et passant par les pôles de
l'écliptique sont nommés *cercles polaires*.

Nous insistons sur ces détails, parce qu'ils vont nous donner la
raison des termes relatifs à la division de la surface de la Terre, qui
sont usités dans la géographie.

Pour rendre l'explication plus simple, représentons les cercles de
la figure précédente par leurs diamètres seulement, afin d'y placer
le globe terrestre sous la forme du cercle *pe p′e′* (fig. 47). Les deux
pôles de la Terre sont les points *p* et *p′* ; l'équateur terrestre *ee′*
est l'intersection de la Terre par l'équateur céleste. Les droites telles
que OF et OF′, OG et OG′, menées du centre de la sphère aux divers
points des deux tropiques, forment deux cônes qui coupent la surface de la Terre suivant deux cercles représentés par *ff′*, *gg′*, et qui

sont les *tropiques terrestres ;* les droites telles que **OM** et **ON**, **OM′** et **ON′** menées du centre aux cercles polaires font aussi deux cônes qui coupent la surface terrestre suivant deux cercles représentés par *mn* et *m′n′*, et qui sont les *cercles polaires terrestres.*

C'est ainsi que la surface de la Terre se trouve divisée en cinq parties (fig. 48) : la *zone torride,* comprise entre les deux tropiques et coupée par l'équateur en deux parties égales ; les deux *zones tempérées,* comprises dans chaque hémisphère entre le tropique et le cercle polaire ; les deux *zones glaciales,* formées par les deux calottes situées aux pôles, au delà des cercles polaires.

La zone torride occupe 40 centièmes de la surface totale de la Terre ; chaque zone tempérée 26 centièmes, et chaque zone glaciale 4 centièmes seulement.

CHAPITRE IV

ZODIAQUE. — PRÉCESSION DES ÉQUINOXES.

Les planètes ne s'écartant jamais beaucoup du chemin suivi par le Soleil sur la sphère céleste, les anciens eurent l'idée de limiter l'espace dans lequel elles se meuvent par deux cercles, situés de chaque côté de l'écliptique, à une distance de 9 degrés. Cette zone qui a ainsi une largeur de 18 degrés et qui fait le tour du ciel de l'ouest à l'est, est désignée par le nom de *zodiaque*. Elle est divisée, à partir du point vernal, en 12 parties égales de 30 degrés chacune, par des arcs de cercle passant par les pôles de l'écliptique. Ces douze parties égales sont ce qu'on appelle les *Signes* du zodiaque. Voici leurs noms, à partir du point vernal d'occident en orient, avec les figures par lesquelles ils sont représentés dans les ouvrages astronomiques :

Le Bélier.	Le Taureau.	Les Gémeaux.	Le Cancer.	Le Lion.	La Vierge.
♈	♉	♊	♋	♌	♍

La Balance.	Le Scorpion.	Le Sagittaire.	Le Capricorne.	Le Verseau.	Les Poissons.
♎	♏	♐	♑	♒	♓

Le Soleil met un mois environ à traverser chaque signe. Il entre dans le signe du Bélier à l'équinoxe du printemps, dans le signe du Cancer au solstice d'été, dans le signe de la Balance à l'équinoxe d'automne, dans le signe du Capricorne au solstice d'hiver.

Les signes du zodiaque ont reçu les noms des constellations qui s'y trouvaient à l'époque reculée, mais incertaine, où cette division fut imaginée. Cette coïncidence n'existe plus, parce que le point vernal ne reste pas fixe par rapport aux étoiles et qu'il se déplace lentement le long de l'écliptique, en sens inverse de la marche du Soleil. C'est ce qu'il s'agit maintenant de faire comprendre.

En effet, considérons la figure 49, où le cercle EAE′B représente l'équateur et le cercle GAG′B l'écliptique, le diamètre POP′ perpendiculaire à l'équateur étant l'axe du monde et le diamètre MOM′ l'axe de l'écliptique; l'angle POM de ces deux axes est de 23° et demi, comme l'angle que forment entre eux l'équateur et l'écliptique.

On reconnaît que le Soleil est au point vernal A, lorsque sa décli-

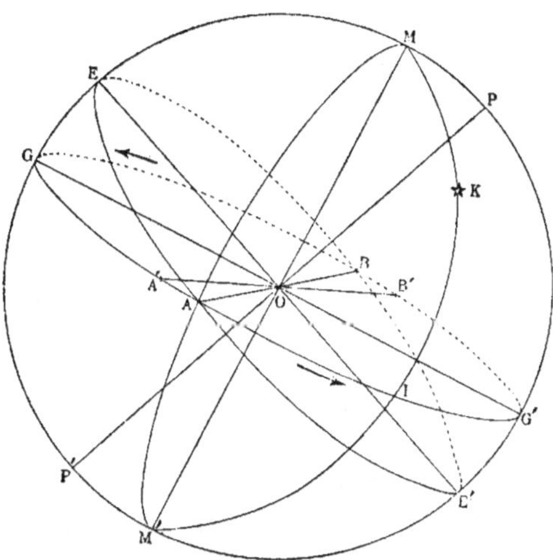

Fig. 49. — Écliptique et précession des équinoxes.

naison est nulle. Du point A, il continue à se mouvoir, dans le sens marqué par la flèche, vers G′, B, G... ; mais, au bout de l'année, il rencontre l'équateur en A′, avant d'avoir décrit la circonférence entière de l'écliptique, comme si l'équateur avait tourné lui-même pendant ce temps-là du petit arc AA′, allant pour ainsi dire au-devant de l'astre. L'équinoxe arrive ainsi un peu plus tôt que si le Soleil parcourait la circonférence entière de l'écliptique; c'est pour cela que ce mouvement est appelé *précession* des équinoxes. On le nomme aussi *rétrogradation* des points équinoxiaux.

Ce phénomène avait déjà été reconnu par Hipparque, le plus grand astronome de l'antiquité. L'arc d'écliptique dont le point vernal s'avance pendant une révolution du Soleil, est un peu inférieur à

une minute de circonférence ; d'après de nombreuses observations,
on a calculé qu'il est de 50″,2.

Mais pourquoi supposer que l'équateur tourne avec son axe POP′
de A en A′, au lieu de le regarder comme fixe et d'attribuer le mouvement à l'écliptique, qui en ce cas se déplacerait avec son axe MOM′
de A′ en A ? La raison en est que les distances des étoiles à l'écliptique, distances nommées *latitudes célestes*, ne changent pas, tandis
que leurs distances à l'équateur, c'est-à-dire leurs déclinaisons, sont au
contraire variables. Les étoiles semblent donc tourner toutes ensemble
d'un mouvement lent, parallèlement à l'écliptique, ou, ce qui revient
au même, la sphère céleste avec son équateur et son axe tourne
autour de l'axe de l'écliptique d'orient en occident, d'un arc de 50″,2
par an [1].

En cherchant combien de fois il y a 50″,2 dans le nombre de secondes des 360° de la circonférence, c'est-à-dire dans 1 296 000″, on
connaîtra le nombre d'années que doit mettre le point vernal pour
accomplir une révolution entière : ce nombre d'années est compris
entre 25 000 et 26 000 ans.

Par suite de la précession des équinoxes, le point vernal dans
sa marche rétrograde d'orient en occident, entraîne avec lui le
signe du Bélier, qui pénètre ainsi de plus en plus dans la constellation des Poissons. Actuellement, elle est couverte par ce signe ;
ainsi, depuis l'origine du zodiaque, le point vernal a parcouru un
espace de 30°, ce qui reporterait cette origine à trois siècles environ avant l'ère chrétienne.

« On a fait beaucoup de recherches pour découvrir quelle a été
l'origine de cette invention astronomique et à quel ancien peuple on
doit en attribuer primitivement l'invention. Des écrivains très érudits
et aussi des astronomes ont cru devoir la faire remonter à des
époques qui dépassent tout ce que les témoignages de l'histoire, et

---

[1] L'axe du monde est en réalité l'axe autour duquel la Terre tourne sur elle-même en
vingt-quatre heures, comme on l'expliquera plus loin. Le mouvement conique de cet axe
autour de l'axe de l'écliptique provient de l'attraction exercée par le Soleil sur la masse
du renflement équatorial de la Terre.

Cette masse subit aussi une attraction de la part de la Lune ; il en résulte un deuxième
mouvement en vertu duquel l'axe terrestre tourne en 18 ans et demi et dans le sens rétrograde autour de la position qu'il aurait s'il n'était soumis qu'au mouvement de la précession des équinoxes. Le petit cône qu'il décrit a pour base une petite ellipse et non
pas un cercle. Ce mouvement nommé *nutation* fut découvert dans le milieu du siècle
dernier par l'astronome anglais Bradley.

même les traditions, semblent accorder d'antiquité à l'établissement régulier des sociétés humaines. Ces systèmes ont été pendant quelque temps en vigueur, surtout dans le siècle dernier. Mais un examen plus critique des bases, une appréciation plus juste des anciens documents d'astronomie, venus jusqu'à nous, de la Grèce, de Babylone et de l'Égypte, surtout une connaissance plus approfondie des méthodes astronomiques usitées dans l'Inde et dans la Chine, ont détruit pour toujours ces vaines conjectures [1]. »

Pour terminer ce chapitre, signalons encore une autre conséquence de la précession des équinoxes. L'axe du monde POP' tournant d'un mouvement conique autour de l'axe MOM' de l'écliptique, qui reste à la même place, le pôle P décrit lentement sur la sphère céleste, en restant toujours à 23° et demi environ du pôle M de l'écliptique un cercle. Actuellement il n'est qu'à 1 degré et demi de l'étoile qui est au bout de la queue de la Petite Ourse et qui par là même nous indique à peu près la place du pôle. Celui-ci va continuer à s'en rapprocher pendant deux siècles et demi, après quoi il s'en éloignera de telle sorte que, pour nos descendants, l'*étoile polaire* sera une autre étoile éloignée de la nôtre.

---

[1] J.-B. Biot. *Traité élémentaire d'astronomie physique.*

Ce savant, qui naquit à Paris en 1774, est mort en 1862. Au sortir de l'École polytechnique, il professa les sciences, et entra bientôt à l'Observatoire et au Bureau des longitudes. Il fut membre de l'Académie des sciences, de l'Académie des inscriptions et Belles-lettres et de l'Académie française. Il a écrit de nombreux mémoires sur l'astronomie, l'optique et les mathématiques.

Son fils Édouard Constant Biot, qui mourut avant lui en 1850, à l'âge de 47 ans, s'était distingué par de savantes études sur la Chine.

CHAPITRE V

Nous pouvons maintenant indiquer avec toute la précision nécessaire la durée de l'année et expliquer la constitution du calendrier.

Le temps employé par le Soleil pour décrire dans son mouvement propre la circonférence entière de l'écliptique est l'*année sidérale*.

On appelle *année tropique* le temps qu'il met dans sa marche sur l'écliptique depuis l'équinoxe du printemps jusqu'à son retour à ce même point. Elle est un peu moins longue que l'année sidérale, de tout le temps qu'il faudrait au Soleil pour parcourir le petit arc de 50″ dont le point vernal s'est avancé vers lui ; ce temps est à peu près de 20 minutes.

C'est l'année tropique qui est divisée en quatre saisons par les deux équinoxes et les deux solstices ; par conséquent, c'est elle qui doit être la base de l'année civile établie pour les besoins de la société.

Les anciens étaient parvenus à une connaissance assez approchée de la durée de l'année tropique, en comptant à l'aide du gnomon les jours écoulés entre les retours consécutifs du Soleil au solstice d'été, au moment où l'ombre de la tige du gnomon arrive à sa plus petite longueur. Ils trouvèrent ainsi 365 jours solaires moyens et un quart.

A l'aide d'observations plus précises les astronomes modernes ont reconnu que la durée exacte est non pas 365^j,25 mais seulement 365^j,2422.

L'année civile, ne devant comprendre qu'un nombre entier de jours, ne pourrait pas rester longtemps d'accord avec l'année tropique. Les règles d'après lesquelles cet accord est maintenu et celles qui président à la division de l'année en certaines périodes composent le *calendrier*.

Sans remonter à une haute antiquité, nous dirons seulement que Jules César[1], trouvant la plus grande confusion dans le calendrier romain, jugea indispensable de le modifier ; suivant les avis de l'astronome égyptien Sosigène, il décida que l'année civile aurait 365 jours. Or en négligeant un quart de jour il arrivait que, si on prend, par exemple, l'équinoxe du printemps pour le commencement de l'année civile, la deuxième année commence 1 quart de jour avant le retour du Soleil à l'équinoxe, la troisième année 2 quarts de jour avant, la quatrième année 3 quarts de jour avant et la cinquième année 4 quarts, c'est-à-dire un jour avant. Il suffit ainsi de donner un jour de plus à la quatrième année pour ramener le commencement de la cinquième au moment de l'équinoxe, comme la première. Il fut donc décrété que chaque quatrième année aurait 366 jours, au lieu de 365 : c'est en cela que consista la *réforme julienne* du calendrier.

On conserva la division de l'année en douze mois, qui avait été établie par Numa, le second roi de Rome, et qui avait son origine dans la durée de la période des phases de la Lune, qui est de 29 jours et demi. Les nombres des jours des mois furent un peu modifiés, pour que la durée des douze mois fût égale au nombre des jours de l'année civile. Ils furent composés de la manière suivante :

Janvier 31.	Avril 30.	Juillet 31.	Octobre 31.
Février 28.	Mai 31.	Août 31.	Novembre 30.
Mars 31.	Juin 30.	Septembre 30.	Décembre 31.

Le jour qui devait être ajouté à chaque quatrième année fut donné au mois de février, qui en a alors 29. De plus ce jour additionnel ne fut pas mis à la fin du mois, mais entre le 23 et le 24 : voici pourquoi.

Chez les Romains chaque jour du mois était désigné par le rang qu'il occupait avant le premier du mois suivant, en comptant ce

[1] JULES CÉSAR, célèbre général romain, était né à Rome l'an 100 avant J.-C. Nommé gouverneur de la Gaule il en fit la conquête en dix ans. Revenu à Rome, il fut nommé dictateur malgré l'opposition de ses rivaux, dont le principal était Pompée. Il les abattit tous et s'occupa ensuite activement de l'administration des affaires ; mais soupçonné de vouloir se faire nommer roi, il fut assassiné au milieu du Sénat, le 15 mars de l'an 44 avant J.-C.

premier jour, qui s'appelait le jour des *calendes* de ce mois. Ainsi dans l'année commune, le 28 février était le 2 des calendes de mars ; le 27 était le 3 ; le 26 le 4 ; le 25 le 5 ; le 24 le 6, etc.

Or, le 6 des calendes de mars, en latin *sexto calendas*, on célébrait la fête du *Régifuge*, c'est-à-dire l'anniversaire de l'abolition de la royauté à Rome. Pour ne rien changer ni dans l'ordre, ni dans le nombre des jours du mois, on intercala le jour supplémentaire entre le 23 et le 24 février, en le comptant comme un *deuxième six* des calendes, *bissexto calendas*. De là vient le nom d'année *bissextile*, par lequel on désigne l'année de 366 jours[1].

Les noms : *septembre, octobre, novembre* et *décembre*, signifient septième, huitième, neuvième et dixième mois. En effet, primitivement au temps du premier roi de Rome, Romulus, l'année n'avait que dix mois. Ce fut son successeur Numa qui augmenta l'année des deux mois janvier et février.

À l'occasion de la réforme faite par les ordres de César, son nom de *Julius* fut donné au cinquième mois, désigné chez nous par *juillet*. Le mois suivant, le sixième, reçut plus tard le nom de l'empereur Auguste ; ce nom, altéré et raccourci, est devenu chez nous *août*.

La durée de l'année tropique avait été fixée à. . . $365^j,25$.
La durée est seulement. . . . . $365^j,2422$.
Différence . . . $0^j,0078$.

Pour une période de cent ans, cette différence s'élève à $0^j,78$, ce qui fait à peu près $\frac{3}{4}$ de jour ; en 400 ans, elle est de 3 jours.

Supposons donc qu'une année tropique et une année civile du calendrier julien aient commencé toutes deux à l'équinoxe du printemps ; la 401ᵉ année civile ne commencerait que trois jours après ce moment. Or, en l'année 325, où se tint le concile de Nicée, qui adopta ce calendrier, l'équinoxe du printemps eut lieu le 21 mars.

Au bout de plusieurs années, on s'aperçut que le 21 mars arrivait de plus en plus tard après le moment de l'équinoxe, et plusieurs

---

[1] Il y avait encore dans le mois du calendrier romain deux autres dates, les *ides* et les *nones* qui servaient à compter les jours comme les calendes. Le jour des ides était le 15 dans les mois de mars, mai, juillet et octobre et le 13 dans les autres. Le jour des nones était le neuvième avant celui des ides.

fois on avait discuté la question d'une réforme. En 1582, le retard était de dix jours. Pour rétablir l'accord entre le calendrier et l'année tropique, le pape Grégoire XIII ordonna que cette année-là le lendemain du 4 octobre serait compté le 15 octobre et qu'on supprimerait à l'avenir un jour à trois des années bissextiles d'une période de 400 ans ; cette suppression fut appliquée aux trois premières années séculaires de cette période. Par exemple, les années séculaires 100, 200, 300, qui auraient été séculaires dans le calendrier julien, ne seraient que des années communes de 365 jours dans la réforme grégorienne.

De là dérive la règle suivante : les années bissextiles sont celles dont le millésime est divisible par 4 ; mais, pour les années séculaires, il faut de plus que le nombre de siècles soit divisible par 4. Ainsi l'année 1900 ne sera pas bissextile ; mais l'année 2000 le sera.

Le commencement de l'année, fixé d'abord au 1ᵉʳ janvier par Jules César, varia depuis et fut porté à Noël, puis à Pâques et au 25 mars fête de l'Annonciation. Il fut reporté au 1ᵉʳ janvier par un édit du roi de France Charles IX, rendu en 1563, au château de Roussillon, situé en Dauphiné, sur les bords du Rhône.

Les animosités religieuses retardèrent l'adoption du calendrier grégorien dans les États protestants ; ils aimaient mieux, comme on l'a dit, rester en désaccord avec le Soleil plutôt que d'être d'accord avec le Pape. Ce fut l'Angleterre qui résista le plus longtemps ; la réforme y fut opérée seulement en 1752, mais non sans exciter des mécontentements et presque une petite émeute populaire. Dans ce pays l'année avait eu jusque-là son commencement au 25 mars. L'année 1751 ne s'acheva pas et prit fin au 31 décembre, perdant ainsi lés mois entiers de janvier et de février et presque tout le mois de mars, afin de laisser commencer l'année 1752 au 1ᵉʳ janvier. Excité par sa haine contre la papauté et aveuglé par son ignorance, le peuple murmura contre lord Chesterfield, l'auteur de la réforme ; on le poursuivait dans les rues de Londres en lui criant : « Rendez-nous nos trois mois. »

Parmi les nations chrétiennes il n'y a aujourd'hui que les Russes et les Grecs qui conservent le calendrier julien. Leurs dates sont actuellement en retard de douze jours sur les nôtres ; ils ont le 1ᵉʳ janvier quand nous comptons le 13 de ce mois.

L'année civile commune comprenant 52 semaines et 1 jour, si le 1er janvier d'une année était un dimanche, l'année suivante serait un lundi, la troisième année un mardi, et ainsi de suite, de telle sorte qu'au bout de sept ans le 1er janvier serait de nouveau un dimanche. Mais comme il y a un jour de plus à l'année tous les quatre ans, cette coïncidence ne se rétablit qu'au bout de 4 fois 7 ans, c'est-à-dire au bout de 28 ans. C'est là la période qui est inscrite dans les almanachs sous le nom de *cycle solaire*.

Pour trouver le rang d'une année dans le cycle solaire auquel elle appartient, il faut ajouter 9 au millésime de l'année et diviser le total par 28 ; le reste de la division est le nombre cherché. D'après cette règle, on trouve 24 pour l'année 1891.

Terminons ce chapitre par quelques explications sur le *calendrier républicain*. D'après un décret du gouvernement de la Convention, le calendrier grégorien fut remplacé en France par un autre calendrier, fondé aussi sur la division décimale, comme le système métrique. Les mois restèrent au nombre de douze ; mais ils furent composés de 30 jours, divisés en trois décades, qui remplaçaient les antiques semaines. Le dixième jour de la décade, qui s'appelait *décadi*, devait être chômé, comme auparavant le dimanche. La durée de l'année était complétée par une addition de 5 jours à la fin, avec un jour de plus dans l'année qui aurait été bissextile. Le commencement de l'année fut fixé au 22 septembre, jour de l'équinoxe d'automne, et on reporta la première année républicaine au 22 septembre 1792.

Les noms des trois mois qui composaient une saison reçurent une terminaison commune. En voici le tableau :

Automne :	Vendémiaire,	Brumaire,	Frimaire ;
Hiver :	Nivôse,	Pluviôse,	Ventôse ;
Printemps :	Germinal,	Floréal,	Prairial ;
Été :	Messidor,	Thermidor,	Fructidor.

L'usage de ce calendrier cessa au 1er janvier 1806, et à ce moment le calendrier grégorien reprit sa place.

CHAPITRE VI

Habitués à voir la nuit succéder régulièrement au jour, les hommes n'arrêtent guère leur pensée sur ces admirables alternatives de lumière pour le travail et d'obscurité pour le repos. La plupart même laissent les jours et les nuits s'écouler, sans être attentifs aux variations que leur durée subit continuellement. Cependant, si personne ne paraît s'étonner dans notre colonie africaine du Gabon, que le jour y reste égal à la nuit pendant toute l'année, il se rencontre encore quelques voyageurs que la curiosité pousse jusqu'aux frontières septentrionales de la Suède pour y contempler au milieu du mois de juin le Soleil à minuit.

Ces phénomènes ne devraient pas nous trouver indifférents ; nous allons en donner l'explication. Mais pour y mettre plus d'intérêt, nous les étudierons d'abord tels qu'ils se présenteraient à nos yeux, si nous pouvions les observer dans les diverses régions de la Terre, comme si la marche apparente du Soleil sur l'écliptique en une année était réelle, sauf à les présenter ensuite dans leur vérité, quand nous aurons montré que ce mouvement du Soleil n'est qu'une illusion de nos sens et doit être au contraire attribué à la Terre.

La détermination de la durée du jour, en un lieu donné et à une époque donnée, revient à trouver comment le parallèle, qui est décrit ce jour-là par le Soleil, dans son mouvement diurne, est coupé par l'horizon du lieu. De la grandeur de l'arc de parallèle qui se trouve sur l'horizon on déduit par le calcul la durée du jour et, par suite, l'heure du lever et du coucher du Soleil.

Par la réfraction, la durée du jour est augmentée de quelques minutes le matin et le soir.

Supposons par exemple qu'on veuille connaître la durée du jour à Paris le 25 mai. Soit P P' l'axe du monde P E P' E' le méridien céleste (fig. 50) passant par cette ville située en i sur la sphère terrestre $p\,e\,p'\,e'$; et ziO la verticale de Paris. En négligeant l'épaisseur de la Terre, on peut figurer l'horizon de ce lieu par le diamètre H'O H, passant par le centre O de la sphère et perpendiculaire à la verticale ziO. Pour plus de clarté dans la figure, représentons l'équateur par le diamètre EE' perpendiculaire à l'axe et les deux tropiques par les droites FF' et GG' perpendiculaires aussi à l'axe et éloignées de l'équateur à 23 degrés et demi.

On trouve dans les recueils astronomiques qu'au 25 mai la décli-

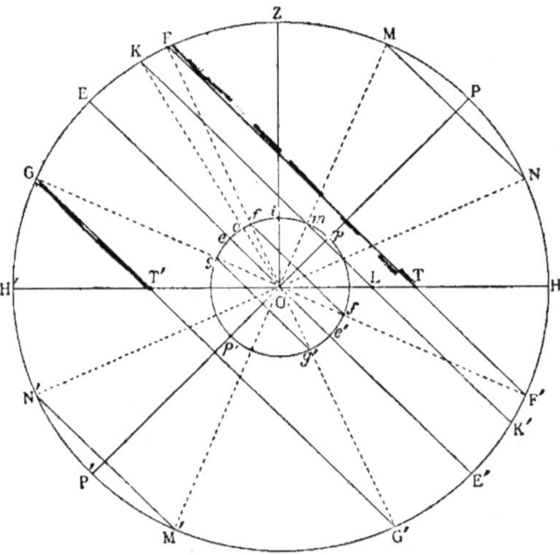

Fig. 50. — Durée du jour et de la nuit.

naison du Soleil est de 21° au nord. On prend donc à partir de l'équateur un arc EK de 21° ; puis en menant KK' parallèle à l'équateur, on a le diamètre qui représente le parallèle décrit par le Soleil ce jour-là. Avec la partie LK située au-dessus de l'horizon H'H, on connaîtra l'arc de ce parallèle qui est au-dessus de l'horizon de Paris et on pourra en déduire la durée du jour.

Pour un lieu e situé sur l'équateur, la verticale est dans la direction même OeE de l'équateur et son horizon est représenté par l'axe PP'.

Or cet horizon coupe en deux parties égales chacun des parallèles décrits par le Soleil d'un tropique à l'autre ; donc pour tous les lieux situés à l'équateur le jour est constamment égal à la nuit.

En un autre lieu, à Paris par exemple, l'horizon coupe chacun des autres parallèles en deux parties d'autant plus inégales qu'ils sont plus voisins des tropiques FF′ et GG′ ; donc à Paris le jour va en augmentant depuis le 22 décembre, solstice d'hiver, où sa durée est représentée par la droite T′G, jusqu'au 21 juin, solstice d'été, où elle est représentée par la droite TF.

Au point m de la Terre situé sur le cercle polaire boréal, l'horizon est représenté par le diamètre GF′, mené d'un tropique à l'autre. En ce cas la figure montre qu'au solstice d'été le parallèle décrit par le Soleil, étant le tropique du Cancer FF′, se trouve tout entier sur l'horizon ; donc, il y a en ce lieu au 21 juin un jour de 24 heures, séparé du jour précédent et du jour suivant par une nuit qui serait de quelques minutes. C'est alors qu'on y voit le Soleil à minuit aussi bien qu'à midi. Au contraire, au solstice d'hiver, le Soleil décrivant le tropique GG′, qui est tout entier sous l'horizon, il y a pour ce même lieu une nuit de 24 heures précédée et suivie d'un jour extrêmement petit.

Pour le pôle p de la Terre l'horizon n'est autre chose que l'équateur lui-même EE′ ; on y voit donc le Soleil pendant tout le temps qu'il décrit les parallèles situés au nord de l'équateur. Au jour de l'équinoxe du printemps, le 20 mars l'observateur, qui serait au pôle, verrait le Soleil décrire autour de lui en 24 heures, en rasant l'horizon, un cercle suivi d'un second cercle, puis d'un troisième et ainsi de suite, en s'élevant graduellement au-dessus de l'horizon jusqu'au 22 juin, où le Soleil arrive à sa plus grande hauteur, qui n'est que de 23 degrés et demi ; après quoi il continue à se mouvoir circulairement en s'abaissant de plus en plus jusqu'à l'équinoxe, où il rase l'horizon. A partir de ce moment, il reste au-dessous de l'horizon en s'éloignant chaque jour de l'équateur, jusqu'au solstice d'hiver, où il décrit le tropique du Capricorne GG′ ; puis il s'en rapproche et ne reparaît aux yeux de l'observateur, qui serait au pôle boréal, qu'à l'équinoxe du printemps. Ainsi au pôle boréal règne un jour de six mois, depuis l'équinoxe du printemps jusqu'à l'équinoxe d'automne, et une nuit de six mois depuis l'équinoxe d'automne jusqu'à l'équinoxe du printemps. Pour les lieux situés sur la zone glaciale entre le cercle polaire et le pôle, la durée du plus grand jour et de la plus grande nuit est comprise entre 24 heures et 6 mois.

TABLEAUX DE LA DURÉE DU PLUS LONG JOUR
A DIVERSES LATITUDES

LATITUDE	DURÉE	LATITUDE	DURÉE	LATITUDE	DURÉE
0° 0'	12 h.	61° 19'	19 h.	67° 23'	1 mois.
16° 44'	13	63° 23'	20	69° 31'	2
30° 48'	14	64° 50'	21	73° 40'	3
41° 24'	15	65° 48'	22	78° 11'	4
49° 2'	16	66° 21'	23	84° 5'	5
54° 31'	17	66° 33'	24	90° 5'	6
58° 27'	18				

LATITUDE	DURÉE	LATITUDE	DURÉE
0°	12 h. 0 m.	40°	14 h. 51 m.
5°	12 17	45°	15 26
10°	12 35	50°	16 9
15°	12 53	55°	17 7
20°	13 13	60°	18 30
25°	13 34	65°	21 9
30°	13 56	66° 33'	24 0
35°	14 22		

Dans l'hémisphère austral ces phénomènes sont inverses de ce qu'ils sont en même temps dans l'hémisphère boréal ; pendant que l'un a l'été, l'autre a l'hiver et réciproquement. C'est ce qui a lieu par exemple pour notre colonie de l'île de la Réunion, qui est située dans l'hémisphère austral.

Le passage du jour à la nuit ne se fait pas brusquement. Quand, à la fin de la journée, le soleil est descendu sous l'horizon, sa lumière, quoique ne pouvant plus arriver directement à nos yeux, se répand encore dans les parties supérieures de l'atmosphère du côté du couchant et les rend lumineuses ; puis cet éclat s'affaiblit peu à peu à mesure que le Soleil descend de plus en plus au-dessous de l'horizon, jusqu'au moment où commence la nuit complète. Cette lueur décroissante qui suit le coucher du Soleil est nommée *crépuscule*. Il y a aussi un crépuscule du matin, qui annonce le lever du soleil; on l'appelle *aurore*. D'après le temps qui s'écoule entre le coucher du Soleil et le moment où apparaissent les étoiles les plus faibles, on estime que le crépuscule ne finit que lorsque le Soleil est à 18 degrés au-dessous de l'horizon.

La durée du crépuscule n'est pas la même dans tous les lieux. Elle va en augmentant depuis l'équateur où elle n'est que d'une heure environ jusqu'au pôle, où elle surpasse 24 heures et où elle réduit ainsi la durée de l'obscurité pendant cette longue nuit de six mois.

L'heure du lever et du coucher du Soleil indiquée dans les almanachs se rapporte à Paris et aux lieux qui sont à la même latitude, c'est-à-dire (en nombre rond) à 49°. Pour les autres lieux, l'heure de l'almanach doit subir une correction d'autant plus grande qu'ils sont plus éloignés, soit au nord, soit au sud, de la latitude de Paris. Ce n'est qu'aux deux époques des équinoxes que cette heure est la même pour tous les lieux, puisqu'alors le jour est partout égal à la nuit. A partir de chaque équinoxe, la différence entre l'heure du lever pour Paris et l'heure pour un lieu donné va en augmentant jusqu'aux solstices, où elle est à son maximum.

La table ci-contre des corrections à opérer sur l'heure de **Paris**, est extraite de l'*Annuaire du Bureau des longitudes*. La correction à faire sur le coucher est le contraire de celle du lever, c'est-à-dire que, s'il y a une augmentation sur l'une, il y aura sur l'autre une diminution d'égale valeur.

Prenons pour exemple Bordeaux, qui est à une latitude de **45°** (en nombre rond). On trouve :

POUR LE 1er JANVIER

Lever à Paris.	7 h. 56 m.	Coucher à Paris.	4 h. 12 m.
A ôter.	15 m.	A ajouter.	15 m.
Lever à Bordeaux . . .	7 h. 41 m.	Coucher à Bordeaux. . .	4 h. 27 m.

POUR LE 20 JUIN

Lever à Paris	3 h. 58 m.	Coucher à Paris.	8 h. 5 m.
A ajouter	17 m.	A ôter.	17 m.
Lever à Bordeaux . . .	4 h. 15 m.	Coucher à Bordeaux. . .	7 h. 48 m.

TABLE DES CORRECTIONS

POUR LES LEVERS ET LES COUCHERS DU SOLEIL

ÉPOQUES	42°	43°	44°	45°	46°	47°	48°	49°	50°	51°	52°
	m	m	m	m	m	m	m	m	m	m	m
Janvier 1	−26	−22	−19	−15	−12	−8	−4	+1	+5	+10	+15
11	24	21	18	14	11	7	3	1	5	9	13
21	21	18	16	13	10	6	3	0	4	8	12
31	18	15	13	10	8	5	2	0	3	6	10
Février. 10	14	12	10	8	6	4	2	0	3	5	8
20	11	9	8	6	5	3	2	0	2	4	6
Mars... 1	7	6	5	4	3	2	−1	0	+1	2	4
11	−3	−2	−2	−2	−1	−1	0	0	0	+1	+2
21	+1	+1	+1	0	0	0	0	0	0	−1	0
31	4	4	3	+2	+2	+1	0	0	−1	2	−3
Avril... 10	8	7	6	5	4	2	+1	0	2	3	5
20	12	11	9	7	6	4	2	0	3	5	7
30	16	14	12	9	7	5	2	0	3	6	9
Mai.... 10	19	17	14	11	9	6	3	0	4	8	11
20	23	20	16	13	10	7	3	−1	5	9	13
30	25	22	18	15	11	8	3	1	5	10	14
Juin... 9	27	23	20	16	12	8	4	1	6	11	15
19	28	24	20	17	13	8	4	1	6	12	16
29	27	23	20	16	12	8	4	1	6	11	16
Juillet.. 9	26	22	19	15	11	8	3	1	5	10	15
19	24	21	18	14	10	7	3	1	5	9	13
29	21	18	15	12	9	6	3	−1	4	8	12
Août... 8	17	15	13	10	8	5	2	0	3	7	10
18	14	12	10	8	6	4	2	0	3	5	8
28	10	8	7	6	4	3	1	0	2	4	6
Sept... 7	6	5	5	4	3	2	+1	0	−1	2	4
17	+3	+2	+2	+1	+1	+1	0	0	0	−1	−2
27	−1	−1	−1	−1	−1	0	0	0	0	0	+1
Oct.... 7	5	5	4	3	3	−2	0	0	+1	+2	3
17	9	8	7	6	4	3	−1	0	2	3	5
27	13	11	9	8	6	5	2	0	2	5	7
Nov... 6	16	14	12	10	7	4	2	0	3	6	9
16	20	17	15	12	9	6	3	0	4	7	11
26	23	20	17	14	10	7	3	0	4	8	13
Déc.... 6	25	22	19	15	11	8	4	0	5	9	14
16	26	23	20	16	12	8	4	+1	5	10	15
26	−26	−23	−20	−16	−13	−8	−4	+1	+5	+10	+15

Noᴛᴀ. — Dans ce tableau le signe + indique un nombre à ajouter, et le signe — un nombre à soustraire. Les signes ne sont inscrits que devant le premier et le dernier de chaque colonne partielle.

A Marseille, où la latitude est de 43°, la correction à l'époque des deux solstices s'élève jusqu'à **22 minutes**. **A Dunkerque**, où la latitude est de 51°, elle ne dépasse pas **10 minutes**.

CHAPITRE VII

Il est facile de voir par la figure 50 que pour tout lieu de la Terre situé sur l'équateur, le Soleil à midi se trouve au zénith le jour de l'équinoxe du printemps et le jour de l'équinoxe d'automne.

Pour les lieux de la zone torride, il passe aussi à leur zénith deux fois par an, une fois pendant le printemps et une fois pendant l'été au nord de l'équateur, une fois pendant l'automne et une fois pendant l'hiver au sud de l'équateur.

Aux deux tropiques, le Soleil se trouve seulement une fois par an au zénith, le jour du solstice d'été sur le tropique du Cancer, et le jour du solstice d'hiver sur le tropique du Capricorne.

Au moment où le Soleil est au zénith d'un lieu, l'habitant de ce lieu a son ombre sous ses pieds. Pour les lieux compris dans les deux zones tempérées, le Soleil n'est jamais au zénith ; le moment où les rayons solaires à midi y tombent le moins obliquement est au jour du solstice d'été dans l'hémisphère boréal, au jour du solstice d'hiver dans l'hémisphère austral.

Au pôle boréal l'ombre pivote autour de ce point en faisant une révolution en 24 heures et en diminuant peu à peu de longueur, depuis l'équinoxe du printemps jusqu'au solstice d'été, à partir duquel elle continue à pivoter, mais en grandissant jusqu'à l'équinoxe d'automne. Au moment où elle est réduite à son minimum, elle est encore égale à 23 fois la hauteur de la tige verticale qui la projetterait sur un sol horizontal.

Les différences de température qui se font sentir dans les divers lieux proviennent principalement de l'inclinaison plus ou moins grande avec laquelle les rayons solaires à midi tombent sur le sol. Plus leur direction se rapproche de la verticale, plus ils échauffent la Terre ; plus ils sont obliques, moins ils lui communiquent de chaleur. Qu'on examine en effet un faisceau de rayons solaires pénétrant dans une chambre par une petite ouverture. S'ils tombent sur une plaque perpendiculaire à leur direction, ils y dessinent un cercle ; si l'on incline cette plaque, le cercle couvert par les rayons s'est allongé dans un sens et est devenu une ellipse. Dans ce dernier cas, la chaleur tombant sur une surface plus étendue, chaque point de cette dernière surface reçoit moins de chaleur que dans le cas précédent. C'est pour la même raison que le matin ou le soir les rayons du Soleil paraissent moins chauds qu'au milieu du jour.

Dans la zone comprise entre les deux tropiques, les rayons solaires à midi ont, pendant toute l'année, une direction peu différente de la verticale. De là vient en grande partie la haute température qui a fait nommer cette région *zone torride*. C'est à la même cause qu'il faut rapporter les variations de la température qui se produisent en un même lieu aux diverses époques de l'année. En France, c'est au solstice d'été, que les rayons du soleil à midi sont le moins obliques ; leur obliquité est la plus grande au solstice d'hiver.

Pour ne rien oublier, ajoutons que pendant l'été, le jour étant plus long que la nuit, la Terre reçoit du Soleil plus de chaleur qu'elle n'en perd pendant la nuit. Cette accumulation de chaleur fait que la température augmente au delà même du solstice et que c'est en juillet qu'elle atteint son plus haut point. Pour une raison analogue, ce n'est pas au solstice d'hiver que la température est la plus basse, mais dans le milieu de janvier ; car l'allongement des jours dans cet intervalle n'est pas suffisant pour que la chaleur reçue dans ces jours plus longs fasse compensation à l'abaissement de température provenant de l'obliquité des rayons solaires. On explique de la même manière la haute température qui finit par se produire à la suite des longues journées d'été dans des lieux situés à de hautes latitudes.

La température résultant des causes astronomiques pour un lieu donné peut être modifiée plus ou moins par des circonstances locales, telles que la hauteur au-dessus du niveau de la mer, la présence des eaux et des forêts à la surface du sol. C'est ce qu'on observe pour le Canada, où la température générale est plus basse qu'en France, quoique ces deux pays se trouvent à peu près compris entre les mêmes latitudes.

CHAPITRE VIII

Dans le chapitre précédent, nous avons étudié la marche du Soleil, en le suivant sur la sphère céleste, au milieu de cette multitude innombrable d'étoiles, qui ne se montrent à nous que comme des points lumineux. Mais par le large disque qu'il présente, par l'influence bienfaisante que sa chaleur et sa lumière exercent sur la Terre, cet astre semble nous dire qu'il est notre voisin et notre ami et nous engager à faire une plus ample connaissance avec lui. Interrogeons-le donc pour savoir quels lieux de l'espace il occupe successivement, quelle route il parcourt, à quelle distance il se tient. Quand nous serons éclairés sur ces points, nous aurons encore d'autres questions non moins intéressantes à lui adresser.

Nous savons déjà que son diamètre apparent ne diffère pas beaucoup d'un demi-degré. Les astronomes plus exigeants ne sauraient se contenter de cette indication. Armés de leurs instruments, ils ont reconnu que ce diamètre varie un peu aux diverses époques de l'année; qu'il atteint vers le 1er janvier sa plus grande étendue, qui est de 32′ 36″ et qu'il est réduit vers le 1er juillet à la plus petite, qui est de 31′ 32″. Or, tout le monde sait qu'un objet paraît d'autant plus petit qu'il est plus éloigné ; par conséquent, la distance qu'il y a entre le Soleil et nous ne reste pas invariable ; c'est vers le premier juillet qu'elle est la plus grande et vers le premier janvier qu'elle est la plus petite. La ligne qu'il suit dans l'espace en une année n'est donc pas une circonférence. Comment est-on parvenu à en reconnaître la forme ? C'est en mesurant les arcs d'écliptique décrits chaque jour par le Soleil et son diamètre apparent correspondant.

En effet représentons l'écliptique par la circonférence E F G H, située sur la sphère céleste (fig. 51) et ayant pour centre le centre de la Terre T. Prenons sur le rayon TH la portion TB pour figurer la distance minimum de la Terre au 1er janvier; puis marquons sur l'écliptique les arcs HI, II', I'I"... parcourus chaque jour par le Soleil; cet astre sera successivement sur les droites TI, TI', TI"... Pour avoir sa distance au point T, il suffira du calcul d'une proportion :

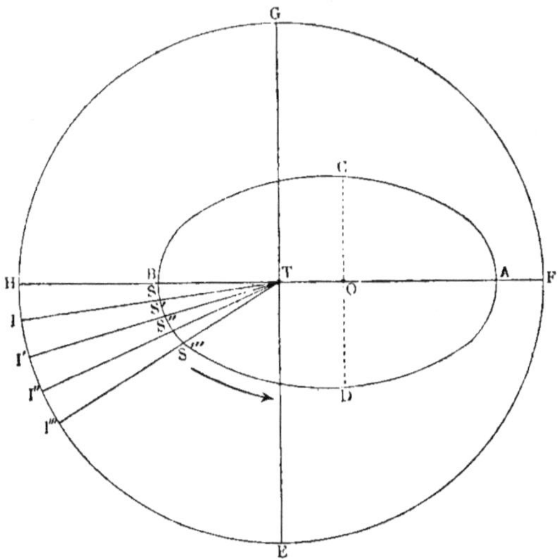

Fig. 51. — Ellipse solaire.

car les distances du Soleil à la Terre peuvent être regardées comme étant inversement proportionnelles aux diamètres apparents. On trouvera ainsi la distance TS un peu plus grande que TB, la distance TS' un peu plus grande que TS, et ainsi de suite ; la distance correspondante au diamètre minimum du 1er juillet sera la plus grande TA.

Un trait continu mené par tous ces points B, S, S'... A représente la courbe décrite par le Soleil dans l'espace. En l'étudiant à l'aide du calcul, on a trouvé que cette courbe est une ellipse, dans laquelle la Terre occupe un des deux foyers.

Le point B où le Soleil est à sa plus petite distance de la Terre s'appelle *périgée* ou *périhélie;* le point A où il est à sa plus grande distance s'appelle *apogée* ou *aphélie*[1]. La droite **A B**, qui est le total de la plus grande et de la plus petite distance, est le grand axe de l'ellipse.

Au moyen du rapport qu'il y a entre la distance périgée **TB** et la distance apogée **TA**, on a reconnu que la distance du foyer **T** au centre **O** de l'ellipse, c'est-à-dire l'excentricité, est à peu près $\frac{1}{60}$ du demi-grand axe. Si par exemple, le demi-grand axe d'une ellipse avait

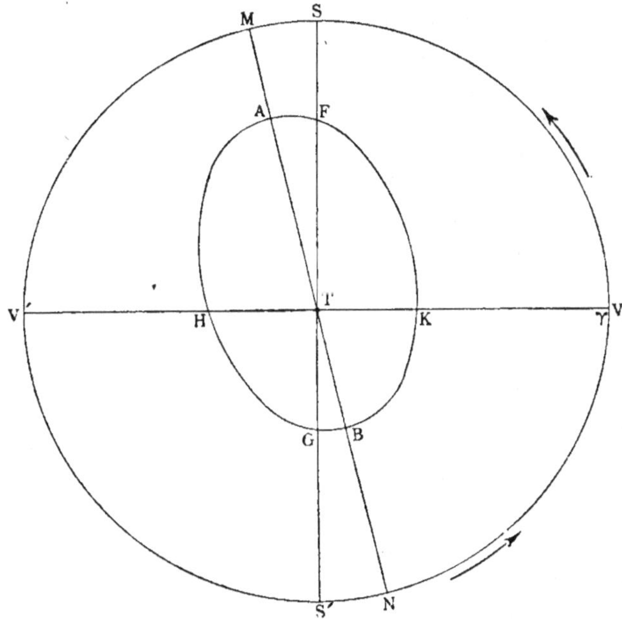

Fig. 52. — Position de l'ellipse solaire sur l'écliptique.

60 millimètres, la distance du centre au foyer ne serait que d'un millimètre, ce qui paraît bien peu de chose. Aussi a-t-il fallu de longues recherches au génie de Képler pour arriver à reconnaître une ellipse qui diffère si peu d'un cercle[2].

Il fit une autre découverte. Les observations des astronomes mon-

---

[1] Dans ces quatre termes tirés du grec, *gée* signifie terre et *hélie*, soleil ; *péri* est une préposition de rapprochement et *apo* ou *ap* une préposition d'éloignement.

[2] Képler, né dans le Wurtemberg en 1571, mourut en 1630. On trouvera quelques détails sur sa vie au Chapitre III du livre V.

traient que la vitesse angulaire du Soleil varie d'un jour à l'autre, qu'elle est la plus grande au périgée et la plus petite à l'apogée. Képler réussit à en tirer la conséquence suivante, c'est que, si les arcs BS et SS' de l'ellipse solaire sont décrits en des temps égaux, les surfaces (ou aires) des espaces triangulaires BTS et STS', nommés *secteurs*, sont égales. Telle est la loi qui régit la vitesse de l'astre.

Il n'est pas sans intérêt de savoir quelle est la position de l'ellipse solaire sur le plan de l'écliptique, si, par exemple, le grand axe se trouve ou non sur la ligne des équinoxes. Pour cela, on a cherché quelle est la position apparente du Soleil sur l'écliptique au moment du périgée. Cette distance, comptée sur la circonférence de l'écliptique à partir du point vernal V (fig. 52) d'occident en orient, sens du mouvement indiqué par la flèche, est appelée *longitude* du Soleil ; actuellement elle est de 280 degrés en nombre rond. On prendra donc à partir de V, dans le sens de la flèche un arc de 280", ou, ce qui revient au même, un arc VN de 80" en sens inverse. La droite menée par N et par T est la direction du grand axe de l'ellipse solaire.

Le Soleil parcourt l'arc K F pendant le printemps, l'arc F H pendant l'été, l'arc A G pendant l'automne, l'arc G K pendant l'hiver. L'inégalité de ces quatre arcs, avec les vitesses différentes du Soleil, explique l'inégalité qu'il y a entre les durées des saisons.

La durée même de chaque saison varie aussi. En effet, on a reconnu que le périgée se déplace en une année, dans le sens direct indiqué par la flèche, d'un arc qui est à peu près de 1' de circonférence, en même temps que la précession des équinoxes fait mouvoir le point vernal V en sens inverse. De là résulte un déplacement du point N où le périgée se projette sur l'écliptique et en même temps le déplacement de l'axe de l'ellipse solaire.

CHAPITRE IX

Après avoir découvert la forme de l'orbite suivie par le Soleil autour de la Terre et la loi qui règle sa marche, nous avons à résoudre un autre problème, celui de la distance qui nous sépare de cet astre.

Pour y parvenir, remarquons d'abord que si l'on observe d'un point

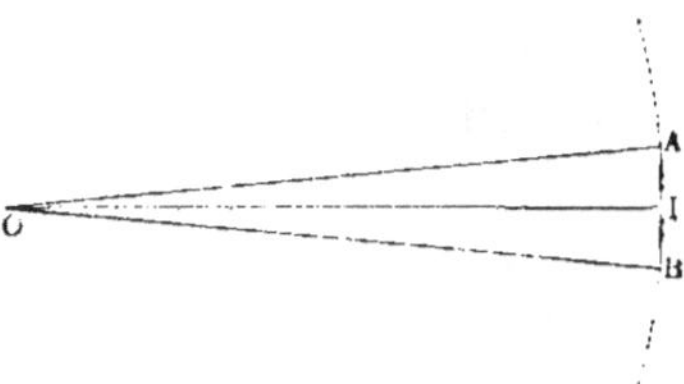

Fig. 53. — Variations de l'angle visuel avec la distance.

O un objet très éloigné AB (fig. 53), la longueur de l'arc AB décrit du centre O avec la distance OA pour rayon diffère fort peu de la longueur de l'objet lui-même.

Cherchons maintenant combien de fois la distance OA doit contenir la longueur AB de l'objet, pour qu'à cette distance l'angle AOB sous lequel on verra l'objet soit de 1 degré.

Soit donc d la distance OA et h la longueur AB.

La demi-circonférence décrite du centre O avec d pour rayon comprend 180 degrés et a pour longueur :

$$d \times 3,14159 \quad \text{ou} \quad d \times \pi.$$

La longueur d'un arc de 1 degré de cette circonférence sera

$$\frac{d \times \pi}{180}.$$

La longueur de cet arc devant être égale à h, on peut écrire :

$$\frac{d \times \pi}{180} = h.$$

On en tire :

$$d = h \times \frac{180}{\pi}.$$

Si l'on effectue la division de 180 par le nombre π avec une exactitude suffisante, on trouvera en se bornant au nombre entier :

$$\text{pour 1 degré } d = 57 \text{ fois } h.$$

Mais si l'on admet que la distance du point O à l'objet devenant 2 fois, 3 fois ... plus grande, l'angle visuel, c'est-à-dire l'arc AOB devient 2 fois, 3 fois plus petit, on déduira du résultat précédent :

$$\text{pour } \tfrac{1}{2} \text{ degré } d = 114 \text{ fois } h;$$
$$\text{pour } 1' \qquad d = 3\,438 \text{ fois } h;$$
$$\text{pour } 1'' \qquad d = 206\,205 \text{ fois } h.$$

Si donc on prenait un demi-degré pour le diamètre apparent du Soleil, ce qui est un peu trop faible, la distance du Soleil à la Terre serait égale à 114 fois le rayon de cet astre.

Mais nous ne sommes pas au bout du problème, puisque nous ne connaissons pas plus le rayon de l'astre que sa distance à la Terre : un nouvel élément nous est nécessaire, c'est ce qu'on nomme la *parallaxe* du Soleil. Ce nom, d'origine grecque, signifie *déplacement*, et en effet la parallaxe du Soleil est le déplacement qu'éprouve sa position apparente sur la sphère céleste, lorsqu'au lieu de l'observer du centre de la Terre, on l'observe d'un point de sa surface.

Ce n'est pas ainsi que les astronomes la définissent ; pour eux *la parallaxe du Soleil est l'angle sous lequel un observateur placé au centre du Soleil verrait le demi-diamètre apparent de la Terre*, comme si un d'entre eux était installé au centre du Soleil, et de cet obsertoire regardait le globe terrestre qu'il a quitté. C'est ce que nous allons expliquer.

D'abord on sait que, relativement à la distance qui nous sépare des étoiles, la Terre n'est qu'un point et qu'il est indifférent de prendre un lieu quelconque de sa surface pour les observer; les résultats restent identiques. Il n'en est plus ainsi, quand il s'agit des astres plus rapprochés de nous, tels que le Soleil, la Lune et les planètes.

En effet, soit OPQ le globe terrestre (fig. 54) situé au centre de

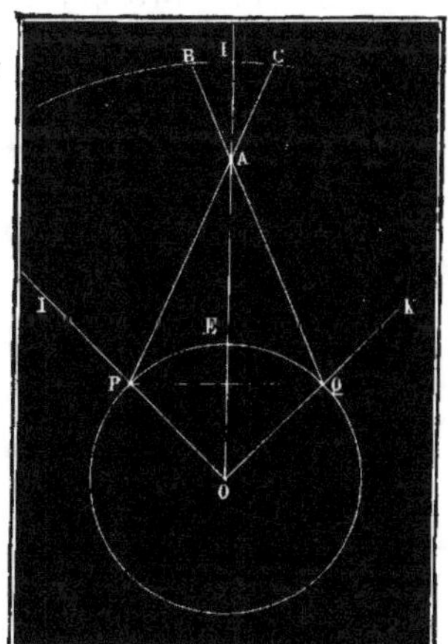

Fig. 54. — Parallaxe.

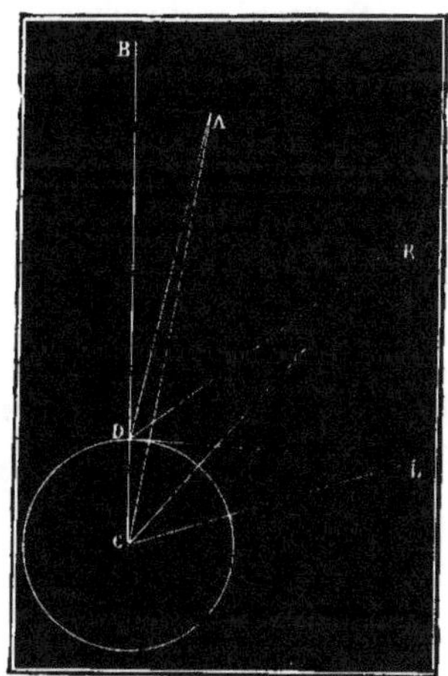

Fig. 55. — Variations de la parallaxe
avec la hauteur.

la sphère céleste, et A le centre du Soleil à l'endroit qu'il occupe réellement dans l'espace. Placés en deux points différents P et Q de la Terre, deux observateurs verraient le Soleil se projeter sur la sphère céleste, le premier au point C et le second au point B et trouveraient ainsi les distances zénithales de l'astre de grandeurs différentes. Pour éviter ce désaccord entre les résultats de telles observations, on a été obligé de les ramener à ce qu'elles seraient, si les observateurs occupaient toujours un même point, le centre O de la Terre. Vu de ce point, le Soleil se montrerait en I sur la sphère céleste. Le déplacement qu'éprouve ainsi sa position apparente, quand il est observé du lieu P de la Terre et non pas de son centre O, est mesuré par l'arc CI; il a été désigné par le nom de *parallaxe*.

Or, on peut regarder l'arc **CI** comme mesurant l'angle **CAI** et par suite l'angle **PAO**, qui lui est égale. On voit ainsi que la parallaxe pour l'observateur en **P** est égale à l'angle sous lequel on verrait du Soleil **A** le rayon terrestre aboutissant au lieu **P**.

Si le Soleil est en **B**, au zénith de l'observateur placé en **D** (fig. 55). la parallaxe est nulle ; car cet observateur voit l'astre sur la sphère céleste dans la même direction **CDB** que s'il se trouvait au centre **C** de la Terre. Elle augmente à mesure que le Soleil s'abaisse en **A**, en **R** ; elle est à son maximum en **L**, quand l'astre est sur l'horizon **DL**. Il ne faut pas perdre de vue que c'est de la parallaxe horizontale **DLC** qu'il s'agit, quand on nomme la parallaxe relative à un lieu donné, sans autre indication.

CHAPITRE X

Les anciens étaient parvenus à connaître assez bien les durées des révolutions sidérales des planètes, c'est-à-dire le temps qu'elles mettent à revenir au même point du ciel. Au 1er siècle avant l'ère chrétienne l'astronome Cléomède, dans son ouvrage intitulé *Théorie circulaire des corps sublimes*, et Cicéron dans son *Traité de la nature des Dieux* indiquent 12 ans pour Jupiter et 30 ans pour Saturne. Ils se trompent sur celle de Mars; mais Ptolémée dans le IIe siècle après J.-C. connaît à peu près sa durée, qui est de 1 an 10 mois. Quant aux distances des planètes au Soleil, ils les ignoraient totalement. C'est à partir du XVe siècle, par les travaux de Copernic et ensuite par ceux de Képler, que l'on parvint à découvrir non ces distances elles-mêmes, mais seulement les rapports qu'elles ont entre elles. On connut, par exemple, que la distance de Vénus au Soleil est à peu près les trois quarts de celle de la Terre, que celle de Mars égale environ une fois et demie celle de la Terre, mais rien de plus. Il restait à trouver la longueur de l'une d'entre elles, en lieues ou en rayons du globe terrestre, pour découvrir toutes les autres.

Il fallut attendre jusqu'au milieu du siècle dernier pour obtenir une première détermination d'une certaine exactitude. En 1751 la planète Mars passant au périgée, c'est-à-dire à sa plus petite distance de la Terre, on profita de cette circonstance favorable pour essayer de connaître sa parallaxe, et deux astronomes français se transportèrent en des lieux éloignés, l'abbé La Caille [1] au cap de Bonne-Espérance et Lalande [2], à Berlin.

[1] L'abbé LA CAILLE, né à Chalon-sur-Saône, entra dans la carrière ecclésiastique et s'arrêta au diaconat pour se donner tout entier à l'astronomie. Il observa le ciel austral dans son voyage au Cap et en catalogua les étoiles. Il a écrit plusieurs ouvrages estimés. Il mourut à Paris en 1762.

[2] JÉRÔME DE LALANDE naquit à Bourg-en-Bresse en 1732. Il étudia d'abord le droit, puis se

Pour donner une idée sommaire de la méthode qui fut suivie, désignons par A la planète Mars et représentons la Terre par un de ses méridiens ayant O pour centre, le point E étant sur l'équateur, (fig. 54). Admettons pour plus de simplicité que P la station de Berlin et Q celle du Cap, sont sur le même méridien, ce qui n'est pas tout à fait exact ; car il y a une différence de 5° entre leurs longitudes. On connaissait l'angle POQ formé par les deux rayons terrestres, aboutissant aux deux stations ; en effet, il est la somme de la latitude de Berlin (52° N.) et de la latitude du Cap (34° S.). A un moment convenu d'avance, les deux astronomes mesurèrent les distances zénithales de la planète, c'est-à-dire les angles IPA et KQA.

On put alors construire le quadrilatère APOQ, où l'on connaissait les deux rayons terrestres OP et OQ, l'angle POQ compris entre eux et les angles OPA et OQA, qui sont l'excès de 180° sur les deux distances zénithales ; puis, en tirant la diagonale OA, on avait la parallaxe PAO pour la première station P et la parallaxe QAO pour la deuxième station Q. A l'aide du calcul, on obtint la parallaxe horizontale de Mars, et d'après les explications du chapitre précédent, sa distance à la Terre en rayons terrestres, au moment du périgée. De cette distance on déduisit celle de la Terre au Soleil, et comme conséquence la parallaxe de cet astre ; on trouva seulement qu'elle était comprise entre 8″ et 10″.

Appliquée directement au Soleil, cette méthode, en raison de la petitesse de l'angle, ne fournirait aucun résultat satisfaisant, quand même les deux stations seraient aux extrémités d'un même diamètre de la Terre ; on se trouverait en ce cas aussi embarrassé qu'un arpenteur qui aurait à mesurer une distance de 15 kilomètres à l'aide d'un triangle dont la base n'aurait au plus que 1 mètre et demi. D'ailleurs ce procédé serait impraticable, à cause de l'influence que la chaleur des rayons solaires exercerait sur les instruments.

Le résultat obtenu à l'aide des observations faites sur la planète Mars n'est qu'une première approximation insuffisante. Pour arriver à une connaissance plus exacte de la parallaxe solaire, on eut recours

livra à l'astronomie et fut envoyé en 1751 à Berlin pour y travailler à la détermination de la parallaxe de Mars et de la Lune, en même temps que La Caille au cap de Bonne-Espérance. A son retour, il fut nommé, à l'âge de vingt-deux ans, membre de l'Académie des sciences. Il mourut en 1807, en laissant d'importants travaux sur l'astronomie. Il avait le défaut de trop aimer la célébrité et de la rechercher par tous les moyens.

à divers procédés indirects, dont nous indiquerons seulement le plus important, celui qui fut imaginé par l'astronome anglais Halley[1]. Il consiste à observer la durée du *passage* de la planète Vénus sur le Soleil.

Expliquons d'abord ce qu'on entend par ce passage. Cette planète tournant autour du Soleil, comme la Terre, passe à certaines époques entre nous et cet astre. Si alors elle se trouve à peu près en ligne

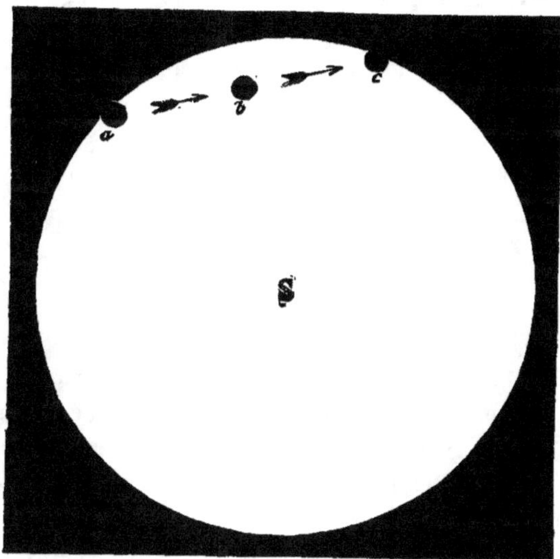

Fig. 56. — Passage de Vénus sur le Soleil.

droite avec le Soleil et la Terre, nous la voyons traverser le disque solaire sous la forme d'une petite tache ronde et noire (fig. 56). Tel est le phénomène désigné par le nom de *passage* de Vénus.

Soit le cercle CDF le Soleil, V la planète réduite à son centre, AB la Terre (fig. 57). Un observateur placé en A sur la Terre voit la planète décrire sur le disque du Soleil la corde CA′D ; pour un autre observateur placé en B, elle décrit la corde FB′G. La durée de chaque passage permet de déterminer la longueur angulaire des deux cordes,

[1] HALLEY, né à Londres, mourut en 1742 à l'âge de quatre-vingt-six ans. Il se distingua de bonne heure dans l'étude des sciences à l'université d'Oxford, fit des voyages astronomiques à l'île Sainte-Hélène, en France et en Italie, et s'occupa particulièrement de la théorie des comètes. Il fut nommé, jeune encore, membre de la Société royale de Londres, puis professeur à Oxford et directeur de l'observatoire de Greenwich. Il contribua beaucoup à la publication de l'ouvrage de Newton : *Principia philosophiæ naturalis mathematica.*

leur distance A'B' et enfin la parallaxe solaire, par des considérations géométriques [1].

Ce phénomène, qui peut être calculé d'avance, comme les éclipses, se produisit le 5 juin 1761, vingt ans après la mort du savant qui en avait montré l'importance pour la résolution de ce grand problème ; il se renouvela huit ans après, le 3 juin 1769.

Parmi ceux qui allèrent l'observer dans des régions lointaines, nous devons citer deux astronomes français, qui reçurent cette mission de l'Académie des sciences de Paris.

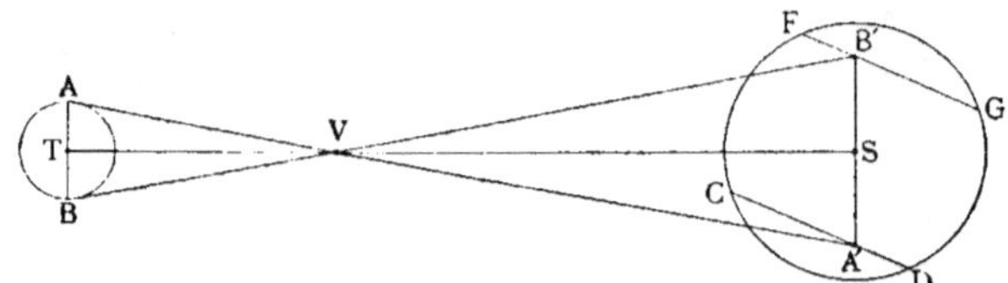

Fig. 57. — Parallaxe solaire déduite du passage de Vénus.

L'abbé Chappe d'Auteroche, qui s'était transporté à Tobolsk en Sibérie pour le premier passage, ne se laissa pas décourager par les fatigues et les dangers qu'il avait eu à surmonter, et il n'hésita pas à se rendre en Californie pour le second ; mais il y mourut un mois et demi après l'avoir observé.

D'un autre côté, l'astronome Le Gentil, parti de France au mois de mars 1760, fut si bien retardé par les hasards de la mer et la guerre qui existait alors entre la France et l'Angleterre, qu'il ne put arriver à temps à Pondichéry, où il devait s'installer. Il prit alors la résolution héroïque de rester aux Indes, pour y attendre pendant huit ans le second passage : ce beau dévouement ne fut pas récompensé. Le ciel fut couvert de nuages pendant toute la durée du phénomène et s'éclaircit ensuite dans le reste de la journée. Pour comble de malheur, l'astronome infortuné, qu'on avait cru mort à cause de

---

[1] En effet supposons pour plus de simplicité que les lieux A et B soient aux extrémités d'un même diamètre terrestre et en même temps que la Terre reste immobile.

Les triangles VAB et VA'B' étant semblables, le rapport qu'il y a entre A'B' et AB est le même que celui qu'il y a entre VS et VT. Or on savait d'après Képler, que la distance VS est 2 fois et demie la distance VT ou 5 fois la moitié de VT. Donc la distance A'B' égale aussi 5 fois la moitié de AB, ou 5 fois le rayon terrestre. Mais l'angle sous lequel on verrait du Soleil le rayon terrestre AT est la parallaxe solaire : donc on aura cette parallaxe en prenant la 5ᵉ partie de la grandeur angulaire de A'B'.

son long silence, trouva à son retour en France sa place à l'Académie occupée par un successeur et ses parents en train de se partager son héritage. L'Académie s'empressa de lui rouvrir ses portes ; mais ce ne fut pas sans peine qu'il put retirer une petite partie de sa fortune des mains d'un procureur à qui il l'avait confiée.

Heureusement pour l'astronomie, d'autres observateurs avaient été plus favorisés que Le Gentil. En soumettant au calcul les résultats qu'ils avaient obtenus, l'astronome allemand Encke, qui était en 1826 directeur de l'observatoire de Berlin, crut pouvoir assigner 8″,57 à la parallaxe solaire. Plus tard, elle fut portée à 8″,86 à la suite de nouvelles études, faites par notre savant compatriote Le Verrier.

L'importance de l'exactitude dans la valeur de cette parallaxe est si grande qu'une variation d'un 100e de seconde entraînerait une variation d'une quarantaine de lieues dans l'évaluation de la distance qui sépare le Soleil de la Terre. Aussi les astronomes d'Europe et d'Amérique se proposèrent-ils de profiter des deux nouveaux passages de Vénus au 9 décembre 1874 et au 6 décembre 1882, en mettant à profit tous les perfectionnements que la science astronomique avait pu réaliser, depuis les deux précédents passages du siècle dernier. La discussion de leurs observations n'est pas encore définitivement terminée (1890) ; elles semblent cependant réduire à 8″,80 la valeur, qui a été adoptée depuis Le Verrier.

Pour le passage de 1874, la France avait organisé quatre missions : deux dans l'hémisphère boréal, à Pékin et au Japon ; deux autres dans l'hémisphère austral, l'une à l'île Campbell aux antipodes de la France, l'autre à l'île Saint-Paul, située à moitié chemin entre le Cap de Bonne-Espérance et la pointe sud-ouest de l'Australie. L'île Saint-Paul n'est qu'un rocher volcanique inhabité, où l'on eut à lutter contre les tempêtes, pour y aborder et y installer les instruments d'observation. Le directeur actuel de l'Observatoire de Paris, M. l'amiral Mouchez, qui avait le commandement de cette mission, en a raconté les incidents dans un récit plein de verve, qui rappelle un peu les aventures de Robinson Crusoé.

Nous pensons faire plaisir à nos lecteurs en mettant à la fin du volume un extrait de cette intéressante narration, qui fut lue dans la séance publique de l'Institut du mois d'octobre 1875.

CHAPITRE XI

On a montré dans le chapitre précédent que, si l'angle sous lequel on verrait du Soleil le rayon terrestre, c'est-à-dire son demi-diamètre apparent, avait 1″, la distance de cet astre à la Terre serait égale à 206 265 fois le rayon terrestre, et que pour un angle visuel 2 fois, 3 fois... plus grand, cette distance serait 2 fois, 3 fois... plus petite. Le parallaxe du Soleil étant de 8″,86, la distance de la Terre au Soleil sera donnée par le quotient de 206 265 divisé par 8,86, ce qui fait 23 280 rayons terrestres, ou, en nombre rond, 37 millions de lieues pour la distance moyenne.

Une telle distance surpasse trop celles auxquelles nous sommes habitués pour qu'il nous soit possible de nous en rendre compte. Si nous voulons en avoir une idée moins confuse, nous devons recourir à d'autres évaluations.

Par exemple, les physiciens ont prouvé que la lumière se propage avec une vitesse de 75 000 lieues par seconde. Un calcul facile nous apprendra que, malgré cette immense rapidité, il lui faut 8 minutes 16 secondes pour venir du Soleil jusqu'à nous.

La comparaison suivante sera peut-être plus frappante. Imaginons une locomotive marchant continuellement, sans aucun arrêt, avec une vitesse de 60 kilomètres à l'heure. Elle n'arriverait de la Terre au Soleil qu'au bout de 280 ans.

La distance du centre O de l'ellipse solaire au foyer T, où est la Terre (fig. 51) est égale à $\frac{1}{60}$ de la distance moyenne 37 000 000 de lieues, ce qui fait 616 000 lieues. A l'aide de la figure, on voit facilement que la différence entre la distance apogée TA et la distance

périgée TB est le double de l'excentricité, c'est-à-dire égale à
1 232 000 lieues. Ainsi au 1ᵉʳ juillet, le Soleil est à 1 200 mille lieues
plus loin de nous qu'au 1ᵉʳ janvier.

Le calcul du rayon du Soleil n'offre maintenant aucune difficulté.
En effet, vu de la Terre, le diamètre apparent du Soleil est de 32'4″
ou 1924″; celui de la Terre vue à la même distance est le double de
la parallaxe solaire, c'est-à-dire qu'il égale 17″,72. Or, on trouve par
la division que le diamètre apparent du Soleil 1924″ est égal à
108 fois et demie 17″,72 le diamètre apparent de la Terre. Il en
résulte que le rayon du Soleil est égal à 108 fois et demie le rayon
terrestre.

En connaissant le rayon, on trouve, d'après les règles de la géométrie, que le volume du Soleil est égal à 1283 mille fois, ou, en nombre
rond, 1300 mille fois le volume de la Terre. Supposons par exemple
que la Terre soit figurée par une petite bille ronde qui aurait un
diamètre de 1 centimètre; le Soleil devra être représenté par une
grosse boule dont le diamètre aurait 108 centimètres, c'est-à-dire
plus d'un mètre. Quant à la distance qui devrait les séparer, elle
serait égale à 23 280 demi-centimètres, ce qui fait 11 640 centimètres,
ou à peu près 116 mètres.

Pour mettre en plus complète lumière le rapport qu'il y a entre le
volume du Soleil et celui de la Terre, nous emprunterons la comparaison suivante à l'*Astronomie populaire* d'Arago [1]. « Un professeur
d'Angers, raconte-t-il, voulant donner à ses élèves une idée sensible de
la grandeur de la Terre comparée à celle du Soleil, imagina de compter
le nombre des grains de blé de grandeur moyenne, qui sont contenus
dans la mesure de capacité nommée le litre; il en trouva 10 000.
Conséquemment un décalitre doit en contenir 100 000; un hectolitre
1 000 000 et 12 décalitres 1 200 000. Ayant alors rassemblé en un

---

[1] FRANÇOIS ARAGO était né en 1786 à Estagel (Pyrénées-Orientales). En sortant de l'École
polytechnique, il fut adjoint à Biot pour continuer les travaux géodésiques de Méchain et
Delambre. Il commençait ses opérations en Espagne, lorsque la guerre éclata en 1807 entre
ce pays et la France. Pris pour un espion, il n'échappa à la fureur du peuple qu'en se
réfugiant sur un navire, qui le transporta à Bougie. De là il se rendit à Alger. Rentré en
France, non sans danger, il fut admis, âgé de vingt-trois ans, à l'Académie des sciences
et plus tard placé à la tête de l'Observatoire. En 1830, il fut envoyé par son département à
la Chambre des députés et en 1848 il fut ministre de la guerre et de la marine dans le
gouvernement provisoire. En raison de ses grands travaux scientifiques et de la grande
popularité que lui avaient faite ses cours d'astronomie populaire, on lui laissa pendant le
second Empire la direction de l'Observatoire. Il mourut en 1853.

tas les 12 décalitres[1] de blé, il mit en regard un seul de ces grains et dit à ses auditeurs : voilà en volume la Terre et voici le Soleil. »

Enfin disons, pour compléter ce chapitre, que la masse du Soleil est égale à 324 000 fois celle de la Terre. Cela revient à dire que, si l'on imaginait cet astre posé dans l'un des bassins d'une gigantesque balance, il faudrait mettre 324 000 Terres comme la nôtre dans l'autre bassin pour lui faire équilibre. Nous donnerons plus loin au Livre V une idée de la méthode qui a conduit à la détermination de la masse du Soleil.

Au bout de cette étude, qui nous a révélé l'énorme distance du Soleil et son rayon, son volume si considérable que nous avons peine à en concevoir la grandeur, il semble que nous en sommes écrasés et que nous éprouvons le besoin de laisser notre esprit se reposer et réfléchir en un coin de cette Terre, qui paraît si vaste, quand nous voulons la parcourir et qui est si petite, quand elle nous sert d'observatoire pour diriger de là nos regards et nos pensées vers le Soleil et les étoiles. Et l'homme lui-même, qu'est-il donc? « L'homme devant l'immensité de la création, dit le savant astronome, le P. Secchi[2], semble disparaître comme un atome dans l'infini. C'est une erreur. Son esprit, par cela seul qu'il est capable de comprendre ces merveilles, est déjà plus grand et plus vaste que le sujet qu'il embrasse. Ce seul fait de son intelligence montre que sa nature est bien plus sublime que celle de la matière et qu'il a une destinée bien plus noble que celle de rouler dans les espaces ou de briller par des vibrations lumineuses » (*Revue des cours scientifiques du 4 juillet* 1868).

Comment cette intelligence, avec laquelle il a pu découvrir tant de choses étonnantes, à des distances qui semblaient devoir rester toujours inaccessibles pour lui, ne serait-elle pas infiniment supérieure

[1] On regardait alors le volume du Soleil comme égal à 1200 mille fois celui de la Terre.

[2] Angelo Secchi, né à Reggio en 1818, entra dans l'ordre des Jésuites et professa d'abord les lettres, puis la physique, et quitta l'Italie, lorsque la révolution en chassa son ordre en 1848. Il fut envoyé en Angleterre, puis aux États-Unis, où il s'adonna à l'astronomie. Revenu à Rome en 1850, après la rentrée du pape Pie IX, il fut chargé de la direction de l'Observatoire du Collège romain. Il concentra ses travaux surtout sur la nature du Soleil, les nébuleuses et l'analyse spectrale. Il en a consigné les résultats dans plusieurs mémoires et surtout dans un grand ouvrage sur le Soleil. Le gouvernement italien, devenu maître de Rome, le laissa à la tête de l'Observatoire. Ce savant astronome était membre de presque toutes les grandes Sociétés scientifiques. Il est mort en 1878.

à la Terre, au Soleil et à tous les astres? Non, elle ne saurait être de même nature qu'eux, et les divers degrés qu'elle manifeste ne dépendent point de l'étendue plus ou moins grande du cerveau, ni de la quantité de matière phosphorée qui le remplit. On a voulu vulgariser cette doctrine en dressant à Paris, dans un coin du boulevard Saint-Germain, sur un piédestal, la statue d'un naturaliste contemporain, mesurant un crâne, pour savoir si avec quelques millimètres de plus ou de moins, l'être auquel il appartenait aurait occupé un rang plus ou moins élevé dans l'échelle humaine. Cet enseignement restera muet, comme celui qui est chargé de le continuer ainsi après sa mort. Les curieux qui le regardent en passant ne voient en lui qu'un industriel occupé à examiner la capacité d'un vase vulgaire; ceux qui connaissent la doctrine qu'il représente éprouvent un sentiment de tristesse et de pitié, en pensant à cette aberration d'esprit où tombent certains savants plutôt que de consentir à reconnaître au-dessus d'eux un souverain infiniment puissant, leur maître suprême, leur Créateur à eux, aussi bien qu'à l'univers entier.

CHAPITRE XII

RÉVOLUTION DE LA TERRE AUTOUR DU SOLEIL.

En comparant la petitesse de la Terre avec l'énormité du Soleil, on en vient naturellement à se demander si la marche annuelle de cet astre sur la sphère céleste est une réalité et si vraiment cette masse immense est assujettie à tourner autour d'un corps si petit. Le doute ne tarde pas à contredire les apparences, d'autant plus que nous avons déjà reconnu que le mouvement diurne n'est qu'une illusion, résultant d'un mouvement de rotation de la Terre sur son axe. D'ailleurs certains faits, qui se passent fréquemment sous nos yeux, viennent appuyer l'opinion que c'est la Terre qui tourne dans l'espace autour du Soleil immobile.

Considérons par exemple un arbre isolé, au milieu d'une vaste plaine, qui serait limitée au loin par des bois, des maisons, etc., et une voiture entraînée circulairement dans cette plaine autour de l'arbre à une certaine distance. Un voyageur assis dans la voiture verrait successivement l'arbre dans la direction des divers points qui bordent la plaine, et, s'il oublie que c'est lui-même qui est en mouvement, il lui semble que l'arbre a tourné autour de lui. D'après ces explications, on pourrait regarder la Terre comme un véhicule qui nous emporte à grande vitesse autour du Soleil immobile, sans que nous ayons conscience de cette course rapide à travers l'espace; les divers points de l'écliptique seraient analogues à ceux où l'arbre paraît se projeter successivement sur le contour de la plaine.

Nous allons montrer en effet que les apparences resteront exactement les mêmes, si on suppose que la Terre décrive l'ellipse solaire d'occident en orient, avec la même vitesse, autour du Soleil restant en repos au foyer.

Soit S S' S" A l'ellipse solaire (fig. 58), où la Terre T occupe un foyer. Au bout de quelques jours, le Soleil, arrivé de S en S′, est vu de la terre T dans la direction de l'étoile *n*, sur la sphère céleste, au lieu que dans la position précédente S, il se projetait vers l'étoile *m*. Si l'on admet au contraire que le Soleil restant immobile au foyer S, la Terre a décrit pendant ce temps l'arc TT′ identique à l'arc SS′,

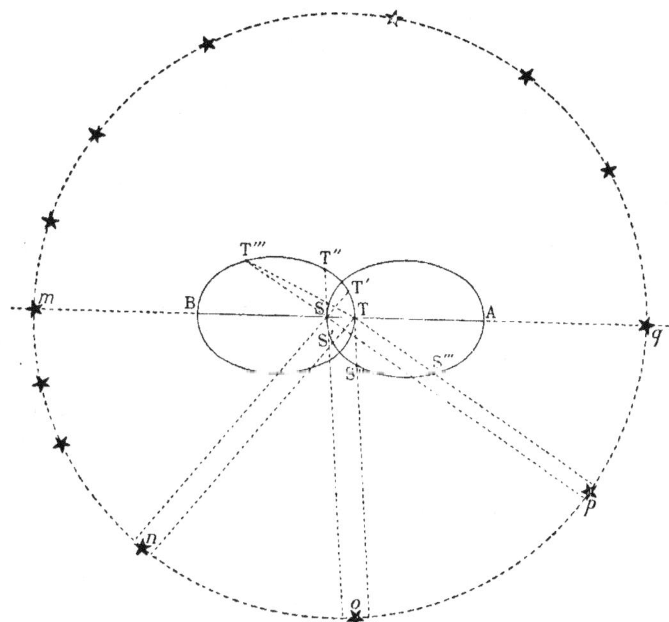

Fig. 58. — Mouvement elliptique de la Terre autour du Soleil.

on voit de la Terre en T′ le Soleil S se projeter vers la même étoile *n* ; car les deux rayons visuels T′S et TS′ étant parallèles et séparés par une distance négligeable, comparée à la distance des étoiles, se confondent en un seul. Il en serait de même pour d'autres positions apparentes du Soleil sur la sphère céleste. Ainsi les phénomènes observés n'éprouvent pas le moindre changement, soit que le Soleil tourne autour de la Terre, soit que celle-ci tourne autour de l'astre.

Pour abandonner les apparences et énoncer la réalité, nous dirons donc que la Terre, tout en tournant sur elle-même en 24 heures, tourne aussi d'occident en orient, dans l'espace d'une année autour du Soleil, en décrivant une ellipse dont cet astre occupe un foyer. Sa vitesse moyenne est de 30 kilomètres par seconde.

Tel est le système de Copernic, dont nous avons déjà parlé à propos du mouvement de rotation de la Terre sur son axe.

Dans ce système la circonférence de l'écliptique est décrite par l'extrémité de la droite, qui serait menée du centre du Soleil par le centre de la Terre jusqu'à la sphère céleste. En même temps que la Terre décrit son orbite elliptique, elle tourne dans le même sens en 24 heures, autour de son axe, qui fait avec la direction de l'axe de l'écliptique un angle de 23 degrés et demi environ, et qui est par suite incliné de 66 degrés et demi sur le plan de l'écliptique. Dans son mouvement de translation, l'axe de la Terre reste sensiblement parallèle à lui-même.

Il serait facile de se mettre ce double mouvement de la Terre sous les yeux, à l'aide d'une table ovale. En un point du grand axe, près du centre, on place un objet figurant le Soleil et sur le bord une bille, ou plus commodément une orange, traversée en son milieu par une aiguille de bas, qui serait inclinée sur le plan de la table à 66° et demi. Il n'y a plus qu'à imaginer que l'orange, tournant sur elle-même en 24 heures d'occident en orient, se meuve, dans le même sens, le long du bord de la table ovale, en mettant 365 jours et quart pour en faire le tour, l'aiguille restant à peu près parallèle à elle-même. L'orange sera l'image de la Terre, obéissant à ses deux mouvements de rotation sur elle-même et de translation autour du Soleil. L'équateur terrestre, qui est sur le plan de l'équateur céleste, étant perpendiculaire à l'aiguille de bas, coupe le plan de la table, en formant avec lui un angle de 23 degrés et demi ; la droite d'intersection est la ligne des points équinoxiaux.

Pour rendre la démonstration aussi claire que possible, à l'aide d'une figure plane, représentons le globe terrestre par PEAP'F, (fig. 59), son centre O décrivant autour du Soleil S son orbite $O_1OO_2\ldots$ sur le plan du papier, qui est ainsi le plan de l'écliptique. L'axe de la Terre PP' traverse le papier, en restant incliné sur lui d'un angle de 66° et demi ; l'équateur EAFB coupe le plan de l'écliptique, en faisant avec lui un angle de 23° et demi. Sa moitié antérieure peut être figurée par un rapporteur qu'on tiendrait incliné sur le papier, à 23° et demi le long de la droite EOF. Pendant que la Terre se meut sur son orbite, son équateur reste sensiblement parallèle à lui-même.

Ces explications étant données, on voit qu'en O_1 et O_5 le plan de l'équateur prolongé passe par le Soleil ; c'est l'époque des équinoxes. A partir de la position O_1, la Terre s'avançant vers O_2 et O_3, le plan de son équateur s'éloigne chaque jour du Soleil, ou pour l'observateur placé sur la Terre, c'est le Soleil qui s'éloigne de l'équateur. En O_3 et en O_7 la Terre est aux solstices.

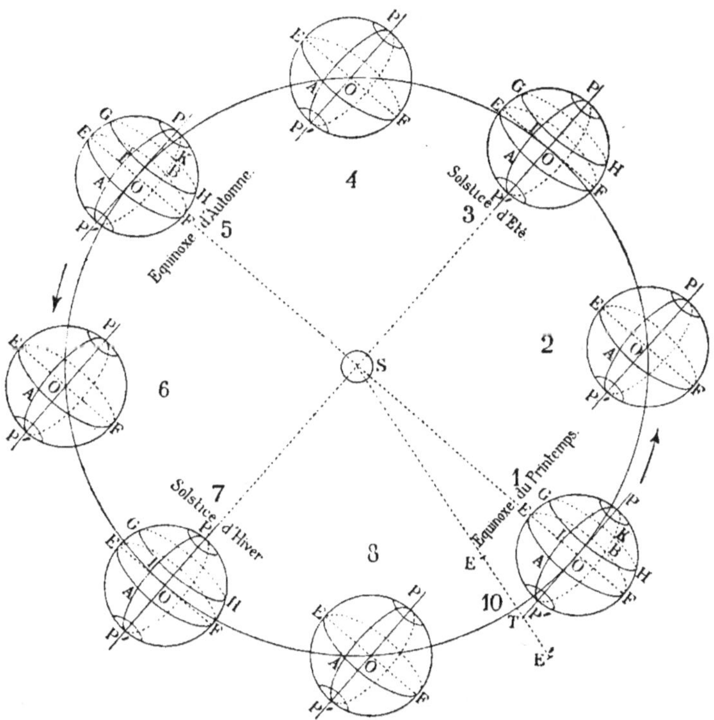

Fig. 59. — Positions diverses de la Terre sur son orbite.

Afin de rendre cette représentation plus fidèle, il faut encore imaginer que la ligne des équinoxes EF, loin de rester constamment parallèle à elle-même, comme nous l'admettions pour plus de simplicité, tourne lentement, en sens inverse des flèches, d'un angle de $50''$ par an (beaucoup plus petit que l'angle O_1 SO_{10} de la figure) et arrive ainsi sur la direction SEE′ où se produit l'équinoxe : c'est le phénomène de la précession des équinoxes.

CHAPITRE XIII

INÉGALITÉ ENTRE LE JOUR SOLAIRE ET LE JOUR SIDÉRAL.
DURÉE DES JOURS ET DES NUITS. — AURORE BORÉALE.

Expliquons maintenant dans l'hypothèse du double mouvement de la Terre la différence qu'il y a entre la durée du jour sidéral et celle du jour solaire.

Soit A un lieu de la Terre qui a le Soleil à son méridien, quand la Terre est en T sur son orbite (fig. 60) ; soit T' le point où elle est arrivée au bout d'un jour sidéral. En allant de T en T' elle a tourné

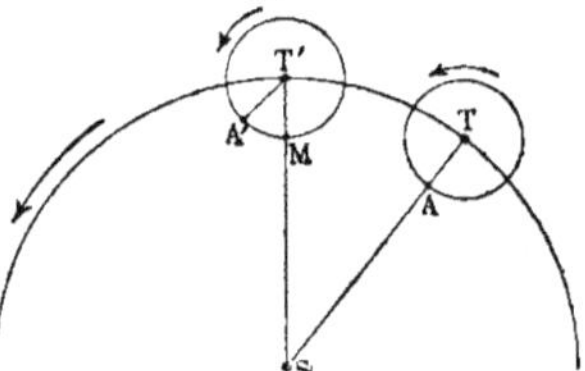

Fig. 60. — Inégalité entre le jour solaire et le jour sidéral.

sur elle-même d'une circonférence entière, et le lieu A se trouve en A' sur le rayon T'A' parallèle au rayon TA. On voit alors que le lieu A n'a pas encore le Soleil à son méridien, et qu'il ne l'aura que lorsque la Terre aura tourné sur elle-même de l'arc A'M. Le temps employé à décrire cet arc est précisément l'excès du jour solaire sur le jour sidéral.

Il nous reste à rendre raison des variations de la durée des jours et des nuits. Observons d'abord qu'il n'y a jamais qu'une moitié de la Terre qui est éclairée par le Soleil et que les deux moitiés, l'une éclairée et l'autre obscure, sont séparées par un cercle, qui serait mené par son

centre perpendiculairement à la droite unissant ce centre à celui de
l'astre. Ce cercle est appelé cercle d'illumination.

Aux équinoxes, quand la Terre occupe les positions O_1 et O_5 (fig. 59),
la droite SO, étant sur le plan de l'équateur EF, est perpendiculaire à
l'axe PP'; le cercle d'illumination passe alors par les deux pôles et est
figuré par le cercle PAP'B, perpendiculaire à l'équateur; il coupe en
deux parties égales l'équateur et chacun des cercles parallèles décrits
par les points de la Terre dans la rotation diurne, par exemple le
parallèle GH, dont les deux parties IHK et KGI sont égales. Le jour
est donc égal à la nuit pour tous les lieux de la Terre.

Quand la Terre est aux solstices en O_3 et O_7, le cercle d'illumina-

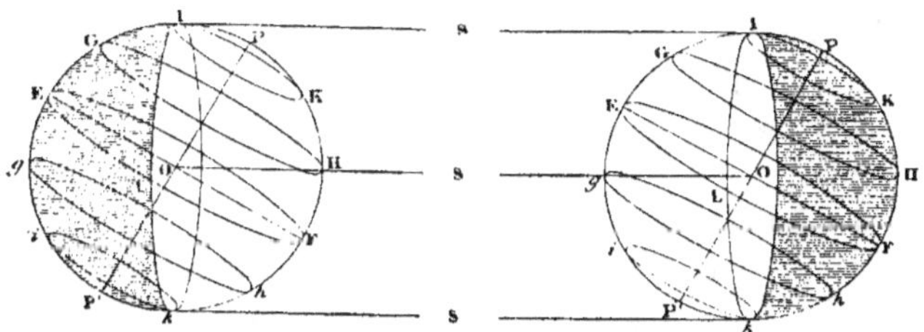

Fig. 61. — Inégalité des jours et des nuits. — Fig. 61 *bis*.

tion passe par la droite EF et par une droite menée en O perpendiculairement au papier, qui est le plan de l'écliptique; il coupe donc
l'axe de la Terre en deux parties, l'une en avant l'autre en arrière.
C'est ce qui est mis en évidence dans les figures 61 et 61 *bis*, où le
plan de l'écliptique est représenté par la droite SO et l'axe de la Terre
par POP'. Le cercle d'illumination est IL*k*, joignant les deux points
opposés des deux cercles polaires IK et *ik*; il partage en deux parties inégales chacun des cercles parallèles décrits par la Terre dans
le mouvement diurne, excepté ceux qui seraient compris entre le
cercle polaire et le pôle. Au solstice d'été, où la Terre a le Soleil S
à droite, on voit que la partie la plus grande de ce parallèle dans
l'hémisphère boréal est la partie éclairée, tandis que le contraire a
lieu dans l'hémisphère austral; toute la zone boréale PIK reste éclairée et toute la zone australe P*ik* est dans la nuit.

La figure 61 *bis* où la Terre a le Soleil à gauche montre les mêmes
phénomènes au solstice d'hiver, mais en sens inverse.

Entre l'équinoxe et le solstice, le cercle d'illumination, ayant une position intermédiaire entre celles qu'il a à ces deux époques, se trouve plus rapproché des pôles : alors les deux parties dans lesquelles il divise le parallèle sont moins inégales qu'à l'époque du solstice. Le jour et la nuit sont donc en un lieu donné de durées inégales, mais avec une différence moindre qu'aux solstices.

Faisons ici une remarque, résumant en quelque sorte tout ce qui vient d'être expliqué : c'est de l'obliquité de l'axe de la Terre sur le plan de l'écliptique que provient l'inégalité des jours et des nuits et, par suite, les différences de température des quatre saisons.

Il ne sera point sans intérêt de terminer ce chapitre par la description des jours et des nuits à Bossekop en Laponie, écrite par Ch. Martins, qui avait fait partie de l'expédition scientifique envoyée dans les régions polaires en 1840.

« Le 17 novembre, à midi, on n'aperçut que la partie supérieure du disque solaire, et le jour suivant il ne se leva plus. Seulement aux environs de midi, une lueur, dont l'éclat diminuait chaque jour, paraissait dans la direction du sud. Vers le solstice d'hiver (21 décembre), cette lueur ne jetait plus qu'une clarté douteuse, et tout le pays resta plongé dans une éternelle nuit. Au commencement de janvier, la lueur reprit un peu d'éclat, et le 30 du même mois les acclamations unanimes des habitants placés aux fenêtres ou sur les lieux élevés saluèrent le retour de l'astre si impatiemment attendu. Ce jour-là, tout travail est suspendu ; on se félicite, on danse, on boit à la résurrection du Soleil. A partir de cet instant l'astre s'élève chaque jour de plus en plus et finit par ne plus se coucher. Vers minuit, il s'approche de l'horizon ; mais, au lieu de se plonger dans la mer ou de disparaître derrière les montagnes, il se relève aussitôt et recommence à décrire un nouveau cercle. Aussi pendant l'été, un jour éternel règne-t-il en Laponie, jour aussi fatigant que la longue nuit qui lui succède est triste et monotone. »

La durée des nuits polaires est abrégée par le crépuscule qui a dans ces régions plus d'étendue que sur le reste de la Terre. L'obscurité y est aussi interrompue fréquemment par l'éclat des aurores boréales.

« Les explorateurs des régions polaires ont essayé de décrire les aurores polaires, difficiles à représenter dans toute leur magnifi-

cence. Comme prélude, on distingue dès le crépuscule et vers le
nord une lueur confuse. Des jets de lumière pâle s'élèvent au-dessus
de l'horizon, et des colonnes brillantes apparaissent ensuite à l'orient
et à l'occident. Pendant qu'elles montent, leur aspect et leur couleur
varient sans cesse ; des traits lumineux plus ou moins vifs les sillonnent dans tous les sens et paraissent successivement blanchâtres,

Fig. 62. — Aurore boréale.

jaunes et pourpres. Les sommets de ces colonnes, après s'être
inclinés l'un vers l'autre, se réunissent pour former une arche
enflammée d'une grande étendue, qui subsiste pendant plusieurs
heures. L'espace circonscrit par cette courbe est relativement sombre ;
mais des éclairs diffus et colorés le traversent de temps en temps.
Dans l'arc même on voit incessamment des traits de feu d'un vif
éclat, qui dardent au dehors avec plus ou moins de vitesse et sillonnent le ciel verticalement comme des fusées, dépassant le zénith
et se réunissant en une nappe de lumière traversée par de rapides
ondulations. Bientôt un cercle brillant s'y dessine de plus en plus
distinctement ; c'est le phénomène de la couronne, qui annonce, après
un maximum d'éclat, la fin prochaine du météore.

« Plusieurs arcs différents peuvent se montrer en même temps, au-dessus du segment sombre formé par les brumes dont se couvrent presque constamment les eaux de la mer polaire. Ces arcs sont le plus souvent au nombre de deux, plus rarement de trois ; mais on en a compté jusqu'à neuf.

« La position des arcs varie rapidement ; tantôt ils se rapprochent du zénith, tantôt ils s'en éloignent. Ils n'ont pas de formes régulières ; on les voit prendre des configurations bizarres, telles que celles d'une draperie ondulée, de guirlandes, de langues de feu ou de voiles gonflées.

« Parfois les rayons surpassent en éclat les étoiles de 1re grandeur et sont revêtus de couleurs d'une admirable transparence, rouge pourpre à la base, passant au violet, puis vert d'émeraude au milieu et jaune pâle à l'extrémité, et sur leur passage les rayons brillent soudain d'un vif éclat. Lorsque ces mouvements sont alternatifs, les rayons semblent *jouer* ou *danser*, comme l'exprime le nom de Marionnettes qu'on leur donne à Terre-Neuve. Plus les mouvements sont rapides, plus ils deviennent brillants. A un moment donné, ces mouvements se changent en une palpitation générale qui se produit dans toutes les lueurs de l'aurore, les arcs, les rayons et la couronne [1]. »

Nous n'avons pas à entrer ici dans l'explication des causes de ce brillant phénomène, qui n'est pas précisément astronomique. Elles sont d'ailleurs peu connues ; tout ce qu'on sait de plus précis à ce sujet, c'est que le magnétisme terrestre et probablement aussi l'électricité y jouent un grand rôle, à en juger par les perturbations qu'éprouve alors l'aiguille aimantée.

[1] Zurcher et Margollé. *Les Phénomènes célestes.*

CHAPITRE XIV

Nous connaissons la taille du Roi du jour, le lieu de sa résidence; il nous reste à examiner sa physionomie et à découvrir le secret de sa nature.

Quand on l'observe avec des lunettes d'un grossissement moyen, l'effet général produit par l'aspect de sa surface est comparable à celui d'un papier à dessin grossier ou à du lait caillé vu d'une cer-

Fig. 63. — Aspect du Soleil.

taine distance (fig 63). En divers points on distingue des places brillantes de forme plus ou moins allongée, nommées *facules* (mot latin signifiant petite torche); ces facules ne sont pas permanentes et varient de forme et de place. Entre les facules se montrent des espaces obscurs de formes et de grandeurs diverses : c'est ce qu'on appelle les *taches* du Soleil (fig. 64).

Une tache solaire bien caractérisée se compose en général de
deux parties (fig. 65). La partie centrale, irrégulière, qui paraît

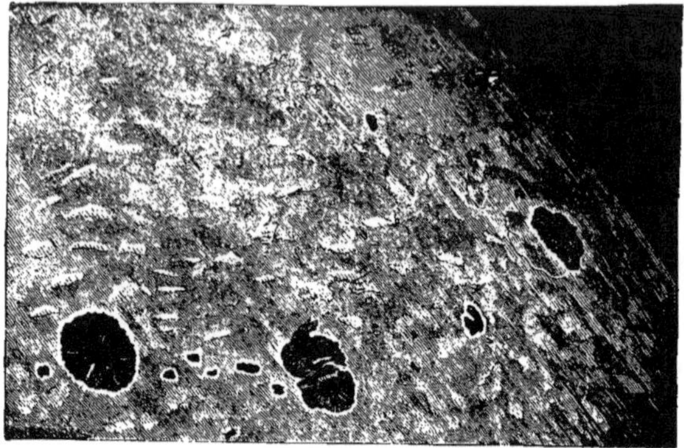

Fig. 64. — Taches du Soleil.

obscure, s'appelle *ombre;* on nomme *pénombre*, l'autre partie moins

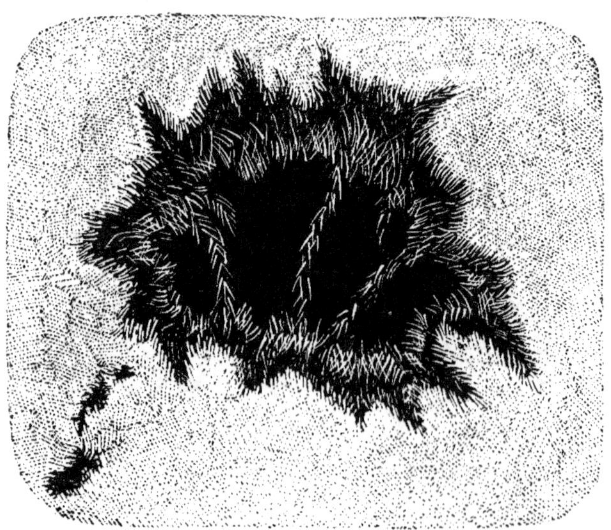

Fig. 65. — Aspect d'une tache au télescope.

foncée qui entoure la première, comme d'une frange généralement
composée de filaments qui rayonnent vers l'intérieur.

Dans les circonstances ordinaires, l'aspect pourrait être ainsi considéré : l'ombre est un trou et les filaments de la pénombre la surplombent et la cachent en partie à nos yeux, comme des buissons à l'entrée d'une caverne.

La formation d'une tache ne paraît subordonnée à aucune loi régulière. Quelquefois elle est graduelle et son développement complet exige des journées et même des semaines entières; quelquefois un seul jour suffit. Le plus souvent les taches ne se montrent pas isolément mais par groupes. Leur vie moyenne est à peu près de deux ou trois mois. La plus longue qu'on ait signalée jusqu'à présent est celle d'une tache qui fut observée en 1840 et 1841 et qui dura dix-huit mois.

Les taches apparaissent plus ou moins nombreuses, d'année en année. Or en comparant les résultats d'une longue série d'observations, des astronomes ont reconnu que le nombre annuel des taches varie en augmentant avec le cours des années, jusqu'à une certaine époque à partir de laquelle il diminue, pour augmenter de nouveau et ainsi de suite. L'intervalle de temps qui sépare les deux époques correspondant à deux maximum qui se suivent, est de 11 ans à peu près. Le dernier maximum s'est produit en 1882.

L'année 1889 a été une époque de minimum; on n'a vu aucune tache sur la surface du Soleil, depuis le 4 octobre jusqu'au 11 décembre, c'est-à-dire pendant plus de deux mois.

Nous ne devons pas omettre une coïncidence remarquable qui a été reconnue entre les nombres de taches solaires et les variations diurnes de l'aiguille aimantée de la boussole ; au maximum du nombre des taches correspond un maximum dans l'étendue de ces variations et réciproquement. De là on peut conclure qu'il y a une certaine dépendance entre les phénomènes qui se passent dans le Soleil et ceux que le magnétisme produit sur la Terre? Mais quelle est la nature de cette influence? Elle est encore inconnue.

En examinant attentivement la position de certaines taches bien formées, on les a vues apparaissant sur le bord oriental du disque, et s'avançant de jour en jour vers le bord opposé, en changeant d'aspect (fig. 66), parce qu'on les voit obliquement sur les bords et en face au milieu. Elles disparaissaient, puis après 13 jours et demi, elles reparaissaient au bout du même temps, pour continuer leur marche comme auparavant.

Ce déplacement des taches provient d'un mouvement de rotation que l'astre effectue sur lui-même. La durée de cette rotation est de 25 jours seulement, quoiqu'il s'écoule 27 jours entre deux apparitions successives de la tache au bord oriental. Cette différence vient de ce que, la Terre s'étant avancée sur son orbite pendant que le Soleil tourne sur lui-même, la tache doit faire un peu plus qu'un tour entier pour apparaître au même point où elle avait été vue

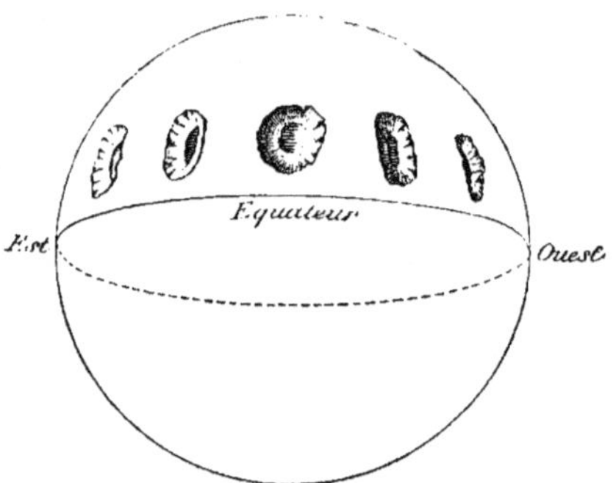

Fig. 66. — Variations d'aspect d'une tache.

précédemment. C'est la même explication que celle qui a été donnée (page 149) au sujet de la différence qu'il y a entre le jour solaire et le jour sidéral.

La découverte des taches fut faite vers 1610, à l'aide des premières lunettes, presque simultanément par trois astronomes, le P. Jésuite Scheiner en Bavière, Jean Fabricius dans le Hanovre et Galilée. Mais les doctrines d'Aristote avaient encore alors une si grande autorité que, lorsque le Père Jésuite alla raconter sa découverte au P. Budée son provincial, celui-ci lui répondit : « J'ai lu et relu bien souvent mon Aristote et je puis vous certifier qu'il ne s'y trouve rien de pareil. Allez mon fils, tenez-vous l'esprit en repos. Les taches que vous croyez avoir vues au Soleil étaient dans vos yeux ou dans votre lunette. »

On ne tarda pas à attribuer leur déplacement sur le disque solaire à un mouvement de rotation de l'astre sur lui-même. Quant à la nature et aux causes de ces taches et à leur périodicité, on ne sait rien de bien précis.

Cependant les observations nombreuses faites par plusieurs astronomes de divers pays pendant les éclipses totales de Soleil, et les merveilleux résultats fournis par l'analyse spectrale[1] ont suggéré

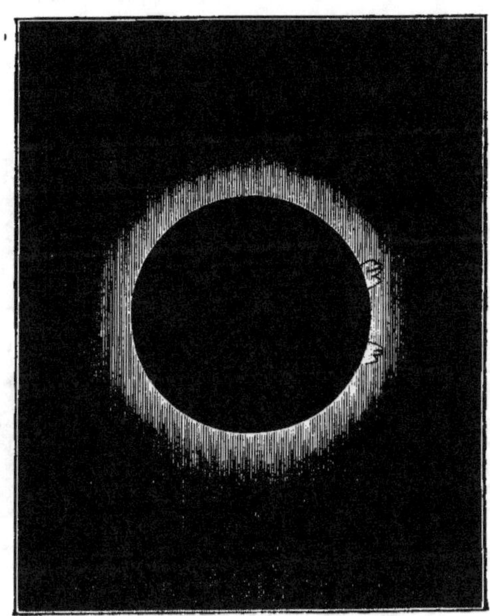

Fig. 67. — Le Soleil pendant l'éclipse du 18 juillet 1860.

sur la constitution de cet astre quelques vues nouvelles, qui ont pour elles de grandes probabilités.

On s'accorde aujourd'hui à regarder le Soleil comme une gigantesque masse gazeuse incandescente, dont la partie centrale est recouverte d'une couche que l'on nomme *photosphère*, parce que c'est d'elle qu'émanent la chaleur et la lumière rayonnées continuellement dans l'espace. C'est là ce que nous voyons à l'œil nu ou à l'aide du télescope.

[1] Nous donnerons plus loin, après les éclipses, quelques détails sur ces observations et sur l'analyse spectrale.

Autour de la photosphère s'étend une autre couche formée principalement d'hydrogène et contenant les vapeurs de la plupart de nos métaux, excepté toutefois les métaux précieux, l'or, l'argent et le platine. L'hydrogène y est à une température si élevée qu'il est lumineux ; c'est pour cela que cette couche est nommée *chromosphère*. De cette couche jaillissent fréquemment, à de grandes hauteurs, des masses considérables d'hydrogène coloré, comme des flammes d'une teinte rose tirant sur le violet : c'est ce qu'on a appelé les *protubérances solaires* (fig. 67). Elles ne sont visibles à l'œil nu, ainsi

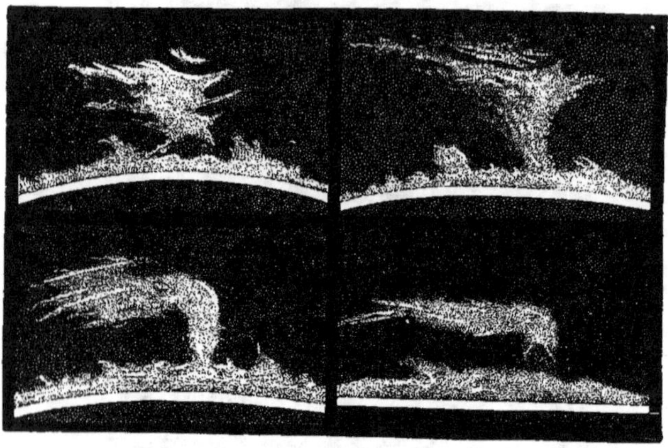

Fig. 68. — Éruptions solaires.

que la chromosphère, que pendant les éclipses totales ; en tout autre temps on ne peut les voir qu'à l'aide du spectroscope.

Enfin l'apparition d'une auréole lumineuse autour du Soleil pendant les éclipses totales, analogue à celle que les peintres mettent autour de la tête des saints, fait admettre l'existence d'une enveloppe extérieure, composée de substances d'une extrême ténuité, où se montre encore l'hydrogène : cette enveloppe est nommée *couronne*. La figure 67 achèvera d'éclaircir cette description du Soleil. Le disque noir représente le noyau ; le contour blanc représente la photosphère, sur laquelle est la chromosphère environnée de la couronne ; par-dessus s'élèvent les protubérances.

Souvent on observe à la surface du Soleil, à l'aide du spectroscope, de véritables éruptions qui soulèvent à d'immenses hauteurs des flammes présentant les aspects les plus variés, dont quelques-uns sont représentés par la figure 68.

Les gaz qui entrent dans la composition du Soleil restent indépendants les uns des autres, sans se combiner entre eux, par suite de leur énorme température. De plus en raison des pressions excessives qu'ils supportent dans les parties centrales de l'astre, ils doivent avoir des densités qui les constituent dans un état intermédiaire entre celui des gaz et celui des liquides tels que nous les connaissons sur la Terre.

La chaleur versée par le Soleil est immense, et plusieurs physiciens ont essayé d'en trouver l'évaluation ; les résultats de leurs expériences ne pouvaient pas présenter beaucoup d'accord dans un problème aussi difficile. Nous ne jugeons pas qu'il y ait quelque utilité à les faire connaître ici.

Comment une telle chaleur se produit-elle ? Comment se maintient-elle ? Combien de temps doit-elle encore durer ? Y a-t-il quelque signe qu'elle diminue ? — A ces questions, dans l'état actuel de la science, on ne peut faire que des réponses vagues et peu satisfaisantes.

LIVRE IV

LA LUNE

CHAPITRE PREMIER

Lorsqu'à la fin de certains jours la Lune, sous la forme d'un globe éclatant, surgit à l'horizon, tandis que le Soleil disparaît du côté opposé, il semble qu'elle vient comme un serviteur fidèle verser avec modération sur la Terre la lumière qu'il lui a confiée, pendant que lui-même va répandre sur d'autres régions les rayons de ses feux enflammés. A mesure qu'elle s'avance sur la sphère céleste, où les petites étoiles s'effacent devant elle pour lui faire place, nous la voyons marcher avec nous, comme un compagnon chargé de nous éclairer et de nous guider et étendant devant nos pas les grandes ombres des arbres qui bordent le chemin.

Mais elle ne conserve pas constamment la même figure ; d'un jour à l'autre elle la modifie. A certaines époques elle ne montre qu'un croissant lumineux, semblable à une faucille d'or qu'un moissonneur invisible promènerait dans les champs du ciel. D'autres fois, elle ne laisse voir que la moitié d'elle-même, en nous dérobant l'autre partie. Ce demi-cercle, dont la forme paraît étrange en comparaison de l'aspect général des astres, semble exciter moins vivement notre curiosité quand il se trouve au milieu de sa course ; mais suivez-le, d'un regard attentif, dans sa descente silencieuse par-dessus les flots sonores de l'Océan, jusqu'à ce qu'il semble posé à sa surface ; son éclat prend une teinte rougeâtre à travers les brumes humides ; sa face se gonfle comme une voile tendue par le vent. On croirait voir dans le lointain un navire magique, promenant les Esprits des ténèbres sur les plages mystérieuses où les astres du ciel semblent se baigner dans les eaux de l'Océan.

Mais il ne s'agit pas de laisser notre imagination courir à la suite de l'astre nocturne. Revenus à la réalité, nous avons besoin qu'il nous dise sa nature, son étendue, la place que le Créateur lui a marquée dans l'espace, en lui donnant la tâche de nous éclairer pendant la nuit, les causes qui font varier son aspect d'une manière si singulière.

Remarquons d'abord qu'au milieu du ciel, quand son disque est parfaitement rond, la Lune semble avoir un diamètre apparent peu différent de celui du Soleil, un demi-degré environ.

En outre son lever d'un jour à l'autre retarde de trois quarts d'heure à peu près sur celui de la veille ; elle a donc un mouvement propre, en vertu duquel elle tourne autour de la Terre, d'occident en orient. On compte 27 jours et un tiers entre le passage simultané de la Lune et d'une étoile au méridien et le moment où elles y reviennent ensemble. C'est là ce qu'on appelle *révolution sidérale* de la Lune.

Si en opérant comme pour le Soleil, on mesure tous les jours l'ascension droite et la déclinaison du centre de la Lune et qu'on marque sur un globe céleste les diverses positions ainsi observées, on trouve que la ligne qui passe par tous ces points sur ce globe est un grand cercle faisant avec celui de l'écliptique un angle d'environ 5 degrés. La Lune est donc pendant une moitié de sa révolution au nord de l'écliptique et pendant l'autre moitié au sud. Le point où l'astre traverse l'écliptique en passant de l'hémisphère sud dans l'hémisphère nord s'appelle *nœud ascendant ;* celui où il passe pour revenir de l'hémisphère nord dans l'hémisphère sud est le *nœud descendant.* Ces nœuds sont tout à fait analogues aux points équinoxiaux ; ils ont aussi, comme eux, un mouvement rétrograde, semblable à celui de la précession des équinoxes, mais bien plus rapide, puisque leur révolution s'accomplit en 18 ans et demi.

CHAPITRE II

Malgré les changements d'aspect qu'elle nous présente pendant sa révolution autour de nous, la Lune est une sphère opaque comme la Terre, et lumineuse seulement par la lumière qu'elle reçoit du Soleil et qu'elle nous renvoie. Ces changements d'aspect sont appelés *phases*, d'un mot grec qui signifie *apparences*. Commençons par les décrire; nous en donnerons ensuite l'explication.

Aux jours où la Lune se lève vers six heures du soir, elle a la forme d'un globe lumineux ou plutôt d'un disque circulaire : c'est la *pleine lune* (fig. 69 ; n° 5). Elle passe au méridien vers minuit et se couche le matin au retour du Soleil. A partir de ce moment, son lever retarde constamment sur celui de la veille, comme on l'a déjà fait remarquer; en même temps son disque s'aplatit graduellement sur le bord qui est à droite de l'observateur (n° 6). Au bout de 7 jours, elle se lève vers minuit, sous la forme d'un demi-cercle lumineux : c'est le *dernier quartier* (n° 7).

Puis ce demi-cercle se creuse de jour en jour (n° 8), de telle sorte que l'astre a la figure d'un croissant, qui se rétrécit, en conservant cependant d'une pointe à l'autre l'étendue d'une demi-circonférence (n°s 8 et 9). Enfin 7 jours après le dernier quartier, ou environ 15 jours après la pleine Lune, elle se lève le matin, dépourvue de tout éclat, sans être visible : c'est la *nouvelle Lune*, qui est aussi désignée par le nom de *néoménie* (n° 1).

A partir de cette phase, elle reprend de jour en jour, mais en sens inverse, les aspects qu'elle avait montrés dans les quinze jours précédents (n°s 1 et 2); le croissant s'élargit graduellement et 7 jours après la nouvelle Lune, on revoit un demi-cercle lumineux :

c'est le *premier quartier* (n° 3). Ce jour-là, l'astre se lève vers midi et se couche vers minuit. Puis le demi-cercle s'élargit, s'arrondit de plus en plus sur la gauche (n° 4) et, quinze jours après la nouvelle Lune, on voit reparaître la pleine Lune.

Fig. 69. — Phases de la Lune.

Il est à observer que le bord lumineux qui reste circulaire est toujours celui qui regarde le Soleil, c'est-à-dire le côté de l'est depuis la pleine Lune jusqu'à la nouvelle, et le côté de l'ouest depuis la nouvelle Lune jusqu'à la pleine Lune.

On peut se mettre sous les yeux de la manière la plus simple ce mouvement de la Lune, avec les phases qui en résultent. Pour cela, on place au fond d'une chambre une lampe allumée, qui figurera le

Soleil; du côté opposé une table circulaire, au centre de laquelle sera
un objet quelconque tenant la place de la Terre. Avec la main on promène sur le tour de la table une boule qui représentera la Lune. Il
y a toujours une moitié de cette boule qui est éclairée par la lampe.

Quand la boule se trouve du côté de la lampe, un observateur
placé sur la Terre au milieu de la table, a en face de lui la moitié non
éclairée; c'est la nouvelle Lune. Si on avance la boule à partir de cet
endroit, d'un quart du tour de la table, la moitié qui est en face de

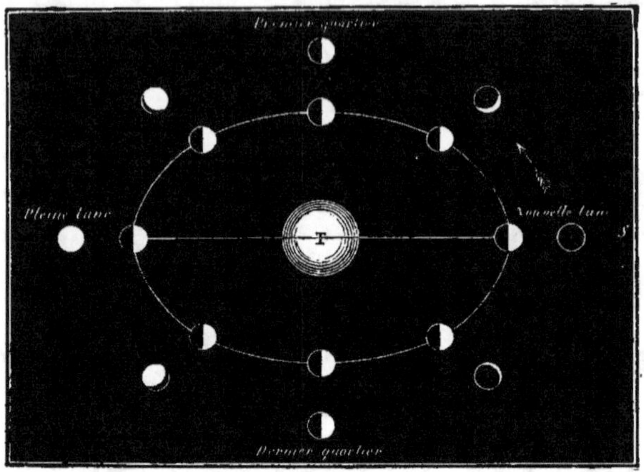

Fig. 70. — Explication des phases de la Lune.

la Terre comprend la moitié de la moitié éclairée et la moitié de la
moitié obscure; c'est le premier quartier, la portion lumineuse visible
étant alors le *quart* de la surface totale du globe lunaire.

Arrivée à l'opposé du Soleil, de l'autre côté de la Terre, la boule
présente à la Terre sa moitié éclairée ; c'est la pleine Lune. Enfin,
quand elle a parcouru les trois quarts de la circonférence de la table,
la moitié qui se trouve en face de la Terre, comprend, comme au
premier quartier, une moitié de la moitié éclairée et une moitié de
la moitié obscure : c'est le dernier quartier.

La figure 70 résume les explications qui précèdent. La Terre T est
au centre de l'orbite elliptique, décrite par le centre de la Lune; le
Soleil S est à droite à une grande distance, de telle sorte que ses
rayons arrivent sur la Lune, en suivant une direction sensible-

ment parallèle à la droite qui unit le centre du Soleil au centre de la Terre.

La position de la Lune nouvelle entre la Terre et le Soleil se nomme *conjonction;* la position contraire de la pleine Lune, de l'autre côté de la Terre par rapport au Soleil, se nomme *opposition.* L'opposition et la conjonction sont aussi désignées par le nom grec de *syzygies.* Les positions de la Lune aux deux quartiers sont nommées *quadratures.*

La diminution de la partie éclairée à partir de la pleine Lune est aussi appelée le *décours;* la Lune est alors à son *déclin.*

Nous ne devons pas passer sous silence le phénomène toujours surprenant que présente la pleine Lune à son lever : à ce moment elle a l'aspect d'un énorme globe lumineux qui diminue bien vite à mesure que cet astre s'élève dans le ciel. Ce n'est là qu'une illusion de nos yeux ; car si l'on mesure son diamètre apparent à l'aide de la lunette, on ne le trouve pas plus grand à l'horizon qu'au zénith.

Les explications qu'on en donne sont loin d'avoir une précision satisfaisante. Les uns l'attribuent à la forme surbaissée que semble avoir la voûte céleste ; d'autres en trouvent la cause dans la présence des arbres ou autres objets qui étant interposés entre l'astre à l'horizon et nos yeux, le font paraître plus éloigné, ce qui porte à en grossir le volume.

CHAPITRE III

RÉVOLUTION SYNODIQUE. — LA NÉOMÉNIE CHEZ LES ANCIENS.
LA LUNE ROUSSE.

La durée de la période des phases comprend, non pas 30 jours mais 29 jours et demi à peu près ; c'est là sa *révolution synodique*. On la nomme aussi *lunaison* ou *mois lunaire ;* son commencement est le moment où la Lune devient nouvelle. L'*âge* de la Lune à un jour donné est marqué par le nombre de jours écoulés à partir de la nouvelle Lune jusqu'au jour donné inclusivement.

Pourquoi y a-t-il une différence entre la durée de la révolution synodique qui est de 29 jours et demi et celle de la révolution sidérale qui comprend 27 jours et un tiers? L'explication est des plus simples. En effet, pendant la période des phases, la Terre n'est pas restée immobile ; elle s'est avancée sur son orbite, par exemple de T en T' (fig. 71), d'une pleine Lune à la pleine Lune suivante. Or, la Lune a accompli une

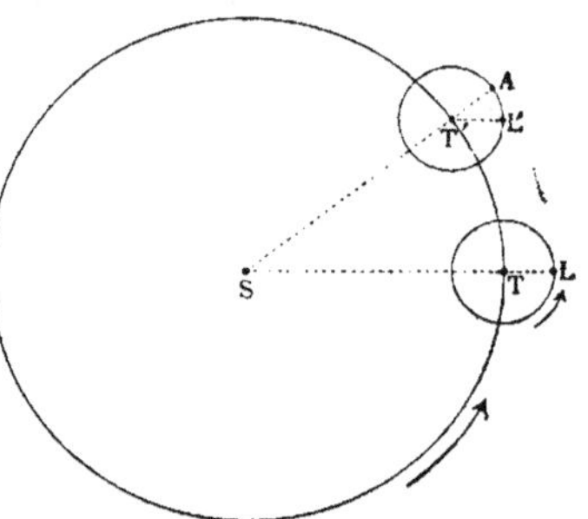

Fig. 71. — Inégalité entre la durée de la révolution sidérale et celle de la révolution synodique de la Lune.

révolution entière autour de la Terre, quand elle se trouve en L' sur le rayon T'L' parallèle au rayon TL ; mais à ce moment elle n'est pas encore pleine, et pour y arriver, c'est-à-dire pour se trouver sur la droite menée de son centre au Soleil, elle doit tourner encore d'un certain arc L'A : c'est là ce qui fait l'excès de la durée de la révolution synodique sur la durée de la révolution sidérale.

Au moment de sa conjonction, c'est-à-dire au moment où la Lune devient nouvelle, elle se lève en même temps que le Soleil ; se trouvant alors perdue dans ses rayons, elle reste invisible. C'est à peu près deux jours avant cet instant que le croissant délié auquel elle se trouve réduite a cessé d'être aperçu ; c'est aussi deux jours après ce même instant que ce croissant recommence à paraître, mais dans une position inverse.

La réapparition de la nouvelle Lune était surveillée avec le plus grand soin dans l'antiquité chez certains peuples, en raison du rôle qu'on lui donnait pour la fixation des fêtes, chez les Hébreux, par exemple, qui prenaient pour le commencement du mois le moment où la lumière de la nouvelle Lune avait été vue de ceux qui étaient chargés de surveiller son apparition. Des signaux de feu allumés sur les collines en transmettaient rapidement la nouvelle à travers la Judée.

Actuellement elle a encore la même importance pour les Musulmans, chez qui la nouvelle Lune marque la fin de leur jeûne du Ramadan.

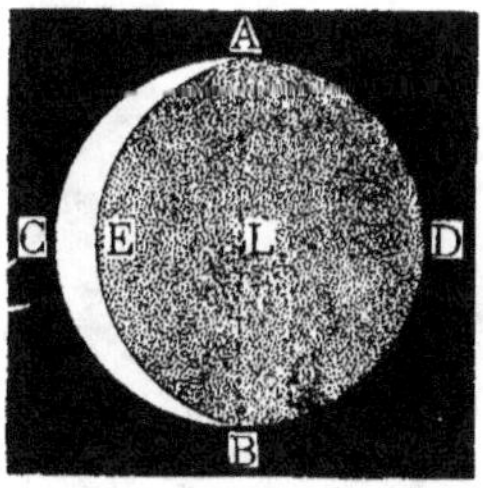

Vers l'époque de la nouvelle Lune, sa moitié qui est en face de la Terre n'étant éclairée par le Soleil que sur un croissant étroit ACBE, devrait sur le reste AEBD paraître obscure ; elle présente cependant une teinte pâle, comme celle d'un nuage blanchâtre, qu'on désigne par le nom de *lumière cendrée* (fig. 72). Ce phénomène se continue pendant quelques jours avant le premier quartier et après le dernier, dans la partie enveloppée à moitié par le croissant lumineux ; en voici la cause. A la nouvelle Lune la moitié de la Terre qui est éclairée par le Soleil rayonne sa lumière dans l'espace, et celle qui tombe sur la Lune éclaire légèrement la moitié obscure, qui est en face de la Terre.

Fig. 72. — Lumière cendrée.

On verrait aussi facilement que la Terre montre à la Lune des phases semblables à celles de cet astre, mais en sens contraire. Quand nous avons nouvelle Lune, il y a pour la Lune *pleine Terre*, et réciproquement.

A ce moment, une autre particularité frappe l'attention : le croissant lumineux, qui embrasse la moitié du contour de la Lune, semble

avoir un diamètre plus grand que celui du disque obscur. Ce n'est
là qu'une illusion provenant de l'impression plus vive de la partie
lumineuse sur l'œil. Ce phénomène, qui est désigné par le nom d'irradiation, est rendu très sensible par la figure 73, où le cercle blanc
paraît plus grand que le noir. quoiqu'ils aient été tracés tous deux
avec le même rayon.

Et la Lune rousse ? Telle est la question que nos lecteurs ne manquent pas de faire. C'est aussi la question que le roi Louis XVIII

Fig. 73. — Effet de l'irradiation.

adressa un jour aux membres d'une commission de savants astronomes, qui étaient venus, selon l'usage, lui présenter l'*Annuaire du
bureau des longitudes*. L'illustre Laplace [1], que le roi semblait inter-
roger particulièrement, se trouva tout déconcerté ; puis, voyant que
ses voisins gardaient le silence, il se décida à répondre lui-même.
« Sire, dit-il, la Lune rousse n'occupe aucune place dans les théories

---

[1] LAPLACE, né en 1749, à Beaumont-en-Auge (Calvados), d'une famille de pauvres cul-
tivateurs, attira de bonne heure l'attention sur lui par de savants mémoires d'astronomie
mathématique et fut nommé professeur dans les écoles de l'Etat. Il entra à l'Institut; puis
après la révolution du 18 brumaire il fit partie du Sénat. Le gouvernement de la Restau-
ration le fit pair de France et marquis et il mourut en 1827. Ce grand mathématicien
a laissé plusieurs ouvrages, dont les plus connus sont la *Mécanique céleste* et l'*Exposition
du système du monde*.

astronomiques ; nous ne sommes donc pas en mesure de satisfaire la curiosité de Votre Majesté. » Arago, à qui Laplace vint conter sa mésaventure, s'empressa d'aller aux informations, non pas à l'Académie, mais auprès des jardiniers du Jardin des plantes. Ils lui apprirent qu'on appelle Lune rousse la Lune qui, commençant en avril, finit dans le courant du mois de mai.

Mais d'où lui vient ce nom si peu flatteur? Pendant cette lunaison, qui est intermédiaire entre les froids de l'hiver et les chaleurs de l'été, il arrive quelquefois que, sous un ciel sans nuage, les plantes, en rayonnant leur chaleur pendant la nuit, vers les espaces célestes qu'aucun voile nuageux ne limite, se refroidissent assez pour que la sève se congèle dans les bourgeons. Les petits glaçons ainsi formés, ayant plus de volume qu'à l'état liquide, déchirent les canaux trop étroits dans lesquels ils se trouvent emprisonnés, tuent de cette manière les bourgeons qui perdent leur couleur et deviennent roux, noirâtres, comme s'ils avaient été brûlés. La Lune, en ces circonstances désastreuses pour l'agriculture, n'est qu'un témoin innocent du mal, et la qualification injurieuse qui lui a été appliquée est une de ces fréquentes injustices de l'opinion populaire, qui, en dépit de l'adage : *Vox populi, vox Dei*, est plus souvent la voix de l'erreur que de la vérité.

Quant à l'influence attribuée à la Lune sur les changements de temps, sur certains travaux agricoles, nous ne contredirons pas un préjugé aussi répandu, comme nous ne dirons rien pour le soutenir. Entre les savants et les ignorants, la question reste indécise. Cependant il paraîtrait, d'après des observations minutieuses qui ont été communiquées à l'Académie des sciences en janvier 1890, que la lumière lunaire agit sensiblement sur les plantes pour les attirer dans sa direction, de la même manière que la lumière du Soleil.

Mentionnons une autre influence bien autrement importante dont elle est douée : elle agit avec assez d'intensité sur les plaques photographiques pour y produire en quelques instants des images de la plus grande netteté.

CHAPITRE IV

Le retour périodique des phases dut appeler tout naturellement
l'attention des hommes, et ils prirent la durée de cette période
pour unité de temps. La lunaison fut comptée alternativement de
29 et de 30 jours. La Lune avec ses phases était pour eux une véritable horloge suspendue dans le ciel. Les quatre phases principales :
nouvelle Lune, premier quartier, pleine Lune, dernier quartier.
divisent la lunaison en quatre parties, ayant à peu près sept jours
chacune et se rapportant ainsi à la semaine.

Les noms français des jours de la semaine se terminent par la
syllabe *di*, du mot latin *dies* signifiant jour. La première partie est
le nom de l'une des planètes parmi lesquelles les anciens comptaient
la Lune : *lundi*, jour de la Lune ; *mardi*, jour de Mars ; *mercredi*.
jour de Mercure ; *jeudi*, jour de Jupiter ; *vendredi*, jour de Vénus.
Quant au nom de *samedi*, les uns le font venir de *Saturni dies*, jour
de Saturne ; les autres de *sabbati dies*, jour du sabbat.

Dimanche provient de la contraction des deux mots *dies domi-
nica*, jour du Seigneur, appellation qui fut substituée par les chrétiens à celle de *dies solis*, jour du Soleil. Cette dernière dénomination s'est conservée cependant chez les Anglais, qui nomment ce
jour *sunday*, et chez les Allemands qui le nomment *sonntag*.

Les jours de nouvelle Lune avaient chez les anciens une grande importance ; car, c'étaient les jours fixés pour certaines cérémonies religieuses et ils servaient à régler l'ordre des jours de plusieurs assem-
blées. Il importait donc de savoir prédire le jour du retour de la
néoménie. Mais il n'y a pas un rapport simple entre la durée de

l'année solaire, qui est de 365 jours et quart, et la durée de la lunaison ; car 12 lunaisons font 354 jours. L'année solaire surpasse donc de 11 jours une année lunaire composée de 12 lunaisons. Par suite, si le premier jour d'une année solaire a été le premier jour d'une lunaison, la Lune a déjà 11 jours quand commence la deuxième année solaire, et le désaccord continue à aller ainsi en augmentant de 11 jours d'une année à l'autre.

Or, un astronome athénien, nommé Méton, découvrit, vers l'an 439 avant J.-C. que 235 lunaisons (235 fois $29^{j},53$) font à très peu près 6940 jours, comme 19 années solaires. De là il résulte que, le premier jour d'une certaine année solaire ayant été aussi le premier jour d'une lunaison, cette coïncidence aura lieu de nouveau au bout de 19 ans, et dans cette période les phases de la Lune reviennent aux mêmes jours que dans la période précédente. C'est cette période qui porte le nom de *Cycle lunaire*.

Cette découverte parut si admirable aux Athéniens qu'ils décidèrent par un décret que le nombre indiquant le rang de l'année dans ce cycle serait inscrit en lettres d'or sur les temples et dans les endroits apparents : de là le nom de *Nombre d'or*, qui se trouve conservé dans nos almanachs. Pour connaître le nombre d'or d'une année, il faut ajouter 1 au millésime et diviser le total par 19 ; le reste de la division est le nombre cherché. D'après cette règle, on obtient 11 pour le nombre d'or de l'année 1891.

Au nombre d'or se rattache un autre terme, qui se trouve encore inscrit dans les almanachs : c'est l'*Epacte*. Ce nom, qui signifie *ajouté*, désigne l'âge de la Lune au commencement de l'année à laquelle cette épacte appartient. Supposons que la Lune soit nouvelle au 1ᵉʳ janvier ; l'année suivante, elle aura ce jour-là 11 jours ; la troisième année 22 jours ; la quatrième année 33 jours ou 3 jours, en ôtant une lunaison complète de 30 jours, et ainsi de suite. Le dernier jour de la 19ᵉ année sera aussi le dernier jour d'une lunaison.

C'est ainsi qu'a été formé le tableau suivant, qui présente l'épacte de chaque année du cycle lunaire, correspondante au nombre d'or. Selon l'usage, les épactes sont marquées en chiffres romains et l'épacte zéro par *.

Nombre d'or	1	2	3	4	5	6	7	8	9	10
Épacte	*	XI	XXII	III	XIV	XXV	VI	XVII	XXVIII	IX
Nombre d'or	11	12	13	14	15	16	17	18	19	
Épacte	XX	I	XII	XXIII	IV	XV	XXVI	VII	XVIII	

L'épacte sert à trouver l'âge de la Lune à un jour donné. Pour cela, on ajoute à l'épacte le nombre qui marque la date du jour dans le mois, plus le nombre de mois complètement écoulés depuis le commencement de l'année, si on est avant le 1er mars, et à partir seulement du 1er mars, si le jour donné est après. L'âge de la Lune sera la somme ainsi formée, ou l'excès de cette somme sur 30, quand elle surpasse 30. Lorsque l'année est bissextile, on doit encore ajouter 1 à la somme pour un jour qui est donné après le 1er mars.

La raison de cette règle est facile à comprendre. En effet, les deux mois de janvier et février font un total de 59 jours, exactement 2 lunaisons; la Lune a donc au 1er mars le même âge qu'au 1er janvier, excepté dans les années bissextiles. A partir de mars, les mois ayant alternativement 31 et 30 jours, deux mois consécutifs font 61 jours ou 2 lunaisons plus 2 jours, ce qui donne en moyenne 1 jour de plus qu'une lunaison pour chaque mois.

A l'aide de cette règle, on trouve à quelle date arrive la fête de Pâques, en se rappelant que, conformément à la décision du concile de Nicée en 325, *cette fête doit être célébrée le premier dimanche après la pleine Lune qui arrive le jour de l'équinoxe du printemps fixé au 21 mars, ou après ce jour.*

Par exemple, pour l'année 1891, le nombre d'or étant 11, l'épacte est XX. La Lune au 21 mars aura 11 jours; elle sera donc à cette époque entre le premier quartier et la pleine Lune.

La fête de Pâques se calcule au moyen des lunaisons moyennes, au lieu des lunaisons vraies; il en résulte que la pleine lune pascale peut différer de un ou même deux jours de la pleine lune astronomique.

S'il y avait pleine lune le 21 mars et que ce jour fût un samedi, le lendemain 22 serait le dimanche de Pâques. Si le jour de la pleine lune était le 20 mars, il faudrait attendre la pleine lune suivante, qui arriverait le 18 avril, et dans le cas où ce jour serait un dimanche, on devrait attendre encore le dimanche suivant, le 25 avril. Ainsi le dimanche de Pâques arrive au plus tôt le 22 mars, ce qui a eu lieu en 1818, et au plus tard le 25 avril, ce qui a eu lieu en 1886 et ne reviendra qu'en 1943.

Les détails dans lesquels nous sommes entrés pour expliquer comment les variations de la date de la fête de Pâques se rattachent au cours de la Lune ne sauraient être dépourvus d'intérêt.

En soumettant cette question au calcul, un savant mathématicien allemand nommé Gauss, mort au milieu de ce siècle, a découvert le moyen de déterminer le jour de cette fête, sans recourir au nombre d'or et à l'épacte.

Pour exposer sa règle avec clarté, désignons :

par R_1 le reste de la division du millésime de l'année par 19 ;
par R_2 le reste de la division   —   —   par 4 ;
par R_3 le reste de la division   —   —   par 7.

Au nombre 23 ajoutons 19 fois R_1 et divisons le résultat par 30 ; désignons le reste de cette quatrième division par R_4.

Au nombre 4 ajoutons 2 fois R_2, plus 4 fois R_3, plus 6 fois R_4, et divisons le total par 7 ; désignons le reste de cette cinquième division par R_5.

On ajoute ensemble R_4 et R_5 ; le total est le nombre de jours à compter après le 22 mars pour arriver au dimanche de Pâques.

Si on trouvait le 26 avril, on ôterait 7 jours.

Pour les années du xxᵉ siècle on devra remplacer 23 et 4 par 24 et 5 dans le calcul des restes R_4 et R_5.

A l'aide de cette règle on trouve les dates suivantes pour la fête de Pâques :

1891 . . . 29 mars	1894 . . . 25 mars	1897 . . . 18 avril
1892 . . . 17 avril	1895 . . . 14 avril	1898 . . . 10 avril
1893 . . . 2 avril	1896 . . . 5 avril	1899 . . . 2 avril

Dans le calendrier musulman, les mois suivent le cours de la Lune et sont de 29 ou 30 jours ; les années se composent de 12 mois comprenant ensemble 354 ou 355 jours. Il arrive par là que l'année musulmane, purement lunaire, commence d'une année à l'autre 10 ou 11 jours plus tôt dans l'année solaire. Aussi les travaux de l'agriculture, attachés au cours du Soleil, peuvent se présenter, par la suite des temps, à tous les mois de l'année musulmane. Les Musulmans comptent leur jour à partir du coucher du Soleil du jour civil précédent.

CHAPITRE V

Nous venons de considérer la Lune comme un gigantesque chronomètre, qui nous a fourni divers moyens pour la mesure du temps. Reprenons maintenant l'étude de sa course dans l'espace.

Nous avons déjà dit que son diamètre apparent ne diffère pas beaucoup de celui du Soleil. Sa grandeur n'est pas constante ; car elle varie entre 29′ et demie et 33′ et demie, ce qui montre que l'astre ne reste pas toujours à la même distance de la Terre. En appliquant à la Lune les procédés qui ont permis de connaître la forme de l'orbite terrestre, on arrive à trouver que son mouvement autour de la Terre est assujetti aux mêmes lois que celle-ci tournant autour du Soleil. On exprime cette dépendance en disant que la Lune est le satellite de la Terre.

Ainsi la Lune décrit autour de la Terre, en 27 jours et un tiers, d'occident en orient, une ellipse dont la Terre occupe un foyer, et son mouvement est tel que les aires décrites en des temps égaux par le rayon vecteur mené du centre de la Terre au centre de la Lune sont égales.

L'excentricité de l'ellipse lunaire est environ $\frac{1}{18}$, c'est-à-dire que la distance du centre de l'ellipse au foyer est la 18ᵉ partie de la longueur du demi-grand axe ; c'est à peu près le triple de l'excentricité de l'orbite terrestre.

La distance de la Lune à la Terre n'a pas été connue plus tôt que celle du Soleil, quoiqu'elle lui soit bien inférieure. La résolution de cette question dépendait de la détermination de la parallaxe lunaire, comme on l'a montré pour le Soleil. La Caille et Lalande appliquèrent en même temps à la Lune la méthode qu'ils employaient pour la planète Mars (p. 137). De leurs observations combinées avec celles qui furent faites en d'autres lieux, on arriva à trouver 57' pour la valeur de la parallaxe de la Lune, presque 1 degré.

Si on se rappelle les explications qui ont été données à propos de la mesure de la distance du Soleil (p. 133), on sait que si de la Lune le rayon terrestre était vu sous un angle de 1', la distance de cet astre à la Terre serait égale à 3 438 fois ce rayon. Or, l'angle visuel étant de 57', la distance est 57 fois moindre. On trouve, en effectuant la division, 60 fois le rayon terrestre, ce qui fait en nombre rond 96 000 lieues.

La distance varie entre 64 fois et 56 fois le rayon terrestre.

En comparant l'angle visuel du rayon de la Lune avec sa parallaxe, c'est-à-dire avec l'angle sous lequel on verrait le rayon terrestre à la même distance, on trouve que le rayon de notre satellite est à peu près les $\frac{3}{11}$ de celui de la Terre, un peu plus que le quart. On en déduit que son volume est la 49ᵉ partie de celui de la Terre.

Par l'observation de divers phénomènes, on a pu reconnaître que la masse de la Lune est seulement la 80ᵉ partie de celle de la Terre.

« Les lois qu'on a fait connaître sur le mouvement de la Lune, dit M. Delaunay dans son *Traité d'astronomie*, ne doivent être regardées que comme représentant approximativement le véritable mouvement de la Lune dans l'espace. La Lune ne les suit pas constamment; elle se trouve tantôt d'un côté, tantôt de l'autre, par rapport à la position qu'elle occuperait, si ces lois du mouvement elliptique étaient rigoureusement vraies, sans cependant s'éloigner beaucoup de cette position.

« Pour avoir à chaque instant la véritable place de la Lune dans le ciel, il faut modifier d'une certaine quantité celle qu'elle aurait si elle restait rigoureusement sur l'ellipse dont nous avons parlé, et si elle la parcourait exactement suivant la loi des aires. Mais cette correction à apporter à la position elliptique de la Lune pour avoir sa position vraie, varie d'un instant à un autre et suivant des lois extrêmement compliquées. »

CHAPITRE VI

La physionomie de notre satellite a toujours eu le privilège d'appeler l'attention sur elle. L'imagination a cru de tout temps y reconnaître une espèce de figure humaine, dessinée à sa surface par les parties qui s'y montrent moins lumineuses que le reste. Dans un de ses dialogues, Plutarque s'exprime ainsi, d'après la traduction d'Amyot : « On ne veoit point cette face-là en une umbre continue et confuse ; ains Agésianax le poète, dépeignant ne dict pas mal :

> De feu luysant elle est environnée
> Tout à l'entour ; la face enluminée
> D'une pucelle apparoit au milieu,
> De qui l'œil semble estre plus verd que bleu,
> La jouë un peu de rouge colorée. »

Quant aux causes de ces apparences, elles sont discutées dans ce même dialogue. On y attribue en particulier à Aristote l'opinion « que ce que l'on appelle visage en la Lune sont les images et figures de la grande mer Océane représentées et apparaissantes en la Lune comme en un miroir ».

L'Océan n'est pour rien dans la production de cette figure ; il n'est pas difficile de trouver une explication plus vraie.

Ces taches sont de vastes espaces où le sol de la Lune ne réfléchit pas aussi bien que les espaces voisins la lumière qui leur vient du Soleil, de même que sur la Terre une plaine sablonneuse et nue paraît au loin assez blanche, tandis qu'un terrain de nature différente présente une surface un peu noirâtre.

La Lune nous montre toujours la même moitié de son globe ; car l'aspect de son disque ne paraît pas avoir subi de changement. De là découle une conséquence qui paraît tout d'abord inattendue, c'est que la Lune tourne sur elle-même dans le même temps que celui qu'elle emploie à effectuer sa révolution autour de la Terre. Il suffit de la comparaison suivante pour mettre ce fait en évidence.

Qu'on décrive sur le sol une grande circonférence et qu'un homme se meuve sur cette ligne en se tenant toujours tourné vers le centre. Quand il a parcouru le quart de la circonférence, la direction de ses pieds fait un angle droit avec celle qu'ils avaient au point de départ ; quand il en a parcouru la moitié, cette direction est diamétralement opposée à la première ; à ce moment, l'homme a tourné sur lui-même d'une demi-circonférence. Arrivé au point d'où il était parti, il a accompli sur lui-même un tour entier, pendant qu'il a effectué autour du centre une révolution complète.

Chaque point de la surface de la Lune se trouve éclairé par le Soleil pendant la moitié de la durée de cette révolution, c'est-à-dire pendant quinze jours. Ainsi la durée du jour sur la Lune, et par suite celle de la nuit, est égale à 15 fois vingt-quatre heures.

D'après ce qui vient d'être expliqué, nous ne connaissons qu'une moitié de la Lune ; l'autre reste invisible pour nous. Cependant, des observations attentives, faites à la lunette ou au télescope, montrent que les taches qui se voyaient sur un bord du disque disparaissent peu à peu pendant quelque temps, tandis que sur le bord opposé apparaissent des taches qui ne se voyaient pas auparavant ; puis un arrêt semble se produire, suivi d'un mouvement inverse ; ces dernières taches se cachent à leur tour peu à peu et celles de l'autre bord apparaissent de nouveau, comme si la Lune tournait pendant quelque temps sur elle-même d'abord dans un sens, puis en sens opposé. Par suite de ce mouvement, la portion de la Lune que nous pouvons observer est un peu plus grande qu'un hémisphère.

Ce balancement de la Lune, qui est désigné par le nom de *libration*, tient à trois causes distinctes, dont l'explication serait assez délicate ; d'ailleurs, elle ne présente pas assez d'intérêt et d'utilité pour que nous nous y arrêtions.

CHAPITRE VII

La Lune est-elle enveloppée, comme la Terre, d'une atmosphère gazeuse ? L'opinion la plus généralement admise est qu'il n'y en a pas, ou au moins que, s'il y en a une, elle doit n'avoir qu'une très faible densité. En effet elle n'est jamais chargée de nuages d'aucune espèce ; car le disque présente toujours le même aspect, les mêmes teintes lumineuses. En outre, avec une atmosphère analogue à la nôtre, il se produirait sur la Lune un véritable crépuscule, comme celui que nous observons sur la Terre, c'est-à-dire qu'entre la partie de la Lune qui est dans le jour et la partie qui est dans la nuit la lumière irait en s'affaiblissant. Or on n'observe rien de semblable à la ligne de séparation entre la lumière et l'obscurité ; seulement cette ligne se montre dentelée à cause des aspérités montagneuses qui hérissent la surface de la Lune (fig. 74).

Voici une autre observation plus concluante. On sait que la lumière solaire en traversant notre atmosphère y subit une réfraction, en vertu de laquelle un astre se voit quelques instants avant qu'il soit réellement arrivé sur l'horizon, et aussi quelques instants après qu'il est déjà descendu au-dessous. Or, dans sa marche, la Lune passe quelquefois devant telle ou telle étoile et la cache momentanément : c'est ce qu'on appelle *occultation*. La vitesse de la Lune dans ce mouvement étant connue, on peut calculer le temps que durera l'occultation d'une étoile ; or, entre ce temps et la durée de l'occultation observée il n'y a pas de différence sensible ; donc il n'y a pas d'atmosphère autour de la Lune.

Cette conclusion sert de réponse à une autre question, qui pique la curiosité de notre temps, comme elle avait déjà préoccupé certains philosophes de l'antiquité. La Lune est-elle habitée ? Faute d'atmos-

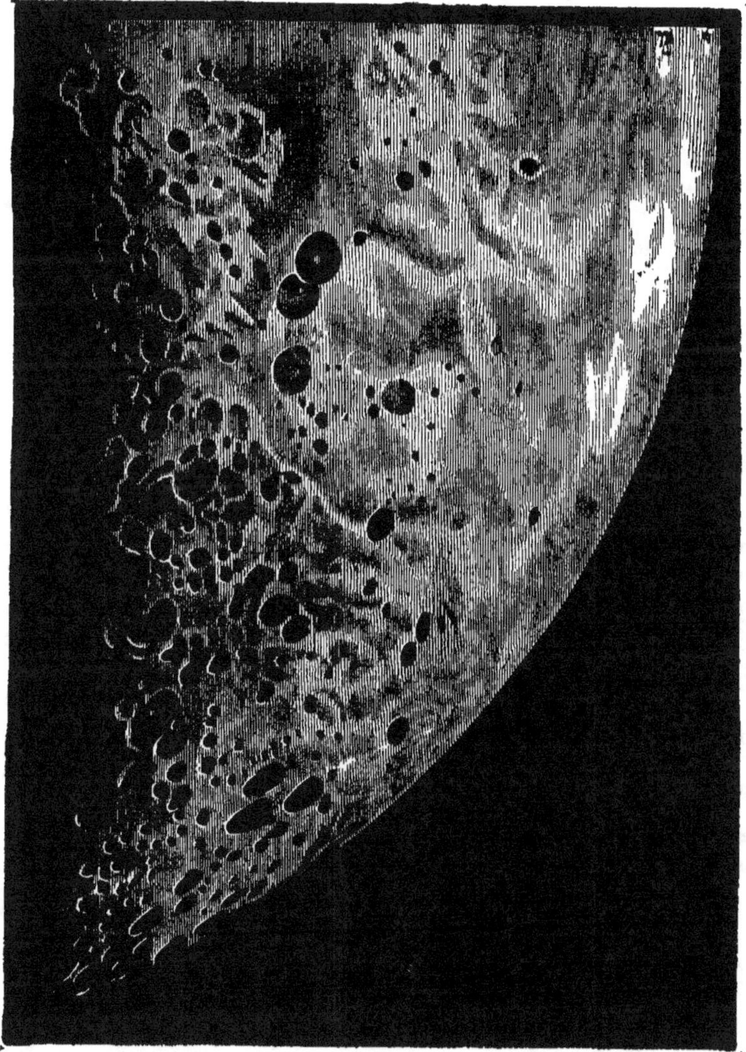

Fig. 74. — Moitié de la Lune au premier quartier, vue à la lunette.

phère à la surface, il ne peut y avoir de l'eau; car elle n'y resterait pas liquide et s'évaporerait : par suite, il n'y a pas d'êtres vivants, au moins des êtres organisés comme nous. Il faut aussi renoncer à voir de l'eau dans les espaces plus ou moins sombres de sa surface, auxquels on avait donné des noms de mers dans les premières cartes lunaires, qui furent construites vers le milieu du XVIIe siècle.

Observée au télescope, la Lune, placée pour ainsi dire à quelques lieues de nous, présente une surface couverte d'inégalités, qui sont surtout apparentes sur la ligne de séparation entre la partie éclairée et la partie obscure, à l'époque du premier ou du dernier quartier (fig. 74). On distingue en outre dans le voisinage de cette ligne, sur

Fig. 75. — Cirque lunaire.

la partie éclairée, des taches noires qui s'étendent à l'opposé du Soleil et qui augmentent ou diminuent de longueur dans l'espace de quelques jours : ce sont les ombres projetées par les montagnes. En même temps brillent dans la partie obscure des points lumineux, qui sont les sommets d'autres montagnes, assez élevées pour que leur tête soit éclairée par le Soleil, lorsque leur base est dans l'ombre.

Ces montagnes sont très nombreuses et affectent généralement la forme d'une chaîne circulaire, circonscrivant comme par un immense bourrelet une vallée, au milieu de laquelle s'élève le plus souvent une autre montagne isolée en forme de pyramide (fig. 75).

La surface de notre satellite semble avoir une grande analogie avec certaines parties de la Terre, où le sol nu et sans végétation a été violemment tourmenté et montre des cratères de volcans éteints, comme sur les plateaux de l'Auvergne en France, ou dans les champs phlégréens qui s'étendent à l'ouest de Naples du côté de Pouzzoles et de la Solfatare jusqu'à Cumes et Baies.

La hauteur des montagnes lunaires a pu être mesurée au moyen de l'ombre qu'elles projettent, et même à l'aide de leurs sommets éclairés par la lumière du Soleil. Il ne serait pas facile de donner ici une idée des procédés si délicats qu'exigent ces opérations. Nous dirons seulement que deux astronomes allemands Beer[1] et Madler,

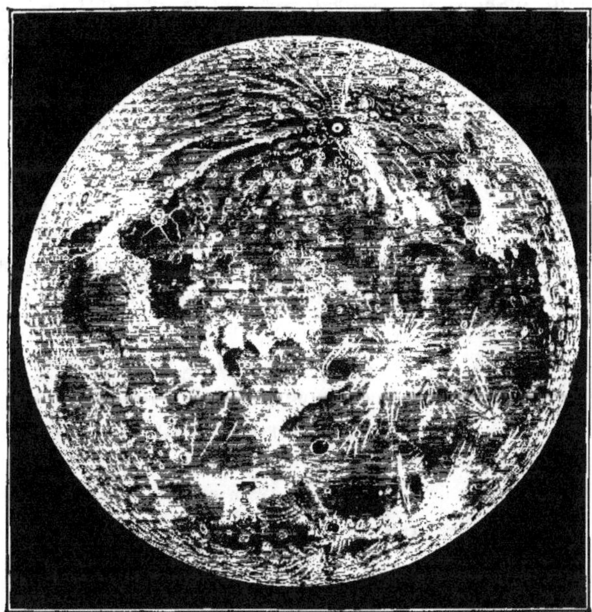

Fig. 76. — Carte de la Lune.

se livrèrent particulièrement à ces travaux. Ils reconnurent que plusieurs de ces montagnes, proportionnellement au rayon de l'astre, sont plus élevées que celles de la Terre, et ils publièrent en 1836 une belle carte de l'hémisphère lunaire.

Les astronomes qui continuent aujourd'hui les mêmes travaux trouvent un grand secours dans l'emploi de la photographie.

Les premières cartes de la Lune furent construites vers le milieu du XVIIe siècle par un astronome allemand de Dantzig, nommé Hévélius, qui tout en conservant la grande brasserie de son père, voya-

---

[1] Wilhelm Beer était le frère aîné du célèbre compositeur Meyerbeer, l'auteur des opéras de *Robert le Diable*, les *Huguenots*, le *Prophète* et qui mourut à Paris en 1864.

gea en Angleterre et en France où il se lia avec les savants du temps, et consacra sa fortune et ses loisirs surtout à l'observation de la Lune. C'est lui qui donna à ce qu'on regardait alors comme des mers sur la Lune les noms des mers de la Terre.

A la même époque, deux Jésuites italiens, le P. Grimaldi et le P. Riccioli, poursuivaient les mêmes travaux ; ils remplacèrent les noms des mers par des dénominations tirées de l'aspect physique qu'elles présentaient. Les plaines, les montagnes reçurent les noms des mathématiciens et des astronomes les plus connus.

Malgré l'autorité des savants qui rejettent l'opinion que la Lune soit habitée par des êtres animés, certaines personnes se demandent si de nouveaux perfectionnements apportés dans la construction des télescopes ne feront pas découvrir ce qui est encore caché à nos yeux. C'est l'espérance que nourrissait déjà du temps de Newton un de ses compatriotes, Robert Hooke, qui était lui-même un grand mathématicien. « C'était se bercer d'illusions, dit M. Hœfer dans son *Histoire de l'Astronomie ;* car encore aujourd'hui, on est obligé de reconnaître qu'en forçant le pouvoir amplicatif des télescopes, on perd plus par l'affaiblissement de la lumière qu'on ne gagne par le grossissement des objets. Aussi pour faire de bonnes observations faut-il s'en tenir à des grossissements modérés. »

CHAPITRE VIII

Nous avons maintenant à étudier un phénomène important, où la Lune joue un grand rôle, mais qui ne se montre qu'à des intervalles de temps plus ou moins longs : ce sont les éclipses. Dans tous les siècles elles ont vivement frappé l'imagination des hommes.

En effet, l'histoire ancienne rapporte que des armées prêtes à en venir aux mains furent toutes troublées par une éclipse, qui commençait à se produire à ce moment.

C'est ainsi que l'armée romaine, commandée par le consul Paul-Emile, étant sur le point d'engager la bataille contre Persée, roi de Macédoine, une éclipse de Lune y jeta une si grande frayeur que les soldats se mirent aussitôt à faire tout le bruit possible avec des bassins et des chaudrons de cuivre, croyant par ce moyen retenir la Lune qui semblait vouloir les abandonner.

Dans les temps modernes, Christophe Colomb manquant de vivres chez les sauvages de la Jamaïque, sut mettre à profit, pour s'en procurer, la connaissance qu'il avait de l'arrivée prochaine d'une éclipse de Lune ; il les menaça de leur ôter la lumière de cet astre. Quand ils virent cette menace se réaliser, ils s'empressèrent de céder et de donner ce qu'on leur demandait.

Ce sont les éclipses de Soleil surtout qui excitaient la plus vive impression. Fontenelle[1] raconte que l'annonce d'une éclipse de ce

---

[1] LE BOVIER DE FONTENELLE, neveu du poète Corneille, naquit à Rouen et mourut à Paris en 1757, à l'âge de 100 ans. Il s'occupa d'abord de travaux littéraires, qui le firent admettre à l'Académie française. Il s'adonna ensuite aux études scientifiques et entra à l'Académie des sciences, dont il devint le Secrétaire perpétuel. Il a écrit les éloges de plusieurs savants membres de cette Académie. Un des plus connus de ses ouvrages est celui des *Entretiens sur la pluralité des mondes*.

genre en 1654 répandit une véritable épouvante, au point que beaucoup de personnes à Paris se cachèrent dans des caves, au moment où la lumière du Soleil commença à s'affaiblir. Plus récemment, en 1877, pendant l'éclipse de Soleil du 15 mai, les soldats turcs, au milieu des préparatifs de la guerre contre les Russes, se mirent à tirer des coups de fusil vers le Soleil, pour le délivrer des griffes du dragon qui l'attaquait.

La cause de ce phénomène n'était pas restée tout à fait inconnue aux anciens. On sait que Périclès, voulant rassurer le pilote de sa galère au moment d'une éclipse de Soleil, lui jeta son manteau sur la tête, pour lui faire comprendre que l'astre était caché par la Lune placée en avant, comme la vue des objets était cachée à lui-même par ce manteau. C'étaient les éclipses de Lune qu'ils s'expliquaient

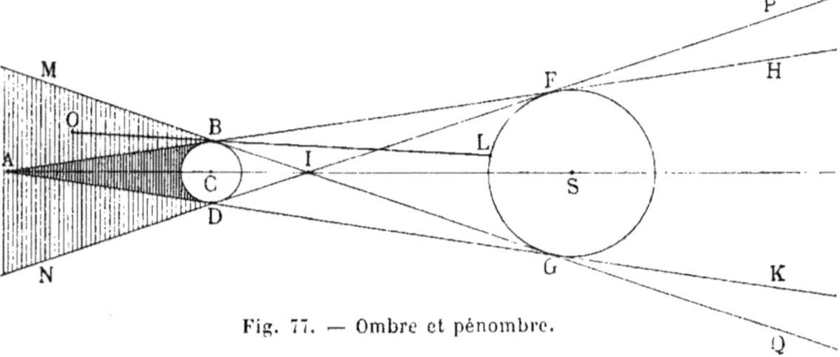

Fig. 77. — Ombre et pénombre.

difficilement. Cependant un des interlocuteurs que Plutarque fait disserter entre eux dans un de ses dialogues, s'exprime à ce sujet dans les termes suivants :

« J'ai ouï dire que, quand ces trois corps, la Terre, la Lune et le Soleil sont en ligne droite, les éclipses arrivent, parce que ou la Terre ôte le Soleil à la Lune, ou la Lune à la Terre. Car le Soleil subit une éclipse, quand la Lune est au milieu des trois ; c'est la Lune qui la subit, quand au milieu des trois se trouve la Terre. La première se fait à la conjonction ; l'autre à l'opposition, quand la Lune est pleine. »

Pour nous rendre compte de toutes les circonstances du phénomène, il ne sera point superflu de bien préciser ce que c'est que l'*ombre* et la *pénombre*. Soit donc un point lumineux **A** (fig. 77) et à quelque distance un corps opaque **BD** de forme quelconque, sphérique par exemple. Si on imagine qu'une droite menée par le point A se meuve tout autour du corps opaque, elle décrit un cône d'une longueur indéfinie, limité par les droites ABH et ADK et dans l'intérieur duquel il n'arrive derrière le corps BD aucun rayon de lumière du point A : tout cet espace obscur est ce qu'on appelle *cône d'ombre*.

Supposons maintenant que dans la même figure le cercle FSG représente un corps sphérique lumineux, le cercle BD étant comme précédemment un corps opaque. La droite ABH se mouvant tout autour des deux corps sphériques décrit un cône dans lequel la portion ABD est dans l'ombre. La longueur du cône d'ombre serait illimitée à droite de FG, si BC était le corps lumineux et le plus grand FG le corps opaque.

Mais considérons les tangentes MBGQ et NDFP, menées entre le corps opaque BD et le corps lumineux FG. Elles déterminent à gauche de BC un espace conique MBDN. Dans tous les points de cet espace, excepté ceux du cône ABD, il arrive de la lumière d'une portion seulement du corps lumineux ; l'ombre de cet espace n'est donc pas complète et va en diminuant depuis la surface du cône ABD jusqu'à la surface du cône MBDN. Le point O, par exemple, ne reçoit de la lumière que de la portion LF du corps lumineux. L'espace conique MBDN, moins le cône ABD, forme la *pénombre*.

ÉCLIPSES DE LUNE

A l'époque où la Lune est dans son plein, il arrive quelquefois que son disque lumineux s'échancre d'un côté, comme si un voile circulaire noir s'avançait graduellement sur lui, de manière à en recouvrir une partie plus ou moins grande ou même la totalité ; le disque prend alors les divers aspects des phases : c'est en cela que consiste l'éclipse de Lune, partielle ou totale.

A ce moment, la Lune se trouvant plus loin que la Terre, en L (fig. 78) par rapport au Soleil et à peu près sur le prolongement de la droite qui passe par leurs centres, les rayons solaires sont arrêtés par la Terre comme par un écran, et la Lune, qui auparavant montrait un disque entièrement lumineux, est obscurcie en tout ou en partie.

Il y a éclipse totale, quand la Lune se trouve entièrement plongée dans le cône d'ombre projeté derrière la Terre ; partielle, quand elle ne passe qu'en partie dans ce cône d'ombre.

La Lune serait éclipsée à chaque opposition, si elle se trouvait toujours sur la direction de la droite menée par les centres du Soleil et de la Terre, c'est-à-dire si elle se trouvait toujours sur le plan de l'écliptique ou au moins assez près. Mais comme elle peut s'éloigner de ce plan jusqu'à une distance de 5°, les éclipses de Lune sont rares et n'ont lieu en moyenne que deux ou trois fois par an. En outre, l'éclipse n'est pas visible par toute la Terre, mais seulement dans les lieux qui ont alors la Lune sur leur horizon.

L'éclipse totale de Lune ne dure jamais plus de deux heures ; mais

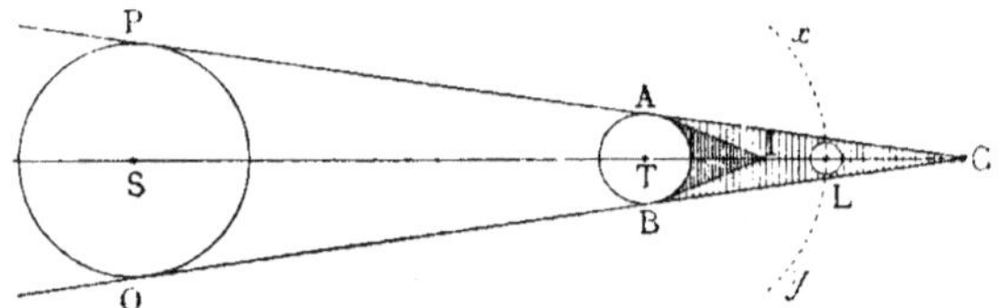

Fig. 78. — Éclipse de Lune.

depuis le moment où le disque lunaire commence à pénétrer dans le cône d'ombre jusqu'au moment où il achève d'en sortir, il peut s'écouler quatre heures.

Avant que l'éclipse commence, la Lune entre dans la pénombre, et à mesure qu'elle la traverse, en s'approchant du cône d'ombre, son éclat pâlit de plus en plus. Le contraire se produit, lorsqu'au sortir du cône d'ombre elle traverse la pénombre.

Pendant une éclipse totale le disque lunaire devrait paraître tout à fait obscur ; cependant il présente une teinte d'un rouge sombre. C'est là un effet de la réfraction de l'air de notre atmosphère. Les rayons solaires qui la traversent y subissent une déviation, par laquelle ils se rapprochent et se rencontrent derrière la Terre, à une distance TI moins éloignée et pénètrent dans le cône d'ombre ABC. Ceux qui arrivent jusqu'à la Lune sont envoyés par elle jusqu'à nous, et la montrent ainsi ayant une faible lueur.

CHAPITRE IX

A l'époque de la conjonction, la Lune nouvelle se trouve entre la Terre et le Soleil. Si elle est en même temps sur la droite qui joint leurs centres ou à peu près, elle cache le Soleil en tout ou en partie pour la portion de la Terre qui est en face d'elle. Alors le disque

Fig. 79. — Eclipse de Soleil.

solaire prend l'aspect des phases de la Lune (fig. 79), et peut même être totalement caché. Dans ce dernier cas, il y a éclipse totale; dans le précédent, éclipse partielle.

Soit SPQ le Soleil (fig. 80), le cercle T représentant la Terre et le petit cercle L la Lune sur la droite ST. Le cône d'ombre projeté par la Lune couvre sur la Terre un espace circulaire en forme de calotte *mn* ; pour tous les lieux situés sur cette calotte il y a éclipse totale. La pénombre embrasse un autre espace *mu*, *nv* qui entoure le premier comme d'une zone et des points duquel on ne peut voir qu'une partie du Soleil ; pour les lieux couverts par la pénombre, il y a donc éclipse partielle.

Si la Lune en conjonction, et ayant son centre sur la droite menée par les centres du Soleil et de la Terre, se trouve à sa plus grande distance de la Terre (fig. 81), son cône d'ombre ne peut arriver jusqu'à celle-ci et se termine au point I ; cependant elle cache la partie

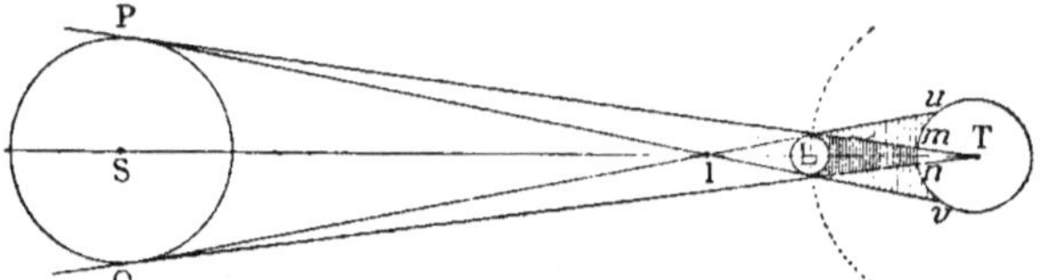

Fig. 80. — Eclipse partielle et éclipse totale de Soleil.

centrale du Soleil pour les lieux de la Terre voisins du point I, par exemple la partie FK pour les lieux situés dans l'espace C. Le Soleil débordant la Lune apparaît comme un anneau lumineux (fig. 82) ; il y a alors *éclipse annulaire*.

C'est ainsi qu'une pièce de monnaie de dix centimes, tenue près

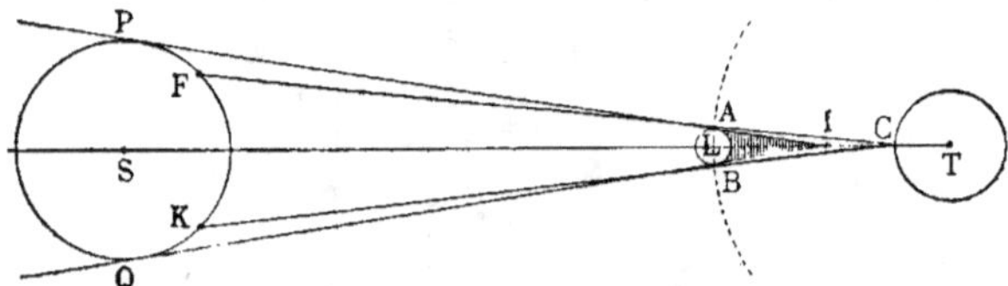

Fig. 81. — Eclipse annulaire de Soleil.

de l'œil, peut masquer entièrement un grand cercle dessiné sur un mur à quelque distance ; si on l'éloigne de l'œil, elle ne cache plus que la partie centrale du cercle, en ne laissant apercevoir que le bord en forme de couronne.

L'éclipse de Soleil diffère essentiellement de l'éclipse de Lune. Dans celle-ci, nous avons la Lune devant nous, mais elle se montre obscure au lieu d'être lumineuse ; dans l'autre, le Soleil est vraiment caché à nos yeux en tout ou en partie par la Lune, qui est interposée entre lui et nous.

Nous devons signaler une autre différence. L'éclipse de Lune com-

mence et finit au même instant pour tous les lieux de la Terre qui ont
cet astre sur leur horizon, pendant la durée du phénomène. Il en est
tout autrement pour l'éclipse de Soleil. En effet, pendant que la Lune
continue son mouvement autour de la Terre, son cône d'ombre se
déplace avec elle et couvre ainsi successivement les lieux de la Terre
qu'il atteint. Les habitants de ces lieux voient donc l'éclipse, les
uns après les autres ; elle finit pour ceux-ci, quand elle commence
pour ceux-là. C'est exactement ce qui arrive, lorsqu'un gros nuage

Fig. 82. — Aspect du Soleil dans une éclipse annulaire.

isolé, poussé par le vent dans un ciel serein, passe devant le Soleil ;
son ombre marche sur le sol et ce nuage produit une véritable éclipse
de Soleil pour ceux qui en sont couverts.

Les curieux qui veulent observer une éclipse de Soleil, sans avoir
la vue fatiguée, prennent la précaution de regarder l'astre à travers
un morceau de vitre, qui a été enfumé sur une face à la flamme d'une
bougie. On peut aussi avoir très simplement l'image de l'astre sous
ses yeux. Pour cela il suffit de poser sur la direction des rayons
solaires une carte de visite percée d'un petit trou bien net ; les rayons
qui passent par cette ouverture vont dessiner sur un écran posé derrière un croissant lumineux, qui est l'image de la partie du Soleil

non cachée par la Lune. C'est ce qui se produit au-dessous d'un arbre touffu sur le sol, où l'on voit pendant la durée du phénomène une multitude de petits croissants lumineux (fig. 84) au lieu des ellipses qui s'y montrent d'ordinaire (fig. 83).

La durée d'une éclipse totale de Soleil peut s'élever jusqu'à six minutes. Pendant ce temps, certaines étoiles se montrent dans le ciel et une diminution de température se fait sentir sur la Terre. Ce phénomène produit toujours une impression profonde sur ceux qui en sont témoins. Rien ne peut mieux en donner une idée que la relation suivante écrite par le savant jésuite le P. Secchi sur l'éclipse qu'il observa en Espagne le 18 juillet 1860. Nous empruntons son récit à son grand ouvrage sur le Soleil.

« Une éclipse ne commence à présenter un intérêt vraiment sérieux qu'à partir du moment où le centre du Soleil est couvert par la Lune. La lumière commence alors à diminuer d'une manière très sensible et lorsque approche le moment de la totalité, cette diminution est tellement rapide qu'elle a quelque chose d'effrayant. Ce qui frappe alors ce n'est pas seulement l'affaiblissement de la lumière, c'est surtout le changement de couleur que présentent les objets. Tout devient triste, sombre et comme menaçant. Le paysage le plus vert se recouvre d'une teinte grise; dans les régions les plus élevées et les plus voisines du Soleil, le ciel prend une couleur de plomb, tandis qu'auprès de l'horizon il devient d'un jaune verdâtre. Le visage de l'homme présente une teinte cadavérique, analogue à celle que produit la flamme de l'alcool saturé de chlorure de sodium. Cette teinte jaunâtre et surtout l'abaissement de température semblent accuser une diminution dans la puissance vitale de la nature.

« En même temps un silence général s'établit dans l'atmosphère; les petits oiseaux disparaissent, les insectes se cachent; tout semble présager un imminent et terrible désastre. On conçoit très bien, dit M. Forbes, que les populations ignorantes soient saisies d'une immense frayeur, en voyant ainsi pâlir l'astre du jour et qu'elles se figurent assister au commencement d'une nuit éternelle.

« Tous les observateurs s'accordent pour décrire ces émotions. Nous-même, quoique mieux préparé que personne, nous fûmes

saisi par un sentiment d'oppression et, disons-le, de frayeur involon-
taire ; il fallut toute la puissance de notre volonté pour nous rendre
maître de toutes nos facultés, à la vue de ce phénomène impo-
sant.

« Lorsque l'observateur est favorablement placé, il lui est facile
de suivre la marche de l'ombre totale, qui s'avance comme un orage
sombre et menaçant. De la hauteur du mont Saint-Michel, nous

Fig. 83. — Images du Soleil sous un arbre en temps ordinaire.

vîmes cette colonne noire envahir la plaine bien plus rapidement
que ne peut faire un orage, avec une vitesse analogue à celle d'une
locomotive lancée à toute vapeur.

« C'est dans cet instant surtout qu'on est frappé par le silence
solennel qui s'empare de la nature, pendant cette nuit momentanée.
Au *Desertio de las Palmas* en Espagne nous étions entouré d'une
foule curieuse et bavarde, dont les conversations incessantes nous
avaient bien contrarié pendant tout le jour ; mais lorsque approcha le

moment solennel, tout devint tranquille et nous pouvions compter
les battements de notre chronomètre aussi facilement que nous
l'aurions pu faire à minuit, dans la solitude d'un observatoire. Tous
les yeux et toutes les attentions étaient fixés sur le même croissant
du Soleil qui allait disparaître.

« Dans ces derniers instants le croissant diminue avec une rapidité
surprenante ; bientôt il est réduit à un mince filet, terminé par des

Fig. 84. — Images du Soleil sous un arbre pendant une éclipse particlle.

pointes très aiguës ; les proéminences du contour lunaire le divisent
souvent en plusieurs parties : enfin il disparaît. Aussitôt la scène
change d'une manière subite et complète. Au milieu d'un ciel
couleur de plomb se détache un disque parfaitement noir, entouré
d'une gloire magnifique de rayons argentés, parmi lesquels scin-
tillent des jets de flammes roses. Ce spectacle est à la fois terrible
et sublime.

« Quelque habitude qu'on ait de ces phénomènes, l'impression qu'ils produisent sur l'observateur n'en est pas moins vive. Il est impossible de regarder avec indifférence ce disque noir qui remplace le Soleil et l'auréole argentée qui l'environne, étalée sur un ciel de plomb qui ne fait qu'en augmenter le contraste.

« L'obscurité qui règne au moment où l'éclipse est totale, dépend beaucoup de l'état du ciel. En général, on peut la comparer à celle qui règne une demi-heure ou trois quarts d'heure après le coucher du Soleil, lorsqu'on ne voit encore que les étoiles les plus brillantes; mais ordinairement on aperçoit Vénus longtemps avant le moment de la totalité. Par un effet de contraste, dû à la disparition rapide de la lumière, l'obscurité paraît plus grande qu'elle ne l'est en effet. En général on peut lire un livre imprimé en gros caractères, mais il est impossible de distinguer la graduation des instruments et de voir l'heure sur une montre; aussi les observateurs doivent-ils avoir des lampes allumées pour lire les chronomètres et les instruments gradués.

« La couronne, lorsque le ciel est bien pur, a une étendue égale au diamètre de la Lune, mais elle ne brille d'un vif éclat que dans des limites bien plus restreintes. Elle laisse souvent échapper des rayons ou aigrettes d'une longueur considérable. Les flammes rouges sont souvent visibles à l'œil nu, et au *Desierto* les paysans disaient que le Soleil avait du feu.

« Le premier rayon de Soleil fait disparaître toute cette scène magique. Le Soleil brille alors comme une lampe électrique, projetant des ombres tranchées, mais dont les bords sont vacillants; on croit voir des ondes lumineuses se propager comme des bandes ondoyantes et serpentantes. La nature encore sombre semble reprendre sa gaieté ordinaire; le sentiment de tristesse qui s'était emparé de tous les spectateurs fait place à une impression douce et joyeuse.

« L'occultation du Soleil est toujours accompagnée d'un abaissement sensible de température. »

CHAPITRE X

Certaines éclipses totales de Soleil ont donné l'occasion d'observer des phénomènes lumineux d'un grand intérêt. Il y en a un qui est connu depuis longtemps, c'est celui de l'apparition d'une auréole lumineuse qui semble environner la Lune, mais qui est en réalité une couronne enveloppant le Soleil. Du contour de l'astre émanent des rayons de lumière, dont l'ensemble présente à la vue une *gloire*, analogue à celle dont les peintres ornent la tête des saints. Pendant l'éclipse totale du 8 juillet 1842, qui fut visible dans le midi de la France, un autre phénomène excita une grande surprise. En diverses, stations on distingua autour du Soleil des masses lumineuses, d'une teinte rose tirant sur le violet et s'élevant à des hauteurs diverses avec des formes variables (fig. 85) ; on les désigna alors par le nom de *protubérances solaires*. Ce n'était pas cependant qu'elles fussent restées tout à fait inconnues jusque-là ; elles avaient déjà été aperçues plus ou moins nettement pendant quelques éclipses totales, à partir de celle de l'année 1706.

Les observateurs de l'éclipse de 1842 ne s'accordaient pas sur la description des phénomènes lumineux qui s'étaient montrés à leurs regards ; ils ne s'accordèrent pas davantage dans les explications qu'ils essayèrent d'en donner ; on attendit que de nouvelles observations pussent être faites dans les éclipses prochaines. Aussi plusieurs astronomes n'hésitèrent pas à se transporter dans des lieux même éloignés, où une éclipse totale pourrait être observée. C'est ce que fit M. Antoine d'Abbadie, qui se rendit à Friedrickwœrn, en Norwège, pour l'éclipse du 28 juillet 1851. Celle du 18 juillet 1860 fut observée en Espagne par le P. Secchi et par l'astronome anglais M. Waren de la Rue, qui réussirent à en prendre une photographie. Ils consta-

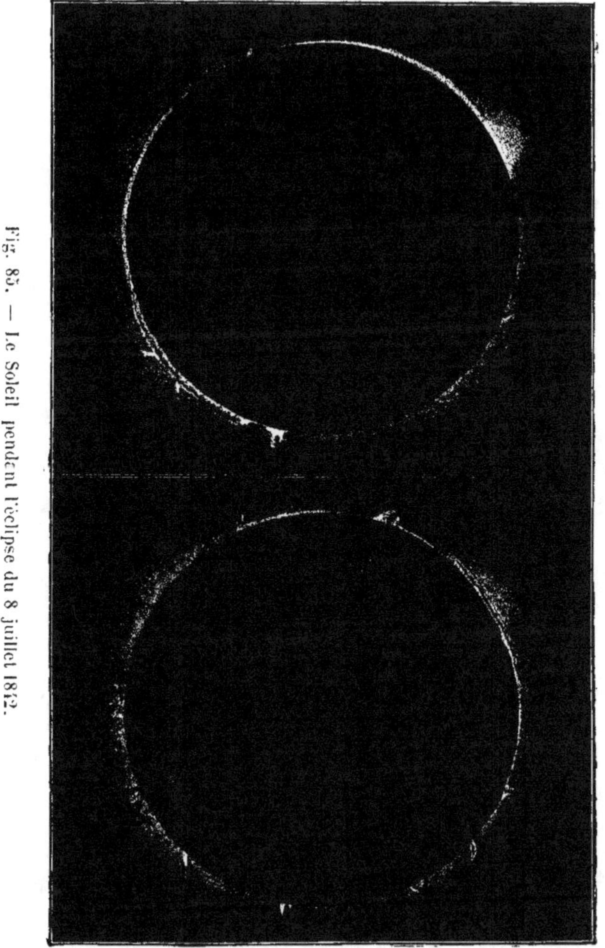

Fig. 85. — Le Soleil pendant l'éclipse du 8 juillet 1842.

tèrent que le Soleil, observé directement à la lunette pendant l'éclipse, apparaissait entouré d'un grand nombre de protubérances lumineuses ; l'une d'elles montrait une étendue angulaire de trois minutes, ce qui fait une hauteur réelle égale à dix fois le diamètre terrestre, ou 32 000 lieues.

La nature de ces flammes restait toujours inconnue; mais on touchait au moment où l'on allait pénétrer ce mystère, grâce à une merveilleuse découverte qui venait d'être faite. Nous ne pouvons qu'en donner une idée seulement par les explications suivantes.

On sait, depuis Newton, que la lumière blanche du Soleil, après avoir traversé un prisme triangulaire de verre, forme au delà une image allongée, présentant en bandes parallèles toutes les nuances de l'arc-en-ciel (fig. 86). On y distingue sept couleurs principales dans l'ordre suivant:

Violet, indigo, bleu, vert, jaune, orangé, rouge.

Cette image est nommée *spectre solaire*. Pour l'obtenir avec net-

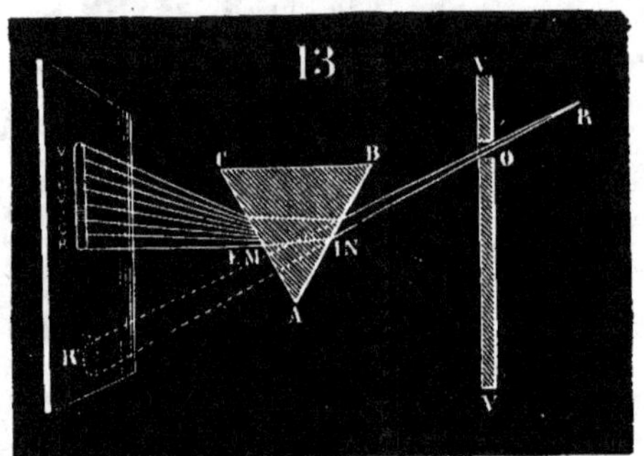

Fig. 86. — Décomposition de la lumière par le prisme.

teté, on fait arriver les rayons solaires dans une chambre obscure, par un petit trou pratiqué dans le volet.

En 1802, l'anglais Wollaston remarqua dans le spectre des espaces sombres. Plus tard, en 1815, Frauenhofer à Munich y reconnut une multitude de raies obscures, parallèles aux bandes colorées, ce qui montrait que les rayons qui seraient tombés sur la place occupée par une de ces raies avaient été arrêtés en chemin. Plusieurs savants, en France et à l'étranger, en firent l'objet de leurs études, en s'aidant d'un instrument plus ou moins perfectionné, qui est nommé *spectroscope.*

Réduit à sa plus grande simplicité, cet appareil se compose d'un prisme de verre triangulaire P (fig. 87), où la lumière entrant par une fente dans la lunette C pénètre dans le prisme et en sort en prenant la direction de l'axe de la lunette F.

En mettant l'œil à cette lunette, on voit le spectre sur la ligne de l'axe. La pièce *m* est un micromètre, c'est-à-dire une échelle divisée, dont l'image se montre aussi sur la direction de cet axe et permet de mesurer les diverses parties du spectre.

Les travaux de ces savants sur les spectres produits par diverses lumières autres que celle du Soleil préparèrent les voies, qui en 1860 amenèrent deux professeurs de l'Université d'Heidelberg, MM. Kirchhoff et Bunsen, à la découverte de ce qu'on a appelé l'*analyse spectrale*. Voici le résumé très succinct des résultats qu'ils obtinrent.

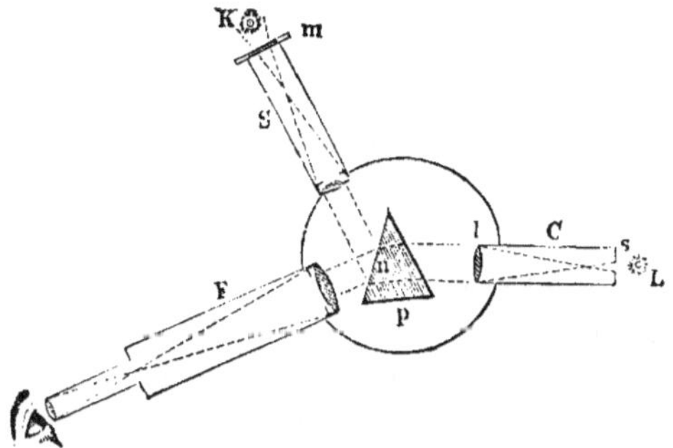

Fig. 87. — Spectroscope.

La lumière envoyée par un corps solide ou liquide incandescent, ou même par un gaz soumis à une grande pression, donne un spectre continu, semblable au spectre solaire, avec cette différence qu'il n'a aucune raie noire. On obtiendrait cette lumière, par exemple, avec un fil de platine chauffé au rouge par un courant électrique, ou avec un morceau de chaux ou de craie placé dans la flamme ardente d'un mélange d'oxygène et d'hydrogène en combustion.

Si la lumière émane d'un gaz ou d'une vapeur, le spectre qu'elle fournit est formé de raies brillantes sur un fond sombre, correspondant à certaines raies noires situées dans la même couleur du spectre solaire ; la couleur et la position de ces raies restent les mêmes pour une même substance, mais elles varient avec des subtances différentes.

Par exemple, le sel marin contient un métal nommé *sodium*. Or, si l'on introduit quelques gouttes d'eau salée dans une lampe à alcool, le spectre de la flamme apparaît comme un fond obscur traversé par une raie brillante, jaune, correspondant à la place occupée par la raie noire marquée **D** dans le spectre solaire. D'autres métaux fourniraient un spectre analogue, ayant des raies brillantes différentes. Le spectre de la flamme de l'hydrogène incandescent est caractérisé par trois raies, une rouge, la seconde verte et la troisième indigo, correspondant à trois mêmes raies noires du spectre solaire.

Or, si entre l'œil et la lumière qui donne un spectre continu, comme celle du platine ou de la chaux à l'état incandescent, on place la flamme de la lampe à alcool contenant du sodium, le spectre de la première lumière n'est plus continu et se montre coupé par une raie noire, correspondant à la raie jaune que présentait le spectre du sodium. Ce métal en vapeur a arrêté au passage, a absorbé les rayons lumineux qu'il fournirait lui-même.

De ces expériences on conclut que la raie noire du spectre solaire, correspondant à la raie jaune du sodium, provient de la présence de ce métal dans la chromosphère, c'est-à-dire dans l'enveloppe gazeuse qui entoure la photosphère centrale, et d'où nous viennent les rayons de lumière et de chaleur. Les raies noires du spectre solaire, qui correspondent aux raies brillantes du spectre de l'hydrogène, montrent qu'il y a de l'hydrogène dans la chromosphère. C'est ainsi qu'on a reconnu dans le Soleil la présence de l'hydrogène et de la plupart des métaux, excepté toutefois l'or, l'argent et le platine.

Nous devons nous borner à ce léger aperçu de ces nouveaux procédés d'analyse si délicats ; ajoutons seulement qu'ils ont été appliqués à la lumière des étoiles et même des nébuleuses. La lumière de ces astres, situés à des distances incalculables, vient pour ainsi dire écrire sous nos yeux les noms des substances dont ils sont composés.

L'éclipse totale du 18 août 1868, qui devait être visible aux Indes, fournit l'occasion de mettre à profit les merveilleuses ressources de l'analyse spectrale. Parmi les savants qui se transportèrent dans ces pays lointains pour l'observer, nous citerons seulement nos compatriotes M. Janssen, qui s'établit à Guntoor dans l'Inde anglaise, et M. Rayet, dans la presqu'île de Malacca. Les protubérances solaires se montrèrent dans tout leur éclat, et les observations qui furent faites pendant les quelques minutes que dura la totalité de l'éclipse prouvèrent que ces protubérances ne sont que des jets d'hydrogène s'élevant à d'immenses hauteurs, par de véritables éruptions, de la chromosphère, et que cette enveloppe extérieure est elle-même composée de ce gaz en très grande partie.

M. Janssen alla plus loin. Les raies qu'il avait observées brillaient d'un si vif éclat, qu'il pensa qu'il serait possible de les voir en plein jour avec le spectroscope. Des nuages l'empêchèrent de tenter l'expérience aussitôt après l'éclipse ; mais le lendemain, grâce à la pureté du ciel, il vit toutes ses espérances réalisées. Désormais on peut observer les protubérances solaires en tout temps et non pas seulement à la faveur d'une éclipse. Il n'est point inutile d'ajouter que la lumière ne pénétrant dans le spectroscope que par une fente plus ou moins étroite, on ne voit pas la protubérance dans toute son étendue à la fois, mais tranche par tranche, successivement, à mesure qu'on déplace peu à peu l'instrument.

Par une coïncidence singulière, un astronome anglais, M. Lockyer, sans savoir ce qui venait d'être trouvé aux Indes, faisait la même découverte en Angleterre. Sa communication arriva à Paris en même temps que la lettre de M. Janssen ; elles furent lues l'une et l'autre le même jour à l'Académie des sciences.

Les éclipses totales de Soleil n'en présentent pas moins d'intérêt et d'utilité pour l'étude de cet astre. Or, une éclipse, visible seulement dans le sud de l'Europe et en Algérie, devait se produire le 22 décembre 1870, par conséquent dans des circonstances bien difficiles et bien douloureuses pour nous. Paris était cerné par l'armée allemande, et on ne pouvait songer à demander à nos ennemis la moindre faveur, même au nom de la science. Désireux cependant de ne pas laisser passer cette occasion d'ajouter de nouvelles observations aux précédentes, M. Janssen n'hésita pas à s'offrir à l'Académie des sciences pour sortir de Paris en ballon et se transporter ensuite à Oran, dont la position avait été reconnue comme très favorable à l'observation d'un phénomène qui devait durer deux minutes. Une si généreuse proposition fut agréée avec empressement par l'Académie et par le Gouvernement, et le 2 décembre, à 6 heures du matin, le courageux savant partit de la gare du chemin de fer d'Orléans, dans le ballon *le Volta*, accompagné d'un matelot et emportant avec lui ses instruments démontés et emballés dans plusieurs caisses. A 11 heures et demie, il descendait heureusement à terre, près de Savenay, non loin de l'embouchure de la Loire.

Arrivé de Marseille à Oran le 10 décembre, il prit toutes ses dispositions pour installer ses instruments et instruire les observateurs qui devaient l'aider. Hélas! les dangers qu'il avait courus, les préparatifs qu'il avait faits, furent en pure perte. Un temps exceptionnellement mauvais lui cacha le Soleil et lui fit éprouver à Oran le sort que l'astronome Le Gentil avait eu aux Indes, un siècle auparavant, pour le passage de Vénus.

Depuis cette époque, M. Janssen a poursuivi ses études sur la constitution du Soleil; il s'est attaché particulièrement à savoir si l'oxygène entre dans la masse de cet astre. Des observations nombreuses qu'il a faites à l'observatoire de Meudon et à diverses hauteurs et qu'il vient de répéter au sommet du Mont Blanc (août 1890), il est arrivé à conclure que rien ne décèle la présence de l'oxygène dans le Soleil, tandis que l'hydrogène s'y trouve en abondance.

CHAPITRE XI

Les astronomes nous annoncent d'avance les éclipses qui doivent avoir lieu dans des années suivantes ; ils déterminent par leurs calculs, avec une étonnante précision, le commencement et la fin du phénomène, et la portion de la surface de la Terre pour laquelle l'éclipse de Soleil sera visible. C'est vraiment là, aux yeux du public, le triomphe de la science astronomique et l'éclatante confirmation de ses théories. Les anciens, malgré le peu d'étendue de leurs connaissances, ont pu prédire aussi quelques éclipses, et cependant ils n'avaient aucune notion vraie des distances qui séparent les astres, de la route qu'ils suivent dans l'espace, des lois de leurs mouvements. Comment donc y parvenaient-ils ?

Après avoir observé et noté une longue suite d'éclipses, les astronomes chaldéens avaient fini par découvrir qu'au bout de 223 lunaisons, ce qui fait 18 ans 11 jours, les éclipses reviennent dans le même ordre et avec les mêmes intervalles, pendant le même temps. Cette période, qu'ils nommaient *Saros*, comprend 70 éclipses, dont 41 de Soleil et 29 de Lune. Mais elle n'a pas une exactitude suffisante pour que ses indications soient exemptes de toute incertitude. Elle a un autre défaut ; c'est que, tout en annonçant qu'une éclipse de Soleil arrivera à une certaine époque, elle ne peut fournir aucun moyen de connaître les lieux dans lesquels le phénomène sera visible et l'heure du commencement et de la fin. Le même inconvénient n'existe pas pour l'éclipse de Lune, puisqu'elle peut être vue par tous ceux qui à ce moment ont cet astre sur leur horizon.

Le nombre des éclipses d'une année peut varier de 2 à 7. Quand il n'y en a que deux, elles sont des éclipses de Soleil ; c'est ce qui arrivera encore trois fois d'ici à la fin du siècle : en 1893, 1897, 1900. Le nombre de sept éclipses est rare [1].

Pendant la période de 18 ans 11 jours, il se produit plus d'éclipses de Soleil que d'éclipses de Lune. On s'en rendra facilement compte à la vue de la figure 78 ; car l'espace conique compris entre le Soleil et la Terre ayant plus de largeur que le cône d'ombre projeté derrière la Terre, la Lune dans son mouvement traversera plus souvent le premier que le second. Mais en un lieu donné on voit moins souvent l'éclipse de Soleil que l'éclipse de Lune. En effet, celle-ci est visible dans tous les lieux de l'hémisphère terrestre pour lesquels la Lune est levée au moment où se produit le phénomène ; au contraire, la portion de la surface terrestre qui est atteinte par l'ombre et par la pénombre de la Lune est toujours peu étendue, comme le montre la figure 80.

Les éclipses totales de Soleil surtout sont très rares pour un lieu donné. De 1890 à la fin du siècle, l'Europe n'en verra que deux : l'une en 1896, qui sera visible en Allemagne, et l'autre en 1900, visible en Espagne. Paris a eu une éclipse totale au xviie siècle, celle de 1654 ; une au xviiie siècle, celle de 1724 ; il n'en aura pas pendant toute la durée du xixe.

La dernière éclipse totale qui a été visible en France est celle du 8 juillet 1842, qui fut seulement partielle à Paris, et totale dans le midi de la France. Elle eut lieu entre 5 et 6 heures du matin et dura 2 minutes 10 secondes. Elle fut observée par Arago, à Perpignan.

Pour compléter ce qui se rapporte aux éclipses, nous emprunterons le passage suivant à l'*Astronomie populaire* de ce savant célèbre.

« Les éclipses de Soleil, calculées suivant les tables astronomiques, peuvent servir à la chronologie, soit pour fixer la date exacte d'un

---

[1] L'année 1891 aura quatre éclipses, deux éclipses de Soleil et deux éclipses de Lune :
    1° Éclipse totale de Lune en partie visible à Paris, le 23 mai ;
    2° Éclipse annulaire de Soleil, visible à Paris comme éclipse partielle ;
    3° Éclipse totale de Lune, visible à Paris, le 15 novembre ;
    4° Éclipse partielle de Soleil, invisible à Paris, le 30 novembre.

En 1892 il y aura aussi quatre éclipses, deux éclipses de Soleil et deux de Lune :
    1° Éclipse totale de Soleil, invisible à Paris, le 26 avril ;
    2° Éclipse partielle de Lune, visible à Paris, le 11 mai ;
    3° Éclipse partielle de Soleil, invisible à Paris, le 20 octobre ;
    4° Éclipse totale de Lune, en partie visible à Paris, le 4 novembre.

événement éloigné caractérisé par ce phénomène, soit pour corriger de fausses indications de ce même événement.

« Ainsi Hérodote raconte que, pendant une bataille engagée entre les Mèdes et les Lydiens, il arriva une éclipse totale de Soleil, qui frappa de terreur les deux armées, ce qui amena un arrangement pacifique entre les deux nations. En quelle année cela arriva-t-il? Pline et Cicéron s'accordent à placer l'événement à une date qui correspond à 585 avant J.-C. Cette date fut adoptée par Riccioli, Newton, etc. Scaliger, en se servant des tables défectueuses de son temps, trouva de son côté, par le calcul, que l'éclipse arriva en 583.

« D'autres, sur des données plus ou moins incertaines, tels qu'Usher, Costard, trouvèrent, le premier l'année 601, le second l'année 630. Enfin, à l'aide des tables les plus modernes et les plus exactes du Soleil et de la Lune, Baily, dans un mémoire imprimé dans les *Transactions philosophiques* de 1811, a prouvé que l'éclipse dont parle Hérodote n'a pu arriver ni antérieurement à 629, ni postérieurement à 525. La date exacte correspondante à une éclipse totale, dans l'Asie-Mineure, où les deux armées ennemies se rencontrèrent, est le 30 septembre 610 avant J.-C. Ainsi se trouve réglé, par un calcul astronomique, un point de l'histoire ancienne, sur lequel les opinions avaient tant varié. »

Les calculs effectués par les astronomes modernes sur les éclipses de l'antiquité ont trouvé de remarquables confirmations dans les inscriptions cunéiformes qui ont été découvertes au milieu des ruines de Ninive. C'est ce que vient de prouver un savant érudit, M. Oppert, dans une communication toute récente faite à l'Académie des sciences (9 novembre 1890), au sujet d'une série d'observations lunaires et planétaires qu'on a réussi à lire sur des tablettes assyriennes déposées au Musée britannique et qui se rapportent aux années 523 et 522 avant l'ère chrétienne. Il a montré une frappante coïncidence entre les indications fournies par ces tablettes sur des éclipses de Lune qui y sont consignées et les résultats que l'astronome français Pingré et l'astronome allemand Oppolzer avaient déduits de leurs calculs relativement à l'heure, à l'étendue et à la durée de ces phénomènes.

LIVRE V

LES PLANÈTES ET LA GRAVITATION UNIVERSELLE

CHAPITRE PREMIER

MOUVEMENTS APPARENTS DES PLANÈTES.

Nous avons déjà dit (Livre I) que certains astres, doués d'un assez grand éclat, se déplacent de jour en jour sur la sphère céleste, au lieu d'y garder la même position et errent ainsi à travers les étoiles : ce sont les *planètes*. Au nombre de huit, les planètes, parmi lesquelles il faut compter la Terre, reçoivent leur lumière du Soleil et tournent autour de lui. Rappelons ici leurs noms avec leurs signes représentatifs, dans l'ordre de leurs distances à l'astre qui les gouverne :

Mercure	Vénus	La Terre	Mars
☿	♀	♁	♂

Jupiter	Saturne	Uranus	Neptune.
♃	♄	♅	♆

Après avoir étudié en détail la Terre qui est notre demeure, nous avons maintenant à faire connaissance complète avec ses sœurs. Examinons d'abord leur marche apparente sur la sphère céleste, en commençant par celle des planètes, qui a toujours attiré le plus vivement les regards, c'est-à-dire par Vénus. Les anciens la nommaient *Vesper*, quand elle se montre le soir après le coucher du Soleil, et *Lucifer*, quand elle apparaît le matin avant le lever de cet astre. Chez nous elle est vulgairement appelée l'étoile du soir et l'étoile du berger.

Vers le 18 février de la présente année (1890), Vénus se couchait en même temps que le Soleil; puis son coucher a retardé d'un jour à l'autre, et elle restait visible le soir, pendant un temps qui est allé en augmentant jusqu'au 24 septembre où on a pu la voir pendant plus de trois heures. Après s'être éloignée ainsi du Soleil du côté de l'orient, elle s'est alors arrêtée pour revenir en arrière et se rapprocher chaque jour du Soleil, jusqu'au 4 décembre où elle se couchait en même temps que lui. A partir de ce moment, on ne l'apercevra plus que le matin avant le lever de l'astre, pendant un temps qui augmentera de jour en jour jusque vers la fin d'avril où elle se trouvera à sa plus grande distance du Soleil vers l'occident. Alors elle s'arrêtera dans cette marche, pour revenir sur ses pas et se rapprocher du Soleil. Elle l'atteindra le 25 septembre où elle se couchera en même temps que lui. Puis elle le dépassera de jour en jour en s'avançant vers l'orient, pour revenir ensuite vers l'occident et continuer indéfiniment ce même mouvement.

La plus grande distance à laquelle elle s'éloigne du Soleil, soit à l'orient, soit à l'occident, est de 48 degrés : cette distance est appelée *digression*. Les deux points extrêmes où elle s'arrête sont ses *stations*. Entre le moment où la planète se trouvait à une station et le moment où elle y revient, l'espace de temps écoulé est de 584 jours.

Le mouvement propre de Mercure présente les mêmes apparences; mais cette planète s'éloigne moins du Soleil et ne va pas dans sa digression au delà de 28 degrés. C'est précisément à cause de son voisinage avec le Soleil qu'elle ne peut pas être aperçue facilement.

Les autres planètes ont une marche différente et moins simple. Examinons par exemple, celle de Jupiter, tracée sur la carte qui est à la page suivante (fig. 88). Au commencement de 1891, il s'avance de jour en jour vers l'orient jusqu'au 10 juillet où il prend une direction contraire et revient vers l'occident. Au 1ᵉʳ novembre il s'arrête de nouveau, marche en sens inverse en reprenant son mouvement vers l'orient. La carte le montre dans les positions où il passe le 1ᵉʳ janvier 1892, le 1ᵉʳ mars, le 15 mai. Au 15 août, il fait une station, après laquelle il revient en arrière du côté de l'occident, jusqu'au 10 décembre où il s'arrête pour reprendre sa marche vers l'orient. A la longue la planète finit par faire le tour complet de la sphère céleste.

Telle est la direction sinueuse que suivent aussi les autres planètes, Mars, Saturne, Uranus et Neptune. Ainsi ces planètes s'éloignent du Soleil à toute distance dans leur marche apparente sur la sphère céleste et peuvent se trouver en un point du ciel complètement opposé à celui qu'occupe cet astre, au lieu que les deux

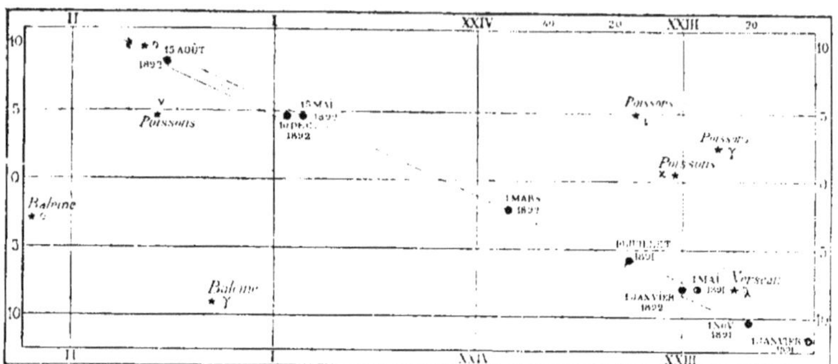

Fig. 88. — Marche apparente de Jupiter pendant les années 1891 et 1892.

autres planètes, Mercure et Vénus, ne s'écartent jamais beaucoup de lui et semblent en quelque sorte placées dans le ciel pour l'accompagner.

Cette différence de marche tient à ce que ces deux dernières planètes sont plus voisines du Soleil que de la Terre et que les autres en sont au contraire plus éloignées. Pour cette raison les anciens nommaient Mercure et Vénus *planètes inférieures* et donnaient aux autres le nom de *planètes supérieures*.

Les positions diverses occupées successivement par une planète sur la sphère céleste sont les unes au nord et les autres au sud de l'écliptique, mais sans sortir toutefois de la zone zodiacale.

CHAPITRE II

Regardant cette marche apparente des planètes comme une réalité, l'astronome Ptolémée, dans le IIe siècle de l'ère chrétienne, admettait que le Soleil et les étoiles tournent aussi, comme les planètes, autour de la Terre, qui reste immobile au centre du monde. Pour expliquer les stations des planètes avec leurs mouvements dirigés tantôt vers l'orient, tantôt vers l'occident, il imaginait un ensemble de cercles particuliers, dont le nombre devait être augmenté, à mesure que la science astronomique faisait quelques lents progrès. Il en résultait une si grande complication qu'au XIIIe siècle le roi de Castille Alphonse X, qui s'occupait plus du royaume des astres que du sien propre, disait que, s'il avait été consulté par Dieu dans la création, le monde aurait été mieux organisé.

Toutes les difficultés disparaissent, si au contraire on fait tourner la Terre avec les autres planètes autour du Soleil, considéré comme immobile.

En effet, représentons par V une des planètes inférieures, Vénus décrivant son orbite VV_1 autour du Soleil S (fig. 89) et par T la Terre que, pour plus de simplicité, nous regarderons comme immobile. En conjonction au point V, entre la Terre et le Soleil, la planète se projette au point P sur la sphère céleste XY. Pendant qu'elle s'avance sur son orbite d'occident en orient, de V en V_1, sa position apparente sur la sphère céleste se meut de P en P_1 vers l'occident, c'est-à-dire d'un mouvement rétrograde. La planète allant ensuite de V_1 en V_2, sa position apparente va de P_1 en P, vers l'orient, d'un mouvement direct qu'elle continue de P en P_3, à mesure que Vénus marche de V_2 en V_3; enfin, pendant que la planète achève sa révolution autour du Soleil de V_3 en V, sa position apparente sur la sphère céleste revient de P_3 en P, d'un mouvement rétrograde. Les deux points P_1 et P_3 sont ses deux *stations*. En V_2, comme en V, la planète est en conjonction ; car il n'y a opposition que lorsque la Terre est entre la planète et le Soleil, ce qui n'arrive jamais pour Vénus et pour Mercure.

La conjonction en V_2 est dite *supérieure* ou *extérieure*, pour la distinguer de la conjonction en V qui est dite *inférieure* ou *intérieure*.

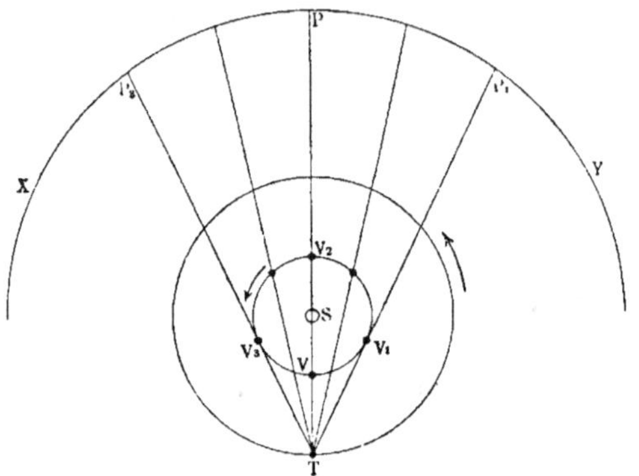

Fig. 89. — Mouvement apparent d'une planète inférieure.

C'est à l'époque de ces deux conjonctions que la planète se couche à peu près en même temps que le Soleil.

Cependant la Terre se déplace aussi sur son orbite ; mais comme elle va plus lentement que Vénus, l'explication précédente n'en est pas altérée ; le seul effet qui en résulte, c'est que le temps qui s'écoule entre une conjonction intérieure et le moment où la planète y revient est plus grand que dans le cas de l'immobilité de la Terre. La même observation s'est déjà présentée dans l'explication des phases de la Lune.

La période comprise entre deux conjonctions intérieures consécutives est nommée *révolution synodique*. On nomme *révolution sidérale* le temps que met la planète pour décrire son orbite autour du Soleil ; on la déduit de la précédente à l'aide du calcul.

Le mouvement apparent d'une planète supérieure, quoique moins simple que celui de Mercure et de Vénus, s'explique de la même ma-

nière. Il faut seulement regarder la planète comme immobile et faire
marcher la Terre sur son orbite ; car c'est la Terre qui, étant plus
près du Soleil, a la plus grande vitesse.

Soit donc M la planète Mars, supposée immobile sur son orbite,
et T la Terre (fig. 90). A ce moment la planète en opposition se montre
au point P sur la sphère céleste. A mesure que la Terre s'avance

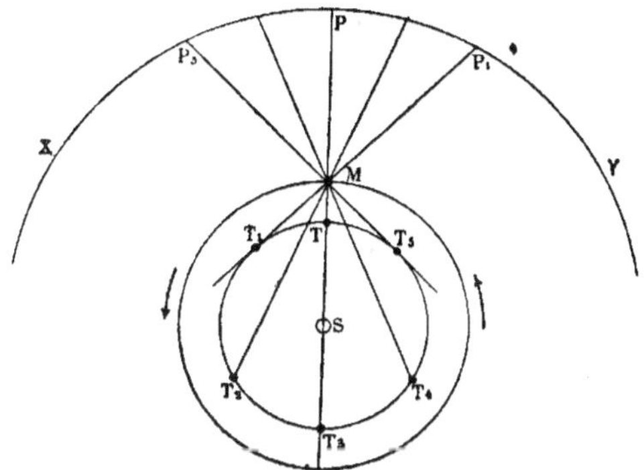

Fig. 90. — Mouvement apparent d'une planète supérieure.

dans le sens de la flèche, de l'opposition T en T₁, puis en T₂ et à
la conjonction T₃, la position apparente de la planète se transporte
de P en P₁ vers l'occident et après une station elle revient en P vers
l'orient, pour continuer ensuite sa marche de la même manière. Pour
le comprendre, il n'y a qu'à suivre le déplacement de la droite menée
de la Terre par Mars jusqu'à la sphère céleste. C'est à l'époque de la
conjonction que la planète se couche en même temps que le Soleil ;
elle est alors invisible.

CHAPITRE III

LES LOIS DE KÉPLER.

Copernic, né en 1473 à Thorn dans la partie de la Pologne aujourd'hui prussienne, avait étudié la médecine et la théologie ; mais il s'était adonné aussi à l'astronomie, surtout pendant son séjour en Italie, à Bologne et à Rome. Rentré dans son pays, il fut ordonné prêtre à Cracovie, et plus tard nommé chanoine de la petite ville de Frauenbourg, située sur les bords de la Vistule. C'est là qu'il passa paisiblement le reste de sa vie, sachant donner des soins gratuits aux malades, au milieu de l'accomplissement des devoirs de son canonicat et consacrant la plus grande partie de son temps à composer son grand ouvrage *Sur les révolutions des globes célestes*, où il expose et développe, en un corps de doctrine, l'idée du mouvement de la Terre déjà entrevue et énoncée avant lui. Il hésita longtemps à le publier ; mais il céda aux instances de ses amis, surtout du cardinal Schomberg et de l'évêque de Kulm. Le livre fut imprimé avec une dédicace au pape Paul III ; mais Copernic n'en toucha le premier exemplaire que peu de jours avant sa mort arrivée le 23 mai 1543.

Trois ans après naissait en Danemark Tycho-Brahé, que ses goûts prononcés poussèrent à l'astronomie. Le souverain de ce royaume l'établit, avec tout ce qui lui était nécessaire, dans une petite île près de Copenhague, où il fit pendant plusieurs années de nombreuses et importantes observations. Délaissé après la mort de son protecteur et tracassé par la jalousie de ses ennemis, il fut obligé d'abandonner son observatoire et il se retira à Prague, où il mourut en 1600. Il avait proposé un système intermédiaire entre celui de Copernic et celui de Ptolémée. Il crut tout concilier en admettant que les planètes tournent autour du Soleil et qu'en même temps le Soleil et la Lune tournent autour de la Terre, qui reste ainsi le centre immobile du monde. Les observations astronomiques de Tycho-Brahé valaient mieux que son système ; elles furent la source d'où Képler tira les lois des mouvements planétaires.

Venu au monde dans le Wurtemberg, vingt-cinq ans après l'astronome danois, Jean Képler passa une enfance fort négligée, à cause de la gêne et de l'incurie de ses parents. Ayant eu le bonheur d'être

Fig. 91. — Képler.

admis à l'école gratuite de Maulbronn, il entra ensuite à l'université de Tubingue. Il en sortit pour aller enseigner les mathématiques au collège de Gratz, en Styrie, avec la charge de rédiger aussi un almanach, dans lequel il insérait des prédictions astrologiques pour en augmenter la vente, ce qu'il fit, du reste, pendant toute sa vie. Les dissensions religieuses l'ayant forcé de quitter le pays cinq ans après, à cause de sa qualité de protestant, il se rendit à Prague auprès de Tycho-Brahé, qui désirait se l'attacher pour l'achèvement de ses travaux : celui-ci ne tarda pas à mourir, laissant tous ses manuscrits à la disposition de Képler. Képler obtint alors le titre d'astronome de l'empereur d'Allemagne. Ce qui était non moins précieux pour lui, c'est que l'astronome danois lui avait laissé en héritage la libre disposition de tous ses manuscrits.

A l'aide de ces richesses scientifiques, il se mit à étudier les mouvements de la planète Mars. Au bout de neuf ans de recherches laborieuses, il trouva d'abord qu'en tournant autour du Soleil elle a une

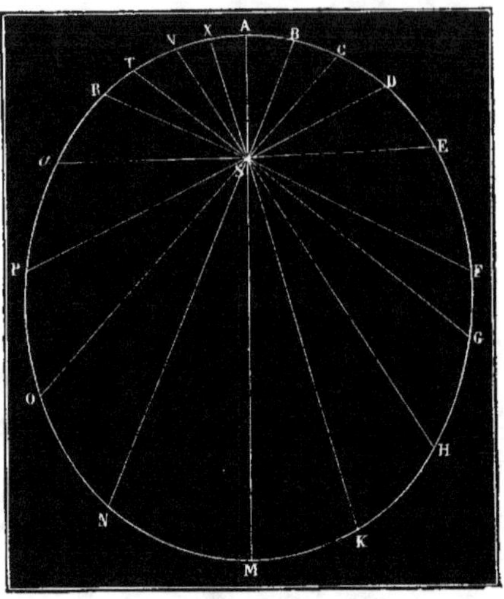

Fig. 92. — Lois des aires dans le mouvement des planètes autour du Soleil.

vitesse variable, qui est maximum au périhélie et minimum à l'aphélie; il reconnut ensuite qu'elle ne suit pas une orbite circulaire, mais elliptique, et enfin il vit que les autres planètes marchent d'après les mêmes lois. Voici l'énoncé de ces deux premières lois :

1° *Les planètes décrivent autour du Soleil des ellipses différentes ayant un foyer commun, qui est le centre de cet astre ;*

2° *Les aires des secteurs décrits en des temps égaux par le rayon vecteur mené du centre du Soleil au centre de la planète sont égales.*

Par exemple, dans l'ellipse (fig. 92) où un foyer est occupé par le Soleil S, si les arcs EF et MK sont décrits dans des temps égaux, les aires des secteurs ESF et KSM sont égales.

Si on désigne par O le milieu du grand axe AM, la moitié OA du grand axe AM est la distance moyenne de la planète au Soleil.

Persuadé que les mouvements planétaires ne pouvaient pas être indépendants les uns des autres, il entreprit de chercher la relation qui existe entre eux. Au milieu des conceptions bizarres où son imagination mystique l'égarait, il finit par atteindre son but.

« Si vous voulez savoir le moment précis de cette découverte, dit-il dans son ouvrage des *Harmonies du Monde*, ce fut le 18 mars 1618 ; mais l'ayant mal appliquée, je la rejetai comme fausse. J'y revins le 15 mai avec un nouvel effort, et les ténèbres de mon esprit se dissipèrent. Tant d'épreuves répétées, dix-sept ans de travail sur les observations, une longue méditation amenèrent le succès. Je croyais rêver ; mais il est très vrai et très exact que la proportion entre les temps périodiques de deux planètes est précisément sesquialtère de la proportion de leurs moyennes distances. »

En langage plus clair, cette troisième loi s'énonce ainsi : *Les carrés des temps des révolutions sidérales de deux planètes sont proportionnels aux cubes des demi-grands axes de leurs orbites.*

Telles sont ces trois grandes lois qui forment la base solide de l'astronomie moderne. Képler en a compris toute l'importance ; car il ressent de leur découverte une joie si vive que, pour exprimer sa reconnaissance envers Dieu, il a besoin d'emprunter les paroles de l'Ecriture. « La sagesse du Seigneur est infinie, s'écrie-t-il, ainsi que sa gloire et sa puissance. Cieux ! chantez ses louanges ! Soleil, Lune et planètes, glorifiez-le dans votre ineffable langage ! Harmonies célestes, et vous tous qui savez les comprendre, louez-le. Et toi, mon âme, loue ton Créateur ! »

La science a couronné Képler d'une gloire immortelle ; mais elle ne l'avait pas protégé de son vivant contre les épreuves et les difficultés matérielles de l'existence. Au milieu des troubles où la guerre de Trente ans mettait l'Allemagne, les sommes auxquelles il avait droit en sa qualité d'astronome de l'empereur ne lui avaient été que très incomplètement payées. Sans autre ressource pour subvenir aux besoins d'une nombreuse famille, il se rendit à Ratisbonne pour faire entendre ses réclamations, à la diète réunie dans cette ville ; mais il y mourut en 1630, à l'âge de cinquante-neuf ans.

CHAPITRE IV

LA GRAVITATION UNIVERSELLE.

Après la grande découverte de Képler, il restait encore à trouver le secret de cette merveilleuse mécanique du monde. La chute des corps vers la Terre avait de tout temps fixé l'attention ; elle avait même suggéré à quelques philosophes de l'antiquité l'idée d'une puissance attractive. Ce germe se conserva sans se développer, et il ne grandit qu'avec l'essor que prit l'astronomie au xvi° siècle.

L'idée d'une attraction entre les corps célestes se présenta à Copernic. « La pesanteur, dit-il, n'est autre chose qu'une certaine appétence naturelle, dont le divin architecte de l'univers a doué les parties de la matière, afin qu'elles se réunissent sous la forme d'un globe. Cette propriété appartient sans doute aussi au Soleil, à la Lune et aux planètes; c'est à elle que ces astres doivent leur forme sphérique, ainsi que leurs mouvements divers. »

Képler alla plus loin, en cherchant la cause des mouvements planétaires. Il entrevit le grand principe de l'*inertie*, c'est-à-dire que tout corps, sous l'impulsion d'une force, tend à marcher en ligne droite; par suite, pour qu'une planète suive son orbite courbe, il faut qu'elle soit conduite par une force qui réside dans le Soleil. Plusieurs savants s'occupèrent aussi de cette question dans le cours du xvii° siècle; elle semblait donc préparée pour être résolue : la gloire en revient à l'illustre Newton[1].

---

[1] Isaac Newton naquit à Woolstrop dans le comté de Lincoln, en Angleterre, en 1642, l'année même où mourait Galilée. Il était jeune encore, quand il fit ses plus grandes découvertes mathématiques. Il fut admis à trente ans à la Société royale de Londres, puis nommé pour représenter l'Université de Cambridge au Parlement. Il eut à soutenir des luttes pour défendre ses théories, et ses dernières années furent troublées par des discussions violentes avec le philosophe allemand Leibnitz, au sujet de la découverte du calcul infinitésimal. Il paraît que, vers l'âge de cinquante ans, sa raison subit une altération, qui toutefois ne dura pas longtemps. Il mourut en 1727, âgé de quatre-vingt-cinq ans, comblé d'honneurs.

Il se trouvait depuis quelques années à l'Université de Cambridge, où il s'était déjà fait remarquer par des travaux de mathématiques, lorsque l'invasion de la peste, en 1666, força les écoliers à se disperser. Agé alors de vingt-quatre ans, il se retira dans un petit domaine à Woolstrop, son pays natal : il y passa deux ans.

« C'est là, dit-on, qu'il osa pour la première fois chercher à

Fig. 93. — Newton.

mesurer les forces qui gouvernent et entretiennent le mouvement des corps célestes.

« La curiosité de Newton, aiguisée par l'étude et la méditation, n'avait pu manquer de rencontrer ce grand problème, et s'il faut même en croire une tradition fort vraisemblable, *il y pensait toujours*. Assis un jour dans son jardin, il vit une pomme se détacher de l'arbre qui la portait et tomber à terre à ses pieds. Cet incident banal conduisant ses pensées dans la voie qui leur était familière; il se demanda la cause, à jamais cachée sans doute, de la puissance mystérieuse qui précipite tous les corps vers le centre de notre Terre. Mais cette force, quelle qu'en soit la nature, a-t-elle des limites? Elle agit sur les plus hautes montagnes ; s'exercerait-elle à une hauteur dix, cent, mille fois plus grande? S'étend-elle jusqu'à la Lune? » (J. Bertrand. — *Les Fondateurs de l'Astronomie moderne.*)

C'est ce qui parut probable à Newton ; il s'agissait d'en avoir la certitude. En analysant les lois de Képler, il en déduisit ces importantes conséquences, c'est que le mouvement des planètes autour du Soleil est dû à deux forces : la première, une impulsion qui, une fois donnée, ferait marcher toujours la planète en ligne droite, d'après le principe de l'inertie ; la seconde, une force d'attraction exercée par le Soleil et variant en raison inverse du carré de la distance entre le Soleil et la planète.

Sachant par les expériences de Galilée qu'à la surface de la Terre un corps en tombant parcourt 15 pieds environ ($4^m,90$), abstraction faite de la résistance de l'air, il entreprit de calculer l'espace dont la Lune tomberait vers la Terre dans la première seconde de la chute, si elle obéissait à l'attraction seule de la pesanteur terrestre. Mais, ayant employé dans ses calculs une valeur inexacte pour la longueur du rayon de la Terre, il arriva à un résultat bien différent de ce qu'il attendait. Ce fut une grande déception, par suite de laquelle il sembla abandonner son problème. Plusieurs années après, en 1682, ayant eu connaissance de la valeur que Picard avait trouvée en France pour le rayon de la Terre, il recommença ses calculs et ce ne fut pas sans éprouver une véritable émotion qu'il reconnut que c'était la pesanteur de la Terre qui agissait sur la Lune, de la même manière que l'attraction du Soleil agit sur les planètes. Cette attraction est contre-balancée par une réaction égale et contraire, comme celle qui tient tendue la corde d'une fronde en mouvement et qui s'appelle *force centrifuge*.

Or l'attraction du Soleil sur les planètes est réciproque, c'est-à-dire que le Soleil attirant les planètes est attiré par elles, mais beaucoup plus faiblement et que la Lune attirée par la Terre attire aussi la Terre.

De là Newton déduisit le grand principe de la gravitation universelle : *Chaque molécule de matière attire toutes les autres, proportion-*

nellement à sa masse et en raison inverse du carré de la distance à la molécule attirée.

Ce n'est pas là une simple hypothèse, appuyée de l'autorité d'un grand nom. Ce principe se trouve confirmé par toutes les applications qu'on en fait pour rendre compte, avec une surprenante précision, des diverses circonstances qui se présentent dans les mouvements des corps célestes, connus sous le nom de *perturbations*. En effet le mouvement réel d'une planète ne peut pas être le même que si elle n'était attirée que par le Soleil. Sous l'influence de cette seule attraction, sa marche serait rigoureusement conforme aux lois de Képler; mais l'attraction qu'elle subit de la part des planètes voisines l'écarte plus ou moins de l'ellipse théorique, et fait qu'à un moment donné la position de la planète n'est pas celle qu'elle aurait occupée sans cette influence. Les astronomes parviennent à déterminer ces écarts, ces perturbations, d'après le principe de l'attraction universelle, en connaissant la masse et la distance de la planète perturbatrice.

La théorie que Newton avait exposée dans son grand ouvrage des *Principes mathématiques de la philosophie naturelle*, ne tarda pas à être acceptée en Angleterre ; mais elle ne trouva pas le même accueil chez les savants du continent, et deux des plus illustres, Huygens[1] en Hollande et Leibnitz[2] en Allemagne, qui semblaient mieux préparés que les autres pour la comprendre, la rejetèrent presque sans examen. En France elle reçut de grands éclaircissements et de grands développements par les travaux des géomètres de la deuxième moitié du xviiie siècle ; mais c'est l'illustre Laplace qui lui donna pour ainsi dire son couronnement, dans son admirable ouvrage du *Traité de la Mécanique céleste*. Ce grand mathématicien mourut en 1827, juste cent ans après Newton.

Le livre des *Principes mathématiques*, dont la lecture est loin d'être attrayante, fut traduit du latin en français [par une femme, la

---

[1] HUYGENS, fils d'un ministre du prince d'Orange, était né à La Haye en 1629. Il se fit remarquer par de savants travaux de mathématiques et d'astronomie. Ce fut lui qui appliqua le mouvement du pendule à la marche des horloges. Il fut appelé à Paris par Louis XIV, qui avait espéré le retenir en France. Rentré dans son pays, il mourut à La Haye en 1695.

[2] LEIBNITZ, né à Leipsick en 1646, se rendit célèbre surtout par ses travaux de philosophie et de mathématiques; il s'occupa aussi de théologie et d'histoire. Il passa quelques années à Paris, puis à Londres. Revenu en Allemagne il détermina le roi de Prusse à fonder une académie dont il fut le président. Il mourut à Hanovre en 1716.

marquise Du Chastelet, au milieu du dernier siècle. La poésie chez
nous voulut aussi rendre hommage à l'illustre Anglais. Voltaire écrivit
à la marquise une épître dont on connaît surtout ces vers :

> « Confidents du Très-Haut, substances éternelles,
> Qui brûlez de vos feux, qui couvrez de vos ailes,
> Le trône où votre Maître est assis parmi vous,
> Parlez : du grand Newton n'étiez-vous point jaloux ? »

Plus tard, un poète moins célèbre, mais non sans mérite, Roucher,
qui périt sur l'échafaud pendant le règne de la Terreur, avait consa-
cré à la gloire de Newton dans son poème des *Mois* le passage suivant,
où Képler aurait bien le droit de revendiquer quelque chose pour
lui :

> « Toi l'orgueil d'Albion, toi par qui fut tracée
> L'éternelle carrière où, de feux couronnés,
> Roulent ces rois des airs, l'un par l'autre entraînés,
> Newton, placé si loin de la faiblesse humaine,
> Toi seul as pu des cieux sonder tout le domaine !
> Par de folles erreurs les mortels, avant toi,
> Avaient de l'Univers défiguré la loi.
> Tu parais et soudain tous les cieux t'appartiennent ;
> Les mondes à ta voix s'éloignent et reviennent,
> Vers un centre commun sans relâche emportés,
> De ce centre commun sans relâche écartés.
> Que ton système est vaste et simple tout ensemble !
> Ta haute intelligence y combine, y rassemble
> Tout ce que l'Empyrée étale de grandeurs.
> Lui, qui n'était jadis qu'un chaos de splendeurs,
> Est maintenant semblable à ces sages royaumes,
> Où suffit une loi pour régir tous les hommes.
> L'attraction : voilà la loi de l'Univers.
> Ces globes voyageurs, dans leurs détours divers,
> Sans jamais se heurter, se traversent sans cesse ;
> A tes savants calculs tu soumis leur vitesse. »

CHAPITRE V

LA THÉORIE COSMOGONIQUE DE LAPLACE ET LE RÉCIT BIBLIQUE
DE LA CRÉATION.

En voyant la constante harmonie avec laquelle les planètes obéissent si docilement à la puissance de l'astre radieux dont elles reçoivent la lumière, comme les enfants reçoivent de leur père la nourriture, nous sommes portés à adresser une autre question à ces hommes savants qui nous ont enseigné les lois des mouvements planétaires et révélé cette mystérieuse puissance de l'attraction universelle. Ces corps n'auraient-ils pas une origine commune? Ne seraient-ils pas comme les membres d'une même famille?

Laplace, qui a eu la gloire de perfectionner l'œuvre de Newton, n'a pas laissé cette question sans réponse. Il a établi au sujet de la formation de notre système solaire, une théorie qui conserve encore aujourd'hui la faveur avec laquelle elle fut d'abord accueillie. Nous en présentons ici le résumé, en y introduisant quelques idées émises par des astronomes contemporains.

A l'origine, la matière qui compose la Terre, les autres planètes, leurs satellites et le Soleil lui-même, était répandue dans tout l'espace qu'occupent actuellement ces astres, constituant une seule et immense masse gazeuse dont le rayon mesurait plus d'un milliard de lieues. D'une ténuité extrême primitivement, cette nébuleuse réduisit peu à peu son volume. La loi d'attraction à laquelle elle était soumise eut pour résultat de grouper ses atomes de façon à former des molécules. Ces mouvements locaux et désordonnés entraînèrent vraisemblablement la rotation qui s'effectua de l'ouest à l'est.

Tout d'abord la rotation dut être d'une lenteur extrême; mais le mouvement alla en s'accélérant, avec la condensation de la nébuleuse.

Les molécules situées à la périphérie de l'immense sphère gazeuse tendaient en effet à gagner le centre, où elles rencontraient d'autres molécules animées d'une vitesse beaucoup moindre. Elles communiquaient à ces dernières une partie de leur vitesse originelle, ce qui devait naturellement produire, à la longue, un accroissement sensible du mouvement rotatoire de la nébuleuse totale.

Mais à mesure que ce mouvement s'accélérait, la force centrifuge ou de projection augmentait, comme on le voit par l'exemple vulgaire de la fronde, et il dut arriver un moment où la force centrifuge l'emporta sur la force centripète, qui jusque-là maintenait l'union de la masse totale. C'est à la périphérie de l'immense sphère que ce phénomène s'est produit tout d'abord, puisque, vu l'éloignement du centre, c'est là que l'attraction était la plus faible. Des lambeaux de matière gazeuse extrêmement ténue se sont détachés à divers intervalles. Le mouvement de rotation dont ils étaient animés, pendant qu'ils faisaient partie de la nébuleuse génératrice, s'est continué avec un mouvement de translation autour de la masse centrale, provenant d'une impulsion primitive. Peu à peu leurs éléments gazeux se sont condensés, obéissant aux mêmes lois et traversant les mêmes phases que sur la nébuleuse mère, mais en un temps d'autant plus court que la masse était moindre.

Le seul rapprochement des molécules a donné lieu au développement d'une chaleur intense, qui a dû faire de ces nébuleuses partielles autant d'astres incandescents, qui ont été, chacun à leur tour, autant de foyers de lumière. A l'état gazeux a succédé l'état liquide, et à celui-ci l'état solide, qui a définitivement constitué la planète. Avec le temps la surface, sinon la masse totale de l'astre, s'est refroidie et la vie a pu y prendre naissance.

Mais auparavant ces astres secondaires, encore gazeux, ont pour la plupart abandonné dans l'espace des lambeaux de matière cosmique, qui, en se condensant eux-mêmes, sont devenus nos satellites. Quoique les derniers-nés en quelque sorte de notre système solaire, ces astres de troisième ordre n'en sont pas moins, en raison de leur petitesse relative, plus avancés qu'aucun autre dans la série des transformations que tout corps céleste est appelé, semble-t-il, à éprouver. Non seulement ils ont cessé d'être lumineux par eux-mêmes, non seulement leur solidification est aujourd'hui complète, mais ils n'ont plus ni atmosphère, ni eaux liquides. C'est du moins ce que l'on constate à la surface de notre Lune, l'unique satellite qui soit un peu accessible à nos observations.

Pendant que planètes et satellites parcouraient ces phases diverses, indices de celles qui attendent l'astre central, la nébuleuse génératrice continuait de son côté, avec une extrême lenteur, la série de ses transformations séculaires. Un immense foyer de chaleur, résultat de la condensation, se produisait au centre et lançait dans l'espace des rayons étincelants. Dès lors le Soleil était constitué, et avec lui le système planétaire.

Telle est en résumé l'origine probable de notre monde solaire et sans doute aussi du reste de l'univers, c'est-à-dire de l'immense multitude d'astres qui peuplent l'espace [1].

Rien dans cette théorie ne contredit le récit biblique ; au contraire, tout y est avec lui dans un accord étonnant. Et d'abord rappelons que dans la Genèse le mot *jour* doit être pris avec un sens tout autre que celui que nous lui donnons dans notre langage usuel ; il désigne ici un temps, une période d'une étendue probablement très considérable, mais absolument indéterminée.

Dans le premier jour s'accomplit la transformation par suite de laquelle la Terre et les autres planètes, avec les satellites, se dégagent de la grande nébuleuse primitive, où tout était comme dans le chaos, pendant que la condensation des éléments au sein de la partie centrale y engendre la chaleur et la lumière. C'est ainsi que se trouve justifié l'écrivain sacré contre les railleries de ceux qui lui reprochaient, avec une orgueilleuse assurance, d'avoir fait créer la lumière longtemps avant le Soleil. Bien plus, comment a-t-il pu avoir la connaissance d'un fait si opposé aux idées vulgaires, si elle ne lui a pas été communiquée par une véritable révélation ?

Pendant la période du deuxième jour, la nébuleuse terrestre continuant à se condenser, la plus grande partie de la masse gazeuse qui la composait passe à l'état liquide et forme même à la surface une croûte pâteuse, pendant que l'autre partie, restant à l'état de vapeur, constitue autour d'elle une atmosphère épaisse. C'est là cette sépara-

---

[1] Nous avons emprunté en partie ce résumé de la théorie de Laplace et les considérations qui suivent à l'article *Cosmogonie* écrit par un savant prêtre de l'Oratoire, M. Hamard, dans le *Dictionnaire apologétique de la foi chrétienne*, de M. l'abbé Jaugey.

ration qui, selon la Genèse, se fit entre les eaux supérieures et les eaux inférieures.

Au troisième jour les eaux se séparent de l'élément aride, c'est-à-dire des portions de la croûte qui ont peut-être éprouvé quelque soulèvement produit par la chaleur interne, et se retirent dans les parties plus basses, où elles forment les mers. C'est alors que se produisit sur les terres émergées une forêt de gigantesques végétaux, au milieu d'une atmosphère chaude et humide, qui leur fournit leurs éléments nutritifs et particulièrement l'acide carbonique ; enfouis au sein de la Terre, ils y formèrent ces vastes bancs de houille qui nous rendent aujourd'hui de si grands services. L'atmosphère ainsi purifiée devint transparente ; alors apparurent visibles pour la Terre les astres lumineux, c'est-à-dire le Soleil, qui, répandant sa lumière dans toutes les directions, faisait de la Lune un flambeau éclatant pour la Terre, et des autres planètes des points lumineux perdus à d'énormes distances. Telle fut l'œuvre du quatrième jour de la création, où les astres brillèrent dans le ciel.

Les explications qui précèdent suffisent pour démontrer tout l'accord qui existe entre le récit biblique de la création et la théorie cosmogonique de la science. Nous n'avons pas à aller plus loin; l'étude des autres transformations qui se produisirent sur la Terre appartient au domaine de la géologie.

CHAPITRE VI

Indiquons d'abord les distances moyennes des planètes au Soleil, en prenant celle de la Terre pour unité, afin de ne pas trop fatiguer la mémoire par des nombres énormes de lieues.

Ces distances sont faciles à retenir à l'aide de la règle suivante nommée *loi de Bode*, du nom d'un astronome allemand qui la fit connaître à la fin du siècle dernier, après qu'elle avait déjà été indiquée, quelques années auparavant, par un autre astronome du même pays, nommé Titius.

Prenant la suite des nombres :

$$0 \quad 3 \quad 6 \quad 12 \quad 24 \quad 48 \quad 96 \quad 192 \quad 384$$

dont chacun à partir du troisième est le double du précédent, on leur ajoute 4, ce qui donne :

$$4 \quad 7 \quad 10 \quad 16 \quad 28 \quad 52 \quad 100 \quad 196 \quad 388.$$

Ces nombres divisés par 10 représentent assez bien les distances des planètes au Soleil, celle de la Terre étant prise pour unité, si l'on omet le cinquième terme ; il faut excepter cependant le dernier, qui donne pour Neptune une valeur trop grande. C'est ce qu'on voit dans le tableau suivant, où les distances exactes sont inscrites dans la deuxième colonne, en regard des nombres fournis par la loi de Bode.

	BODE	EXACTE		BODE	EXACTE		BODE	EXACTE
Mercure.	0,4	0,387	Mars...	1,6	1,523	Saturne.	10	9,539
Vénus...	0,7	0,723	»	2,8		Uranus..	19,6	19,183
La Terre.	1,0	1,00	Jupiter.	5,2	5,203	Neptune.	38,8	30,055

La lacune qui existe au terme 2,8 avait été entrevue par Képler, plus de deux siècles auparavant. En effet, dans son premier ouvrage, le *Mysterium cosmographicum*, qu'il écrivit à vingt-cinq ans, il dit à propos de ses recherches sur les distances et les révolutions planétaires : « Je m'abandonnai à cet égard à une hypothèse singulièrement hardie. Je supposai qu'entre les planètes visibles, il y en avait deux autres invisibles, l'une comprise entre Vénus et Mercure, l'autre entre Mars et Jupiter. »

La seconde partie de cette prévision a été vérifiée en quelque sorte par la découverte d'un grand nombre de petites planètes, visibles seulement au télescope, et dont les distances moyennes au Soleil sont comprises entre les nombres 2 et 4.

La première fut aperçue, le 1er janvier 1801, par un religieux théatin, le P. Piazzi, à l'observatoire que le pape Pie VII lui avait fait construire à Palerme ; la deuxième en 1802 par Olbers, à Brème ;

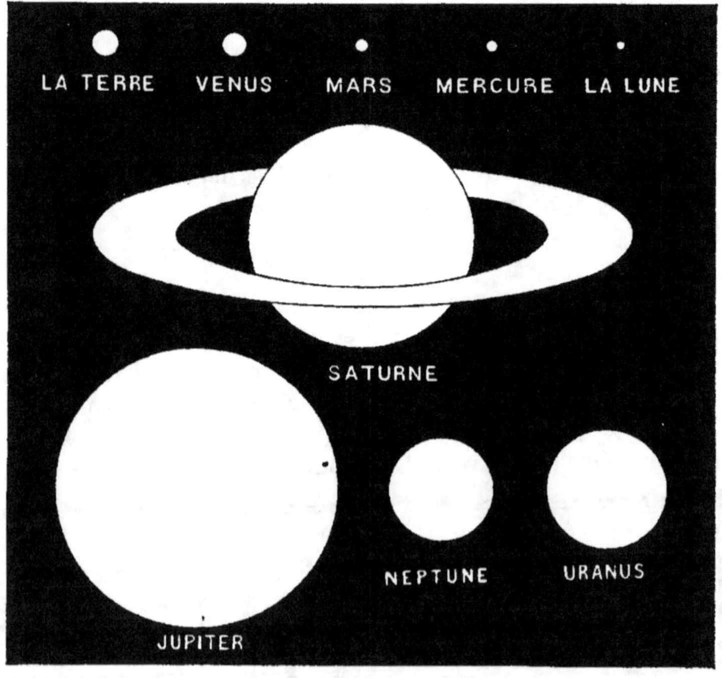

Fig. 94. — Tableau des grosseurs relatives des planètes.

la troisième en 1804 par Harding, à Gœttingue ; la quatrième en 1807 par Olbers, qui avait déjà découvert la deuxième. On resta jusqu'en 1845 sans en voir d'autres. Depuis cette époque, le nombre de ces petites planètes s'est augmenté rapidement ; actuellement (1er décembre 1890) il est de 299. Leurs noms, leurs révolutions sidérales, leurs distances exactes au Soleil ne peuvent présenter un intérêt réel qu'aux astronomes.

Nous n'en parlerons donc pas davantage, après avoir ajouté cependant que, d'après les calculs de Le Verrier, leur masse totale ne peut dépasser le quart de la masse de la Terre.

Les six premières planètes, Mercure, Vénus, la Terre, Mars, Jupiter et Saturne tournent sur elles-mêmes d'un mouvement uniforme ; Mercure en trois mois ; Vénus et Mars presque dans le même temps que la Terre ; Jupiter et Saturne en dix heures environ. A la grande distance où se trouvent Uranus et Neptune, il n'a pas été encore possible de leur reconnaître un mouvement de rotation.

La durée admise jusqu'à présent pour la rotation de Vénus (7 mois et demi) semble contredite par des observations récentes.

NOMS	DISTANCE au Soleil, celle de la Terre étant 1.	DURÉE de la révolution sidérale	DURÉE de la rotation.	VOLUME, celui de la Terre étant 1.	MASSE, celle de la Terre étant 1.
Mercure.	$0,387$ ou $\frac{2}{5}$	3 mois (ou 88 jours)	88 jours	$0,052$ ou $\frac{1}{20}$	$\frac{1}{16}$
Vénus...	$0,723$ . . $\frac{3}{4}$	7 mois $\frac{1}{2}$	23 heures $\frac{1}{3}$	$0,975$. $\frac{50}{51}$	$\frac{3}{4}$
La Terre.	1 . . . 1	1 an	24 heures	1	1
Mars....	$1,523$. $1\frac{1}{2}$	1 an 10 mois $\frac{3}{4}$	24 heures $\frac{1}{2}$	$0,147$. $\frac{1}{7}$	$0,105$
Jupiter..	$5,203$. $5\frac{1}{5}$	12 ans	10 heures	1 280	309
Saturne.	$9,539$. $9\frac{1}{2}$	29 ans $\frac{1}{2}$	10 heures $\frac{1}{4}$	719	92
Uranus..	$19,183$. . 19	84 ans	»	69	$13\frac{1}{2}$
Neptune.	$30,055$. . 30	165 ans	»	55	$16\frac{1}{3}$
La Lune.	Distance moyenne à la Terre : 96000 lieues ou 60 rayons terrestres	Autour de la Terre 27 jours $\frac{1}{3}$	27 jours $\frac{1}{3}$	$\frac{1}{50}$	$\frac{1}{80}$

CHAPITRE VII

MERCURE. ☿

Cette planète ne s'écarte jamais beaucoup du Soleil dans ses positions apparentes sur la sphère céleste ; car sa plus grande distance, ou, comme disent les astronomes, sa *digression* ne surpasse pas 28°. Noyée pour ainsi dire dans les feux de l'astre radieux, elle ne peut pas être aperçue facilement. Copernic, dit-on, est mort sans l'avoir vue une fois. Cependant elle était connue des anciens. Elle a des phases analogues à celles de la Lune, comme le montre la figure 95 où S représente le Soleil, T la Terre et V la planète. Ses distances à la Terre sont bien différentes, suivant qu'elle se trouve en deçà ou au delà du Soleil ; la plus grande peut aller à 65 millions de lieues et la plus petite à 20 millions de lieues. Son volume n'est que la 20° partie de celui de la Terre.

M. Schiaparelli, directeur de l'observatoire de Milan, a fait une étude attentive de cette planète. D'une suite d'observations continuées pendant huit années, il vient de tirer une conséquence inattendue, c'est que, pour accomplir sa rotation sur elle-même, la planète met, non pas vingt-quatre heures, comme on l'avait admis jusqu'à présent, mais 88 jours, c'est-à-dire un temps égal à celui de sa révolution sidérale autour du Soleil. Cette égalité dans la durée de ces deux mouvements est semblable à celle qui existe aussi entre les durées de la rotation et de la révolution de la Lune par rapport à la Terre. Il en résulte, d'après les explications déjà données pour la Lune, que Mercure présente toujours la même face au Soleil ; ainsi une moitié de cette planète est continuellement éclairée et embrasée par le Soleil, pendant que l'autre moitié est dans une nuit continuelle. L'axe de rotation paraît à peu près perpendiculaire au plan de l'orbite.

D'après le même astronome, les taches de Mercure se montrent sous forme de stries légères, d'un brun roux, assez difficiles à distinguer sur un fond rose clair. Elles paraissent stables. Elles sont temporairement voilées et disparaissent près du bord, ce qui semble indiquer la présence d'une atmosphère épaisse. On remarque aussi des taches blanches assez brillantes surtout le long des bords et autour du

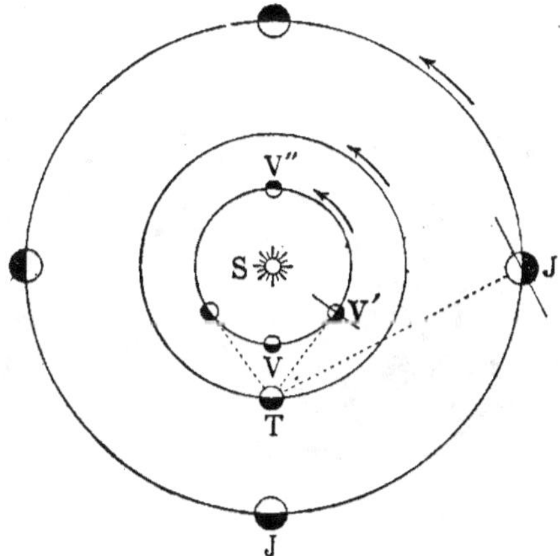

Fig. 95. — Phases des planètes.

pôle boréal, qui est généralement plus lumineux que le pôle austral.

Lorsque la planète, arrivée en V entre la Terre et le Soleil, se trouve en même temps sur la droite qui joint leurs centres, elle traverse le disque du Soleil sous la forme d'un petit point noir : c'est ce qu'on appelle le *passage* de Mercure. Ce phénomène n'arrive que douze ou treize fois par siècle, aux mois de mai et de novembre. On peut le calculer avec la même précision que les éclipses ; il y en aura un visible à Paris le 9 mai 1891. La durée du passage peut s'élever jusqu'à cinq heures.

VÉNUS. ♀

Cette belle planète, vulgairement connue sous le nom d'*Étoile du berger*, attire l'attention par le vif éclat de sa blanche lumière. Elle

se montre à l'occident après le coucher du Soleil pendant neuf mois
environ ; puis dans les neuf mois suivants, on ne la voit que le matin
du côté de l'orient avant le lever du Soleil. Par exemple, on a expliqué au Chapitre I (page 206) que le 18 février de l'année 1890, Vénus
se trouvant derrière le Soleil en V″ (fig. 95) en conjonction supérieure, se couchait à peu près en même temps que cet astre, et ne
pouvait être vue ; mais qu'à partir de ce moment elle s'est éloignée
de cet astre vers l'orient jusqu'au 24 septembre, pour s'en rapprocher ensuite jusqu'au 4 décembre, où, revenue au point V entre la
Terre et le Soleil, en conjonction inférieure, elle se couche en même
temps que l'astre et ne peut plus être aperçue. Du 18 février au

Fig. 96. — Phases de Vénus.

4 décembre elle a été l'étoile du Soir. A partir de cette dernière
époque, on ne la verra que le matin du côté de l'orient jusqu'au
25 septembre. Entre la conjonction inférieure et le retour de la
planète à cette même conjonction il s'écoule 584 jours : c'est sa
révolution *synodique*.

Dans le cours de cette révolution elle présente des phases analogues
à celles de la Lune, mais beaucoup plus prononcées que celles de Mercure (fig. 96). En raison de l'énorme différence qu'il y en a entre sa
distance apogée TV″ et sa distance périgée TV, la planète dans son
plein en V″ montre un diamètre apparent plus petit que dans toute
autre position sur son orbite ; son plus grand éclat se produit donc
non à cette époque, mais dans une position V′ comprise entre les
quartiers et la position V où la planète nouvelle se réduit à un mince
croissant ; c'est alors qu'elle est quelquefois visible en plein jour.

Cette planète est environnée d'une atmosphère. En effet, on remarque sur les bords de la partie opposée au Soleil une faible lueur semblable à un crépuscule. En outre, la ligne de séparation entre la partie éclairée et la partie obscure paraît dentelée comme sur la Lune, ce qui indique que la planète est couverte de montagnes.

Elle a la plus grande analogie avec la Terre, non seulement par son atmosphère et ses montagnes ; elle lui est presque égale en volume et en masse. L'orbite décrite par cette planète autour du Soleil est à peu près circulaire [1].

Considérons Vénus au point V de son orbite, en conjonction inférieure, c'est-à-dire entre le Soleil et la Terre. Si à ce moment elle se trouve sur la droite qui joint leurs centres, on la voit traverser le disque de l'astre lumineux, avec l'apparence d'une tache ronde et noire. Ce *passage* de Vénus est comme une toute petite éclipse solaire et peut être calculé d'avance. Il n'arrive que deux fois par siècle, à un intervalle de huit ans, comme le montrent les deux passages arrivés au dernier siècle, au mois de juin, en 1761 et 1769, et les deux passages du xixe siècle au mois de décembre, en 1874 et 1882. Entre le dernier passage du siècle précédent et le premier du siècle actuel il s'est écoulé 113 ans et demi *moins* 8 ans, c'est-à-dire 105 ans ; entre le deuxième passage du xixe siècle et le 1er du xxe siècle il s'écoulera 113 ans et demi *plus* 8 ans, c'est-à-dire 121 ans et demi ; le prochain passage n'aura donc lieu qu'en l'an 2004.

Nous avons dit au Livre III comment les astronomes ont pu utiliser le passage de Vénus pour connaître la parallaxe du Soleil.

---

[1] D'après des observations récentes, M. Schiaparelli aurait reconnu que la durée de la rotation de Vénus serait à peu près égale à celle de sa révolution sidérale, et non pas de 23 heures. Cette opinion a été confirmée dans une communication que M. Perrotin, directeur de l'observatoire de Nice, vient de faire à l'Académie des sciences, dans la séance du 27 octobre 1890.

CHAPITRE VIII

MARS. ♂

A l'œil nu, Mars brille comme une belle étoile un peu rougeâtre. Voici quelques indications sommaires relatives au chemin que la planète a suivi sur la sphère céleste dans l'année 1890.

Pendant les mois de janvier et février, elle marchait vers l'orient en traversant la constellation de la Vierge, puis celle de la Balance. Du 1ᵉʳ mars à la fin d'août, elle est restée dans la constellation du Scorpion, continuant son mouvement direct vers l'orient jusqu'au 1ᵉʳ mai, où elle faisait une station pour rétrograder vers l'occident jusqu'au 1ᵉʳ juillet ; après une nouvelle station, elle a repris sa marche du côté de l'orient, à travers le Scorpion et la Voie lactée, pendant les mois de septembre et octobre, et elle est arrivée à la constellation du Verseau à la fin de décembre.

Pendant les trois premiers mois de cette année, elle ne se montrait qu'après minuit ; pendant le reste de l'année, elle apparaissait au contraire avant minuit, en devançant de jour en jour son lever, qui au 1ᵉʳ avril n'a eu lieu qu'à 11 heures et demie du soir, et à midi dans les premiers jours de décembre.

Au commencement de juin dans cette même année, Mars se trouvait au point M (fig. 90), en opposition à la Terre T par rapport au Soleil et il se couchait à minuit. C'est à ce moment qu'il a le plus grand éclat, en raison de sa plus grande proximité de la Terre ; la distance qui nous en sépare alors, un peu variable suivant les années, peut descendre jusqu'à 14 millions de lieues.

Il s'écoulera 26 mois (780 jours) depuis cette opposition jusqu'à l'opposition prochaine, qui arrivera au mois d'août 1892. Cette période est la révolution synodique de la planète. Sa révolution sidérale, c'est-à-dire le temps qu'elle met à accomplir sa révolution autour du Soleil, est de 687 jours (1 an 10 mois 3 quarts).

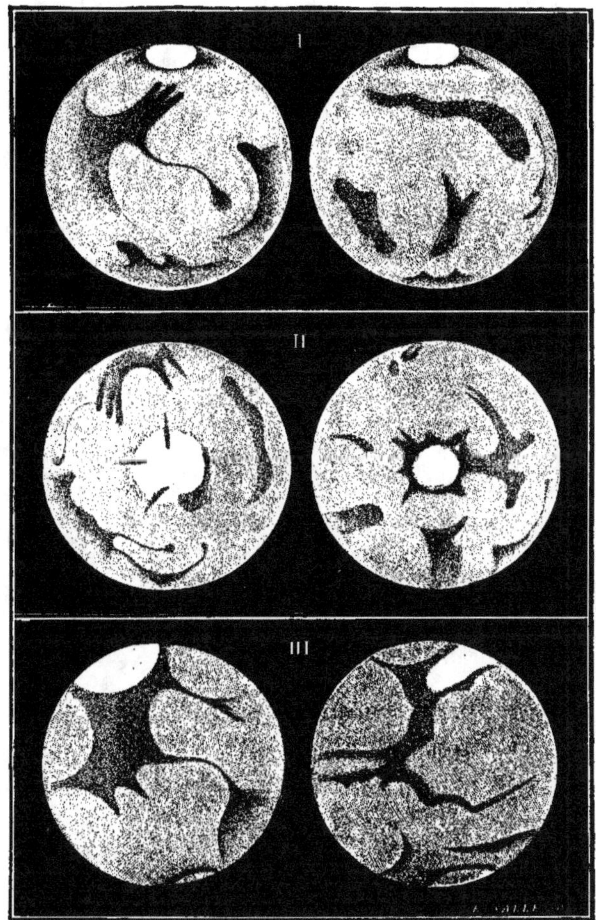

Fig. 97. — Aspect de Mars à diverses époques.

Mars tourne sur lui-même, en 24 heures et demie, autour d'un axe qui a sur le plan de l'écliptique la même obliquité que l'axe terrestre. Les jours sur cette planète sont donc presque les mêmes que chez nous ; les saisons y ont aussi à peu près les mêmes carac-

tères, avec une différence que leur durée est presque le double de
la durée des nôtres. Il présente aussi des phases, mais beaucoup
moins apparentes que celles de Mercure et de Vénus. Sa distance
moyenne au Soleil égale une fois et demie celle de la Terre. Son
volume n'est que la 7ᵉ partie de celui de la Terre.

En 1877, un astromone américain M. Asaph Hall lui a découvert
deux satellites, deux petites lunes tournant autour de la planète,
l'une en 7 heures et demie, à une distance de 1500 lieues de sa surface, et l'autre en 30 heures et quart, à une distance de 5000 lieues.

« D'après les travaux de M. Schiaparelli sur la topographie de Mars,
cette planète est celle dont nous connaissons le mieux la surface.
Outre les taches polaires bien connues par leur éclat et leur étendue
variable, la surface de Mars se distingue en deux parties : 1° la plus
brillante, ce qu'on appelle *terres* ou *continents*, forme l'hémisphère
boréal tout entier et une portion de l'hémisphère austral ; elle est
généralement de couleur jaune foncé ou orangé, variable d'un point
à un autre ; 2° la région sombre, celle des *mers*, qui occupe la ma-
jeure partie de l'hémisphère austral, et dont la couleur générale gris
de fer passe par toutes les gradations du noir foncé au gris cendré.
En outre, certaines régions mixtes, situées souvent entre les continents et les mers, participent des caractères de ces deux parties.

« Les taches polaires sont regardées avec un certain degré de probabilité comme offrant quelque analogie avec les glaces polaires de
la Terre (fig. 97). On a remarqué depuis longtemps que par l'effet
des saisons de Mars ses taches polaires subissent des variations
périodiques, analogues à celles que présentent sur la Terre les
glaces polaires dans les saisons correspondantes ; ainsi lorsque l'hémisphère austral de Mars est dans la saison chaude, sa tache polaire
diminue d'étendue sur ses bords, pour augmenter de nouveau quand
revient la saison froide.

« On a observé des changements de teinte sur les mers et aussi
sur les régions mixtes. Dans l'espace d'une même soirée M. Perrotin
a vu une région se couvrir et se découvrir tour à tour d'une sorte
de brouillard rougeâtre, tandis que le reste de la planète continuait
à se montrer avec la plus grande netteté. D'autres fois les limites des
parties maritimes et des parties continentales se déplacent.

« Dans la partie continentale se trouvent des bandes minces de même teinte que les taches sombres, de sorte que, si celles-ci sont des mers, ces bandes peuvent être considérées comme des *canaux* ; c'est le nom qui leur a été donné, sans rien préjuger d'ailleurs sur leur véritable nature. En 1877, M. Schiaparelli en a découvert un grand nombre de 60 à 100 kilomètres de large, formant un véritable réseau qui enveloppe toutes ces régions continentales.

« Un caractère général de ces canaux, c'est qu'aucun d'eux ne s'arrête court, ne forme de tronc isolé : tout canal aboutit à une mer, à un lac ou à un autre canal. Ces canaux peuvent se couper deux à deux sous tous les angles possibles ; leur longueur est très variable et la largeur d'un même canal peut varier avec le temps ; enfin les canaux peuvent devenir invisibles à certaines époques. La plus remarquable transformation de ces canaux, c'est celle de leur gémination ; elle consiste en ceci, qu'un canal simple peut, en quelques jours et même en quelques heures, être remplacé par un canal double, c'est-à-dire formé de deux bandes très voisines ; les géminations disparaissent à leur tour et sont remplacées par un canal simple.

« M. Fizeau a émis l'idée que les canaux de Mars pourraient être des crevasses dans des glaciers. Dans nos régions polaires en effet il se produit des changements incessants, tels que rides parallèles, crevasses, fentes rectilignes souvent très longues. Sur Mars, l'étendue des glaciers doit être beaucoup plus grande que chez nous, car l'échauffement du Soleil n'est que les $\frac{4}{9}$ de celui qu'il produit sur la Terre ; en outre, Mars ne paraît pas être protégé par une épaisse atmosphère. On pourrait donc admettre qu'il existe à sa surface des glaciers analogues aux nôtres, mais d'une toute autre importance. Cependant cette hypothèse soulève de graves difficultés, car les canaux sont encore visibles quand la tache polaire voisine, que l'on peut assimiler à nos glaciers polaires, a été fortement réduite par la chaleur de l'été[1]. »

[1] Extrait d'un article sur les planètes par M. Bigourdan, astronome adjoint de l'Observatoire de Paris, dans la *Revue générale des sciences* du 30 mars 1890.

CHAPITRE IX

JUPITER. ♃

Les trois planètes Mercure, Vénus et Mars ont un volume moindre que celui de la Terre ; les quatre que nous avons encore à étudier sont au contraire beaucoup plus considérables.

Jupiter, la plus grosse des planètes, a un volume égal à 1280 fois celui de la Terre. Aussi son éclat est-il comparable à celui de Vénus, quoique sa lumière ait une teinte un peu jaunâtre. Il met presque 12 ans à accomplir sa révolution sidérale autour du Soleil. Cette longue durée explique pourquoi il se déplace avec lenteur sur la surface de la sphère céleste. En effet cette planète ne traverse en un an que l'espace d'un Signe du zodiaque. Pendant l'année 1890 elle se trouvait dans la constellation du Capricorne, au bord oriental de la Voie lactée. Actuellement dans l'année 1891 elle sort de la constellation du Verseau et entre dans celle des Poissons.

C'est au 30 juillet qu'elle a été dans l'année 1890 en opposition à la Terre par rapport au Soleil (au point J de la figure 95). Elle passait alors au méridien à minuit et brillait de son plus grand éclat, étant à sa plus petite distance de la Terre. Entre cette opposition et le retour de l'opposition prochaine il s'écoule 399 jours : c'est la durée de sa révolution synodique.

Par l'observation de ses taches, on a reconnu que cette planète tourne sur elle-même en dix heures, autour d'un axe qui est presque perpendiculaire au plan de l'écliptique. Le jour y est donc à peu près constamment égal à la nuit, ayant l'un et l'autre une durée de cinq heures seulement.

Indépendamment des taches on distingue à sa surface des bandes alternativement blanches et sombres, dans le sens de l'équateur c'est-à-dire dans le sens du mouvement de rotation (fig. 98).

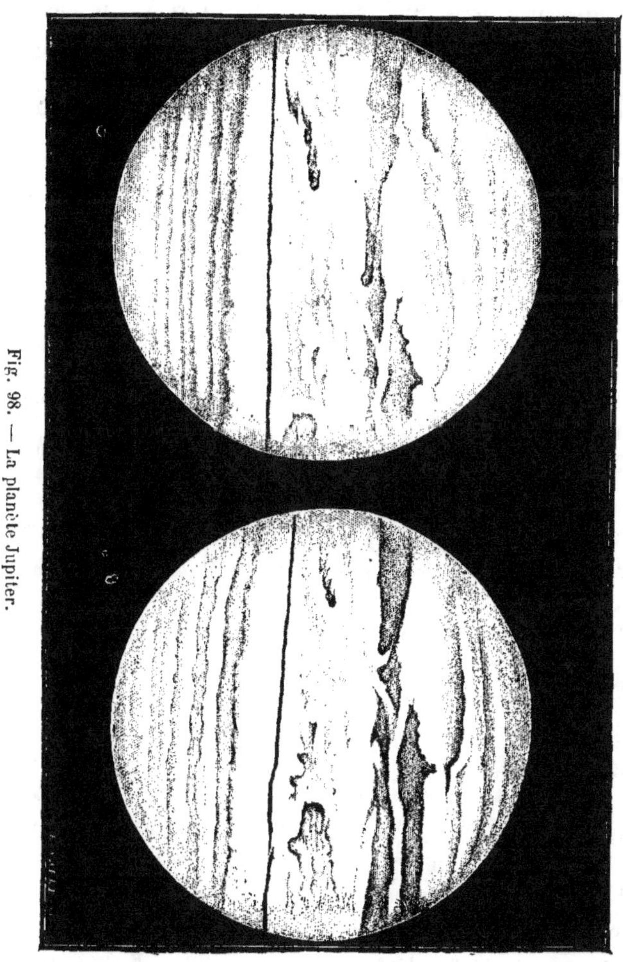

Fig. 98. — La planète Jupiter.

On croit que cette planète est environnée d'une atmosphère.
La première fois qu'on met l'œil à la lunette pour observer Jupiter par une belle nuit, ce qui frappe peut-être le plus, c'est moins le disque éclatant de la planète que quatre points lumineux situés en

ligne droite avec elle, et brillant suspendus sur le fond noir du ciel comme sur un abîme. C'est ce qu'on appelle les *satellites* de Jupiter. Ils furent découverts par Galilée qui, en raison de la faveur dont il jouissait auprès du Grand-Duc de Florence, les avait nommés *Astres de Médicis*. Cette nouvelle ne fut pas accueillie de la même manière par tous les astronomes. Elle rencontra l'incrédulité et excita des railleries chez plusieurs. Un d'entre eux, nommé Libri, de la ville de Pise, la patrie de Galilée, ne voulut jamais consentir à mettre l'œil à la lunette pour constater la réalité. « J'espère, dit Galilée en apprenant sa mort, que n'ayant jamais voulu voir de la Terre les satellites, il les aura aperçus en allant au ciel. »

On les distingue en disant : 1er satellite, 2e satellite, etc., d'après leurs distances croissantes à leur planète. Ils tournent autour d'elle, comme la Lune autour de la Terre :

le 1er en 1 jour 18 h. 27 m. 33 s. ou 42 heures 27 minutes 33 secondes ;

le 2e en 3 jours 13 h. $\frac{1}{4}$; le 3e en 7 jours 3 h. $\frac{3}{4}$; le 4e en 16 jours $\frac{1}{4}$.

Le volume du 2e est à peu près le même que celui de notre Lune ; les autres ont un volume un peu plus grand.

A chaque révolution, les trois premiers traversent le cône d'ombre qui s'étend derrière Jupiter et éprouvent ainsi une éclipse tout à fait analogue à l'éclipse totale de Lune. L'entrée du satellite dans le cône d'ombre est nommée *immersion;* sa sortie *émersion.*

Ces éclipses sont calculées longtemps d'avance, comme les éclipses ordinaires, et inscrites dans le Recueil astronomique connu sous le nom de *Connaissance des temps*, avec l'indication du moment de l'émersion en temps de Paris. Or, quand le marin veut connaître la longitude de sa position sur la mer, il doit chercher à l'aide de quelques observations et d'un calcul l'heure dans le lieu où il se trouve, et avoir l'heure qu'il est au même instant sur le premier méridien, ce qui lui est donné par le chronomètre. A défaut de chronomètre, par suite d'un dérangement quelconque, on observe une éclipse d'un satellite de Jupiter ; l'heure marquée dans la *Connaissance des temps* pour cette éclipse est précisément l'heure de Paris à cet instant.

En cette circonstance, les satellites sont comme les aiguilles d'une horloge céleste dont les heures sont notées sur le registre de la *Connaissance des temps*, au lieu d'être gravées sur le cadran.

Ce sont les satellites de Jupiter qui ont fourni le premier moyen de déterminer la vitesse de la lumière. Cette remarquable découverte fut faite en 1675, à l'Observatoire de Paris.

L'astronome Dominique Cassini[1], que Colbert avait fait venir de Bologne, était directeur de cet établissement, dont il avait même dressé le plan. De concert avec l'astronome danois Rœmer, qui était alors à Paris, il s'appliqua à observer les éclipses des satellites de Jupiter; mais ils constatèrent qu'il y avait toujours un désaccord

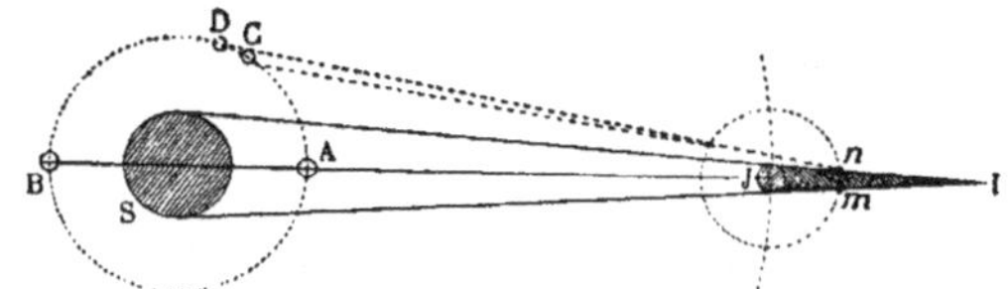

Fig. 99. — Mesure de la vitesse de la lumière.

notable entre les résultats des observations et ceux que fournissent le calcul. Cassini entrevit un moment la véritable cause de ces différences; mais c'est Rœmer qui résolut le problème, en concentrant ses observations sur le 1er satellite.

Pour faire comprendre la marche que suivit Rœmer, rappelons d'abord que la Terre se trouvant au point A de son orbite (fig. 99), entre le Soleil S et la planète Jupiter J, celle-ci est en *opposition*, et qu'elle est au contraire en *conjonction*, quand elle est du même côté que le Soleil par rapport à la Terre située en B. Les distances des points de l'orbite terrestre voisins de A au 1er satellite entrant dans le cône d'ombre ou en sortant sont à peu près égales entre elles; on peut dire la même chose pour les points de l'orbite voisins de B.

---

[1] JEAN-DOMINIQUE CASSINI était né dans le comté de Nice. Il mourut à Paris en 1712, après avoir fait d'importants travaux astronomiques à l'Observatoire.

JACQUES CASSINI, son fils, qui fut comme lui membre de l'Académie des sciences, prit une part active à la mesure de la méridienne de France et écrivit un ouvrage : *Éléments d'astronomie*. Il mourut en 1756, dans sa terre de Thury.

FRANÇOIS CASSINI, DE THURY, fils du précédent, est connu surtout par la belle carte de France, composée de 180 feuilles, qu'il exécuta. Son fils, Jacques-Dominique Cassini, la compléta et mourut en 1845, à l'âge de quatre-vingt-dix-huit ans.

Cette dynastie des Cassini s'éteignit dans la personne du comte Henri-Gabriel Cassini, fils du précédent, qui mourut en 1832, après avoir fait quelques travaux d'histoire naturelle.

Quand la Terre occupe l'une de ces positions, on constate un intervalle de temps de 42 h. 27 m. 33 s. entre deux émersions ou deux immersions consécutives ; mais il n'en est plus de même dans les autres positions de la Terre, en C par exemple. Entre l'émersion observée en C et l'émersion suivante en D il s'écoule un peu plus de temps que 42 h. 27 m. 33 s. D'où vient cette différence ? Pendant cette révolution du satellite, la Terre s'est avancée de C en D ; la lumière, pour arriver du satellite en D, a eu à parcourir en plus la distance CD, et par conséquent elle a mis plus de temps que si la Terre était restée à la même place.

Admettons maintenant qu'on ait compté 110 émersions du 1er satellite depuis la position de la Terre en A jusqu'à son arrivée en B et le temps écoulé entre la première émersion et la dernière ; on trouve que ce temps surpasse 110 fois 42 h. 27 m. 33 s. d'un certain nombre de minutes. Cet excès est le temps employé par la lumière pour parcourir le diamètre AB de l'orbite terrestre ; la moitié sera le temps employé pour venir du Soleil à la Terre.

Les résultats numériques obtenus par Rœmer ne pouvaient pas encore avoir toute l'exactitude désirable ; aussi cette question fut-elle toujours l'objet des études des astronomes. De nos jours, trois savants français, MM. Fizeau, Foucault et Cornu, ont essayé, chacun séparément, de la résoudre par d'ingénieux procédés pris en dehors de l'astronomie. De tous leurs travaux il résulte qu'on peut adopter pour la vitesse de la lumière 300 000 kilomètres par seconde, ce qui fait 75 000 lieues.

Or, la distance moyenne du Soleil à la Terre étant de 37 millions de lieues, il suffit d'opérer une division sur deux nombres pour apprendre que la lumière franchit en 8 minutes 13 secondes la distance du Soleil à la Terre. Ainsi, en supposant que le Soleil vînt à cesser d'exister tout à coup, nous le verrions encore pendant un demi-quart d'heure après son anéantissement.

CHAPITRE X

Cette planète, qui est la plus grosse après Jupiter, brille comme une étoile de première grandeur, mais d'un éclat un peu terne. Son volume surpasse un peu 700 fois celui de la Terre. Elle met presque 30 ans à accomplir sa révolution autour du Soleil et, par suite, elle se meut très lentement dans sa marche apparente sur la sphère céleste. Dans le courant de l'année 1890, elle était dans la constellation du Lion; pendant l'année 1891 elle se promènera, pour ainsi dire, dans la constellation de la Vierge.

Au 20 février 1890 elle se trouvait en opposition en J et passait au méridien à minuit (fig. 95). De ce moment jusqu'à son retour à la prochaine opposition il s'écoule 1 an 13 jours : telle est la durée de sa révolution synodique.

Examinée au télescope, cette planète montre à sa surface des bandes alternativement blanchâtres et sombres (fig. 100) analogues à celles de Jupiter. Les taches qu'on y a observées ont permis de reconnaître qu'elle tourne sur elle-même en 10 heures et quart autour d'un axe de rotation, qui a sur le plan de l'écliptique presque la même inclinaison que l'axe de rotation terrestre. Elle paraît être environnée d'une atmosphère.

Elle est escortée de huit satellites, huit lunes qui tournent autour de la planète en des temps très différents, le plus voisin de la planète mettant 22 heures à accomplir sa révolution et le plus éloigné 79 jours.

Mais ce qui distingue Saturne de tous les corps planétaires, c'est un anneau très large et peu épais qui l'environne. A l'aide des lunettes qui étaient tout récemment inventées, Galilée le découvrit

en 1610, sous l'aspect de deux boules lumineuses qui se montraient
l'une à droite et l'autre à gauche de la planète; elles disparurent au
bout de deux ans, sans qu'il pût les revoir.

Il avait consigné sa découverte dans une publication qu'il faisait
imprimer à ses frais, le *Nuntius sidereus* (en français le *Messager
céleste*), tenant à conserver ainsi ses droits de priorité; mais pour

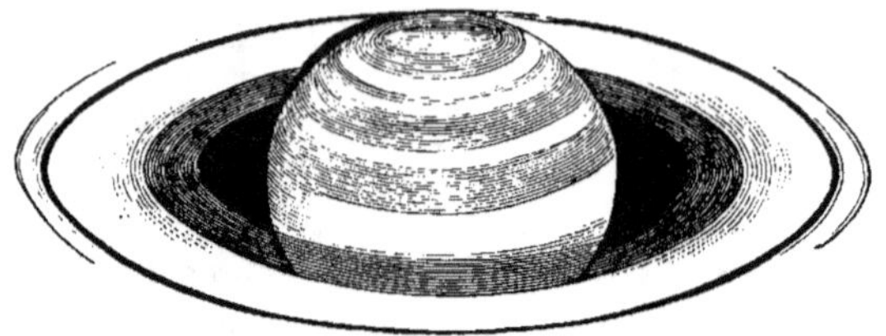

Fig. 99. — Saturne.

dérouter la curiosité et la malignité de ses rivaux, qui ne l'avaient
pas épargné à propos des satellites de Jupiter, il déguisa son annonce
sous la forme suivante, en y transposant les lettres :

Smaismn milne poeta leumi bune leuctavinas.

Personne ne put déchiffrer cette énigme, pas même Képler qui
avait aussi essayé ; Galilée se décida donc à révéler sa phrase latine,
qui était la suivante :

Altissimum planetam tergeminum observavi.

Il disait ainsi :

J'ai observé que la plus haute planète est triple.

Plus tard l'astronome hollandais Huygens reconnut l'existence
d'un véritable anneau entourant la planète sans la toucher, et donna
l'explication des formes variables qu'il présente; il découvrit aussi
le premier satellite de la planète.

L'anneau ne paraît jamais circulaire; il se montre sous la forme
d'une ellipse, ayant un grand axe de longueur constante, mais
s'élargissant d'année en année dans le sens du petit axe, jusqu'à un
moment à partir duquel elle se rétrécit au point de ne plus apparaître
que comme un filet qui traverse la planète, en débordant à droite
et à gauche, ce qui a eu lieu en 1877. Sa largeur recommence

à augmenter, pour diminuer ensuite, comme précédemment. Cette disparition de l'anneau, ainsi réduit à la perspective d'une simple ligne, arrive tous les quinze ans à peu près, ce qui est la moitié de la révolution sidérale de la planète; c'est à sept ans et demi de ces deux disparitions que la surface de l'anneau se présente avec sa plus grande largeur, ce qui a eu lieu pour la dernière fois en 1885. Actuellement la surface se rétrécit d'une année à l'autre et l'anneau marche vers une nouvelle disparition qui arrivera en 1892.

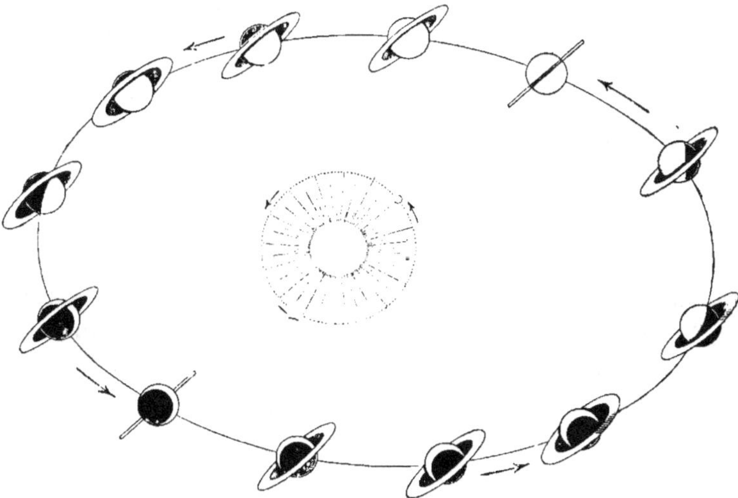

Fig. 100. — Les variations de l'anneau de Saturne.

Ces variations périodiques de forme ont leur cause dans l'obliquité de l'axe de rotation de la planète et de l'anneau par rapport au plan de l'orbite, qui se confond presque avec le plan de l'écliptique. Si l'axe de rotation était perpendiculaire au plan de l'écliptique, nous ne verrions l'anneau que par sa tranche en tout temps, et il aurait constamment l'aspect d'une ligne. Si l'axe était au contraire couché sur plan de l'écliptique, l'anneau se montrerait toujours sous la forme d'un cercle, au milieu duquel la planète se trouverait enfermée. Par suite de l'obliquité de l'axe, l'anneau apparaît comme un cercle qui se rétrécit dans un sens, c'est-à-dire comme une ellipse.

Si, en examinant sur la figure 100 la marche de la planète dans son orbite, on se rappelle que l'axe de rotation reste toujours parallèle à lui-même, comme dans le mouvement de translation de la Terre, on voit facilement qu'en deux situations opposées de la planète l'anneau n'est visible que par sa tranche, puisque son prolongement passe par le Soleil, et qu'il n'a plus que l'aspect d'une ligne, ce qui a eu lieu en 1862 et en 1877 ; au contraire, sa surface s'élargit de l'année 1862 à l'année 1869, où elle présente sa plus grande étendue, de même qu'en 1885. Il faut observer qu'une face est éclairée par le Soleil dans la période de deux disparitions, par exemple de 1862 à 1878, et que c'est l'autre face qui est éclairée dans la période suivante.

L'anneau, comme la planète elle-même, ne brille que de la lumière qui lui vient du Soleil ; c'est ce que prouve l'ombre projetée sur la planète par la partie antérieure de l'anneau. Il tourne avec la planète comme s'il faisait corps avec elle, autour d'un axe qui a sur le plan de l'écliptique presque la même inclinaison que l'axe de rotation de la Terre.

Complétons ces détails par les lignes suivantes extraites de l'article de M. Bigourdan, auquel nous avons déjà fait un emprunt intéressant pour la planète Mars.

« L'anneau n'est pas formé tout d'une pièce ; on y distingue même trois parties concentriques, trois anneaux, et on admet généralement l'idée émise autrefois par Roberval[1], qu'ils sont formés par des essaims de corpuscules voisins les uns des autres et circulant autour de la planète.

« Ces anneaux présentent des changements, toujours faibles, difficiles à observer, mais nombreux et dont l'existence est bien certaine : ce sont tantôt la disparition ou le déplacement de certaines séparations entre les anneaux ; d'autres fois, une dissymétrie momentanée dans ces divisions, l'apparition de points de lumière déjà signalés par Messier[2], des parties un peu moutonnées, etc. »

---

[1] Roberval, savant géomètre, né à Senlis, mourut en 1675, membre de l'Académie des sciences, après avoir occupé pendant quarante ans la chaire de mathématiques au Collège de France.

[2] Messier, astronome français, mort à Paris en 1817, fut surnommé le *Furet des Comètes*, à cause de son habileté à découvrir ces astres.

CHAPITRE XI

Vers le milieu du siècle dernier, un musicien allemand du Hanovre avait passé en Angleterre, dans l'espérance d'y exercer plus lucrativement sa profession. La musique n'avait pas étouffé en lui un goût naturel pour l'astronomie ; ce goût devint une passion, et, faute d'argent, le musicien se mit à fabriquer lui-même les instruments dont il avait besoin. Armé de son télescope, il observait, pendant la soirée du 13 mars 1781, un groupe de petites étoiles dans la constellation des Gémeaux. A l'une d'entre elles il trouva un certain diamètre apparent, qui le lendemain parut être plus grand dans un télescope d'un plus fort grossissement ; en outre, les observations suivantes montrèrent qu'elle s'était déplacée de jour en jour par rapport aux étoiles voisines. Le modeste astronome, en annonçant sa découverte, présenta l'astre nouveau comme une comète, quoiqu'il n'eût vu ni queue ni chevelure ; mais on ne tarda pas à reconnaître que c'était une véritable planète tournant autour du Soleil. C'est ainsi que l'obscur musicien allemand devint le célèbre astronome W. Herschell. Comblé de faveurs à cette occasion par le roi d'Angleterre Georges III, il voulut par reconnaissance donner à la planète le nom de *Georgium sidus;* mais on la désigna d'abord par le nom même de l'auteur de la découverte, et elle finit par être inscrite dans la famille des planètes sous le nom mythologique d'*Uranus.*

Cette planète est à peine visible à l'œil nu comme une petite étoile de 6ᵉ grandeur, quoique son volume soit égal à 69 fois celui de la Terre. Elle est beaucoup plus éloignée que Saturne ; car sa distance au Soleil égale 19 fois celle de la Terre, ce qui fait environ 720 millions de lieues. Elle met 84 ans à accomplir sa révolution sidérale autour du Soleil.

Herschell découvrit deux satellites à sa planète ; longtemps après, en 1851, on en reconnut deux autres. Ces quatre satellites présentent une anomalie qui étonne ; leur mouvement autour de la planète s'effectue d'orient en occident, c'est-à-dire en sens inverse du mouvement des satellites des autres planètes [1].

NEPTUNE ♆

Les astronomes avaient déterminé la grandeur et la position de l'orbite elliptique décrite par la planète Uranus autour du Soleil ; ils avaient calculé les perturbations que les grosses planètes voisines, Jupiter et Saturne, peuvent par leur attraction produire dans sa marche. Mais, malgré toute l'exactitude qui était mise dans ces laborieux travaux, les positions où les instruments montraient Uranus étaient toujours différentes de celles qui étaient indiquées par la théorie et inscrites dans les tables astronomiques. En présence de ces désaccords qui se perpétuaient, on finit par imaginer que leur cause serait peut-être l'attraction exercée sur Uranus par une grande planète qui restait cachée, perdue dans l'espace à une grande distance.

Arago, en 1845, conseilla à Le Verrier de chercher à résoudre ce problème difficile : déterminer la masse et la position d'une planète, d'après les perturbations qu'elle exerce sur la marche d'Uranus. Le jeune savant se mit à l'œuvre et, l'année suivante, il annonça, le 31 août 1846 à l'Académie des sciences, que, d'après ses calculs, la planète inconnue devait se trouver au milieu de la constellation du Capricorne, près d'une étoile qu'il nommait. En même temps il écrivit à M. Galle, astronome de Berlin, pour le prier de rechercher la planète. Sa lettre arriva le 23 septembre et le soir même, en s'aidant d'une carte du ciel récemment construite, M. Galle voyait dans

[1] Ce mouvement rétrograde des quatre satellites d'Uranus, qui est aussi celui du satellite de Neptune, a semblé contredire assez fortement le système cosmogonique du savant Laplace, pour que M. Faye ait cherché à lui substituer une autre théorie. Nous regrettons de ne pouvoir la reproduire ici ; nous dirons seulement que les deux théories ont cependant une base commune, la condensation d'une grande nébuleuse.

son télescope une étoile de 8° grandeur, qui ne se trouvait pas marquée sur la carte. Le lendemain, cette étoile avait changé de position par rapport aux étoiles voisines : c'était la planète annoncée. Il n'y avait pas un degré d'intervalle entre la position où on l'avait aperçue et celle que l'astronome français lui avait assignée. C'était en même temps un vrai triomphe pour le savant et une éclatante confirmation de la loi de la gravitation universelle.

Quinze jours après, l'astronome anglais Lasell lui découvrit aussi un satellite.

Cette planète, qui a reçu le nom de Neptune, n'est visible que dans de bons instruments. Son volume est 55 fois plus grand que celui de la Terre et sa distance au Soleil égale 30 fois celle qui nous sépare de cet astre, ce qui fait environ 1200 millions de lieues. Sa révolution sidérale autour du Soleil s'accomplit en 165 ans. Actuellement elle est dans la constellation du Taureau.

« Une telle découverte, dit Arago, doit occuper une place importante dans l'histoire de l'astronomie. M. Le Verrier a aperçu le nouvel astre sans avoir besoin de jeter un seul regard vers le ciel ; il l'a vu au bout de sa plume ; il a déterminé par la seule puissance du calcul la place et la grandeur approximative d'un corps qui, dans nos plus puissantes lunettes, offre à peine un disque sensible. La découverte de M. Le Verrier est une des plus brillantes manifestations de l'exactitude des systèmes astronomiques modernes. »

La justice oblige de dire qu'un jeune astronome de l'Université de Cambridge, M. Adams, sans connaître les travaux de Le Verrier, s'occupait en même temps que lui à traiter la même question et arrivait à des résultats peu différents ; mais son travail ne fut publié qu'après a découverte effective de la planète.

PLANÈTES INTRAMERCURIELLES

La planète Neptune marque-t-elle les dernières limites de l'immense domaine que régit le Soleil et connaissons-nous maintenant toutes les planètes qui lui obéissent ? Il serait téméraire de répondre oui ; il ne serait pas plus sage d'affirmer le contraire. Rien n'empêche d'admettre l'existence de quelque autre planète située bien au delà de Neptume, dans des espaces lointains où nos regards ne sauraient l'atteindre. Ne serait-il pas possible aussi que, plus près de nous, entre Mercure et le Soleil, il y en eût une autre que nos yeux éblouis par les feux de l'astre radieux ne pourraient distinguer ?

Cette dernière supposition n'est pas purement gratuite. En effet, Mercure dans ses mouvements présente des perturbations que l'attraction des planètes voisines, et particulièrement de Vénus, ne suffisent à expliquer. De tout temps ses caprices ont déconcerté les efforts de ceux qui ont voulu les étudier. Aussi Mœstlin, le maître de Képler, disait-il que cette planète est faite pour décrier la réputation des astronomes. Les astronomes contemporains ne paraissent pas avoir été jusqu'à présent plus heureux. Le Verrier, qui avait passé plusieurs années dans l'étude de ce problème ardu, était arrivé à attribuer ces perturbations à quelque planète inconnue circulant entre le Soleil et Mercure. Cette hypothèse parut un instant sur le point de devenir une réalité. En effet, dans l'année 1859, à Orgères, petit chef-lieu de canton du département d'Eure-et-Loir, un médecin, le docteur Lescarbault, qui donnait à l'astronomie les loisirs que lui laissait la pratique de son art, annonça dans une lettre à Le Verrier qu'il avait suivi pendant une heure une tache ronde et noire traversant le disque du Soleil et qu'il croyait y reconnaître la planète soupçonnée de déranger Mercure. Cette nouvelle ne fut pas dédaignée par les astronomes ; ils essayèrent de calculer, à l'aide de tous les éléments qu'ils purent recueilir, l'orbite que devait suivre le nouvel astre. Mais il ne reparut pas et il ne reste de lui que le nom de Vulcain, qui lui avait été donné un peu prématurément.

CHAPITRE XII

Dans ce qui précède nous avons énoncé seulement les masses des planètes, comme celles du Soleil et de la Lune, rapportées à celle de la Terre, sans dire comment les astronomes sont parvenus à peser tous ces astres. Ce délicat problème dépend de la théorie de la gravitation universelle, et quoiqu'il ne soit pas de nature à entrer dans le cadre de cet ouvrage, nous devons néanmoins essayer de donner une idée de la méthode qui a permis de le résoudre.

Cherchons par exemple à déterminer quelle est la masse du Soleil par rapport à celle de la Terre. D'après les lois de Newton, ces deux masses sont proportionnelles aux attractions qu'elles exerceraient sur un corps placé à la même distance, ou, ce qui revient au même, elles sont proportionelles aux espaces que ces attractions forceraient ce corps à parcourir dans la première seconde de leur chute, en tombant librement vers ces astres.

Le corps qui tombe vers le Soleil est ici la Terre elle-même. En effet en accomplissant sa révolution autour du Soleil, la Terre, comme la pierre tournant au bout de la fronde, obéit à deux forces : la première est l'impulsion qui lui a été imprimée une fois dans la création et qui, si elle agissait seule, la ferait marcher continuellement sur la ligne droite TV (fig. 101) ; la seconde est la force attractive du Soleil S, qui est contre-balancée par une réaction égale et contraire nommée force centrifuge, comme celle qui tend la corde de la fronde. La distance moyenne ST de la Terre au Soleil étant connue (23 280 fois le rayon terrestre qui a 6 366 kilomètres) on peut calculer la longueur de l'orbite décrite par la Terre en un an ; puis, en divisant cette longueur par le nombre de secondes

contenues dans l'année, on a l'arc TC parcouru par la Terre en une
seconde ; cet arc est d'environ 30 kilomètres. De cet arc on déduit
par les principes de la géométrie l'espace TA dont la Terre se serait
approchée du Soleil pendant cette seconde, sous l'influence seule de
cet astre : on trouve que cet espace est de 3 millimètres à peu près.

Or, en obéissant à l'attraction de la masse de la Terre, c'est-à-dire
à la pesanteur, un corps quelconque, gros ou petit, voisin de sa surface, parcourt, dans la première seconde de sa chute, abstraction
faite de la résistance de l'air, $4^m,9045$ ou 4904 millimètres. Mais à

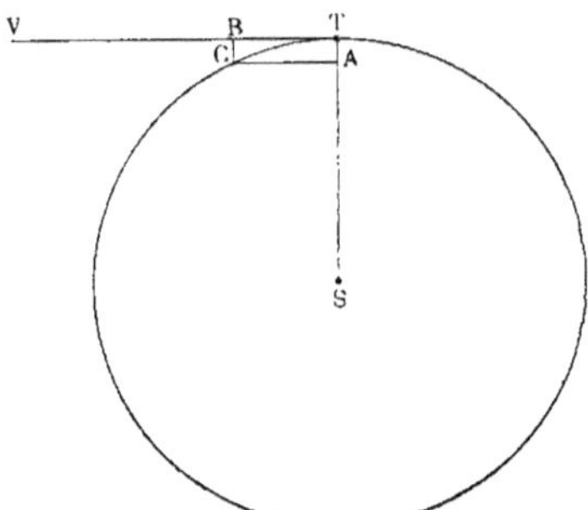

Fig. 101. — Mesure de la masse du Soleil.

une distance du centre de la Terre, 2 fois, 3 fois, 4 fois... plus
grande, l'attraction de la Terre sur ce corps serait 4 fois, 9 fois, 16
fois... plus faible... (4 étant le carré de 2 ; 9 le carré de 3, etc.). Si
donc on imagine ce corps porté à une distance du centre de la Terre
égale à celle qu'il y a entre le Soleil et la Terre, c'est-à-dire à une
distance 23 280 fois plus grande que lorsque le corps était à la surface de la Terre, l'espace parcouru par le corps à cette distance pendant la première seconde de sa chute vers la Terre sera égal à l'espace
de 4904 millimètres divisé par le carré de 23 280. La multiplication
de ce nombre par lui-même donne pour son carré 541 958 400 ou,
en nombre rond, pour plus de simplicité, 542 000 000.

Pour effectuer la division de 4904 millimètres par ce nombre, on
divise d'abord par 1 000 000, ce qui fait 0,004904, c'est-à-dire
4904 millionièmes de millimètre ; puis, en divisant ce résultat par
542, on obtient 9 millionièmes de millimètre, espace d'une petitesse dont il est difficile de se faire une idée.

Ainsi, un corps quelconque, éloigné du centre du Soleil et du centre de la Terre à une distance égale à 23 280 fois le rayon terrestre, parcourrait dans la première seconde de sa chute 3 millimètres en tombant vers le Soleil et seulement 9 millionièmes de millimètre en tombant vers la Terre. La masse du Soleil vaut donc autant de fois celle de la Terre qu'il y a de fois 9 millionièmes de millimètre dans 3 millimètres. La division donnerait 333 000.

En effectuant les calculs avec l'exactitude nécessaire, on trouve 324 439; c'est là le nombre adopté par les astronomes pour la masse du Soleil par rapport à celle de la Terre. En nombre rond, plus facile à retenir, on se borne à 324 000.

Il est bon d'observer que cette méthode est applicable aux planètes seules qui ont des satellites; car alors on peut calculer l'espace que parcourrait le satellite pendant la première seconde de sa chute en vertu de l'attraction de sa planète. Pour la Lune, Vénus et Mercure qui en sont privés, leurs masses ne peuvent être connues qu'à l'aide des perturbations qu'elles produisent dans les mouvements des autres astres.

Complétons cette question en expliquant comment on a trouvé quelle est l'intensité de la pesanteur à la surface du Soleil et des planètes par rapport à ce qu'elle est à la surface de la Terre, où nous la représentons par 1.

Si le rayon du Soleil était égal à celui de la Terre, la pesanteur y serait égale à 324 000, en raison de sa masse; mais la distance de la surface de l'astre à son centre étant égale à 108 fois et demie le rayon terrestre, l'intensité de la pesanteur à la surface du Soleil est beaucoup plus petite. Pour la connaître il faut, d'après la loi de Newton, diviser 324 000 par le carré de 108,5. On trouve pour quotient en nombre rond 28. Ainsi un corps qui sur la Terre pèse 1 kilogramme aurait un poids de 28 kilogrammes à la surface du Soleil.

CHAPITRE XIII

Les effets d'attraction qui se produisent dans le ciel entre le Soleil et les planètes ne sont observés et étudiés que par les astronomes. Cependant à la même force est dû un phénomène remarquable qu'on peut contempler chaque jour sur la Terre : c'est celui des marées.

Qu'on se transporte sur les bords de l'Océan. On voit, même par les temps les plus calmes, les flots s'avancer sur le rivage, s'y briser avec violence en écumant contre les obstacles qui s'opposent à leur marche, redescendre un peu comme s'ils étaient montés trop haut ; d'autres flots les suivent en roulant par-dessus les premiers et s'élèvent davantage. A ceux-ci succèdent de nouveaux flots qui les dépassent encore, et ainsi de suite pendant six heures environ, en atteignant à un niveau de plus en plus élevé. Quand les eaux sont arrivées à leur plus grande hauteur, c'est la *pleine mer*. Elles redescendent ensuite à peu près pendant le même temps, non par un abaissement continu, comme celui de l'eau qui s'écoulerait par le fond du vase où elle est contenue, mais par des mouvements alternatifs de flots reculant et remontant, comme s'ils ne quittaient le rivage qu'à regret.

Pendant le mouvement d'ascension, qui se nomme le *flux*, la mer couvre les rivages, remplit les ports et s'avance dans le lit des rivières à une assez grande distance de l'embouchure. A la descente, qui se nomme *reflux* ou *jusant*, les rivages se découvrent et sont à sec ; les ports se vident et les navires y restent couchés sur le flanc, comme des ouvriers qui se reposent de leurs fatigues.

Imaginez des hommes mis subitement en présence de ce spectacle grandiose, dont ils n'auraient jamais entendu parler. A la vue de ces masses d'eau qui semblent accourir du fond de l'horizon se heurtant, se poussant les unes les autres sur la surface de l'Océan, comme de gigantesques monstres marins qui se précipitent vers la Terre avec leurs blanches crinières d'écume et des mugissements prolongés, puis reculent en retraite, comme si leurs forces étaient épuisées, pour recommencer bientôt un nouvel assaut, ils seront saisis d'étonnement et d'effroi, comme les soldats d'Alexandre le Grand à l'embouchure de l'Indus. « Il était trois heures, raconte l'historien latin Quinte-Curce, lorsque l'Océan, obéissant à son mouvement périodique, commença à monter en soulevant ses vagues et à pousser le fleuve en arrière. Le cours des eaux fut d'abord arrêté ; mais, chassées ensuite avec une violence toujours croissante, elles refluèrent sur elles-mêmes, plus impétueusement qu'un torrent n'est emporté dans la pente rapide de son lit. Ce phénomène était inconnu à la multitude ; elle croyait y voir des prodiges et des signes de la colère des dieux. Cependant la mer s'enflait de plus en plus et couvrait les plaines auparavant à sec dans une vaste inondation. Les navires soulevés et entraînés par les flots étaient dispersés, lorsque les hommes qui étaient descendus à terre accoururent de toutes parts pour se rembarquer, tremblants et consternés au milieu de ce fléau imprévu.

« Déjà la mer avait inondé toutes les campagnes voisines ; quelques collines seulement s'élevaient au-dessus des eaux, comme autant de petites îles. Ce fut là que dans leur effroi la plupart des Macédoniens, quittant leurs vaisseaux à la nage, se réfugièrent. De leur flotte dispersée, plusieurs navires voguaient le long des endroits où, sur un sol abaissé, les eaux avaient de la profondeur ; les autres étaient échoués sur les lieux où l'eau ne formait qu'une faible couche.

« Soudain une frayeur nouvelle et plus grande que la première vient s'emparer des esprits. La mer commence à descendre, et les eaux, regagnant à grands pas le sein de l'Océan laissèrent à découvert les terres que, peu auparavant, elles avaient submergées. Alors les navires se trouvèrent à sec, les uns inclinés sur la proue les autres couchés sur le flanc... Les campagnes étaient au loin jonchées de bagages, d'armes, de planches et de rames. Les soldats n'osaient descendre à terre, ni rester à bord...

« Déjà la nuit approchait, et le roi lui-même, n'ayant plus d'espoir de salut, était dévoré par l'inquiétude. Toute la nuit on le vit se tenir aux aguets et il envoya vers l'embouchure du fleuve des cavaliers qui devaient prendre les devants, s'ils voyaient la mer s'élever de nouveau. Toute la nuit s'était passée à veiller et à donner des ordres, quand on vit tout à coup les cavaliers revenir à la course, suivis par la marée. S'avançant d'abord avec lenteur, elle commença à relever les bâtiments échoués ; bientôt inondant toute la campagne, elle remit la flotte en mouvement. Les rives du fleuve et les bords de la mer retentirent au loin des acclamations des soldats et des matelots qui, sauvés contre leur attente, faisaient éclater les transports d'une joie immodérée. D'où la mer avait-elle pu revenir tout d'un coup si grande? Où s'était-elle retirée la veille ? Quelle était la nature de cet élément tantôt désordonné, tantôt soumis à la marche du temps? Telles étaient les questions qu'ils se faisaient dans leur étonnement. »

Ce n'est pas leur roi qui eût pu répondre. Il n'en savait pas plus qu'eux ; car son précepteur, Aristote, qui ne l'avait pas suivi si loin, ne lui avait rien enseigné sur ces mouvements étranges. Si l'on en croit une légende rapportée par saint Justin le philosophe, il se serait même précipité dans le canal de l'Euripe, entre la Grèce et l'île d'Eubée, désespéré de ne pouvoir s'expliquer ce phénomène, qui se montrait d'une manière sensible dans ce détroit resserré.

Cependant certaines coïncidences entre le mouvement des marées et le cours de la Lune n'avaient pas passé tout à fait inaperçues même dans l'antiquité. On avait remarqué qu'entre deux pleines mers consécutives l'intervalle est la moitié du. temps que met la Lune pour accomplir sa révolution diurne autour de la Terre et que les marées atteignent aux syzygies des hauteurs plus grandes que pendant les autres jours du mois lunaire. Aussi, dans le IVe siècle avant l'ère chrétienne, le navigateur marseillais Pythéas attribuait-il les marées à l'action de la Lune. Un astronome grec nommé Cléomède, qui vivait probablement un ou deux siècles après lui, s'exprime ainsi au sujet de la Lune : « Elle opère dans l'air de grands changements et tient sous sa dépendance beaucoup de choses qui se trouvent à la surface de la Terre; c'est elle notamment qui est la cause permanente du flux et du reflux de la mer. »

Plus tard quand on interroge les fondateurs de l'astronomie moderne, on voit Tycho-Brahé, dans une leçon faite à Copenhague sur l'importance de l'astronomie, répondre : « Ignore-t-on l'influence de la Lune sur les mouvements de l'Océan ? »

Képler essaya d'expliquer le phénomène de la manière suivante. « Si la Terre cessait d'attirer les eaux, tout l'Océan s'élèverait vers la Lune pour faire corps avec elle. Le cercle d'attraction de la Lune s'étend jusqu'à la Terre et entraîne les eaux vers la zone torride, en sorte qu'elles viennent à la rencontre de la Lune dans tous les points où elle est au zénith. »

Galilée, dans un de ses dialogues écrit vers 1631, taxait d'ineptie cette explication de Képler ; mais il était encore moins heureux que lui, lorsqu'il attribuait les marées à la rotation de la Terre, en comparant les agitations des flots aux oscillations imprimées à l'eau d'un vase qui serait continuellement en mouvement.

Newton enfin trouva la solution du problème dans la théorie de l'attraction universelle ; c'est par les travaux de Laplace qu'elle fut achevée.

CHAPITRE XIV

Pour mettre plus de simplicité dans nos explications, nous raisonnerons comme si la Terre entière était recouverte par la mer. Soit donc $acbd$ le cercle suivant lequel la Terre est coupée par le plan de l'orbite de la Lune L (fig. 102). En vertu de la pesanteur seule, la surface de la mer serait sphérique; elle conserverait cette forme, si l'attraction exercée par la Lune sur les eaux était partout la même : mais il n'en est point ainsi. En effet, considérons les lieux a et b de la mer, quand la Lune est dans leur méridien en L. L'attraction de la Lune sur les points c et d est sensiblement la même que sur le centre T, puisque ces trois points sont à peu près également distants de la Lune; mais tous les points à partir de c et de d jusqu'en a sont plus fortement attirés que le centre T et d'autant plus qu'ils sont plus voisins de a, où l'attraction lunaire est à son maximum. Au contraire, tous les points à partir de c et de d jusqu'en b sont moins fortement attirés que le centre et cette attraction est de plus en plus faible jusqu'au point b où elle est à son minimum. La mer doit donc s'allonger de c et d vers a', attirée plus fortement par la Lune que le centre, et s'allonger aussi de c et d vers b' en restant en arrière du centre T, qui est plus fortement attiré que les points de la mer situés au delà de cd vers b. Par suite, les eaux pour refluer vers a' et vers b' doivent s'abaisser dans les lieux a et b. Ainsi la forme sphérique de la surface est changée en une surface d'ellipsoïde allongé $a'd'b'c'$. Il y a donc haute mer dans les lieux opposés a et b, quand la Lune passe à leur méridien et basse mer en même temps dans les lieux d et c pour lesquels la Lune est à l'horizon.

Mais, en vertu du mouvement diurne, la Lune met 24 heures

50 minutes à accomplir sa révolution apparente; 12 heures 25 minutes pour la moitié. Pour en faire le quart et aller du méridien du lieu a au méridien du lieu c elle emploie 6 heures 12 heures; pendant ce temps, les eaux baissent en a' et en b' et s'élèvent en c et en d; puis, pendant les 6 heures 12 minutes suivantes que met la

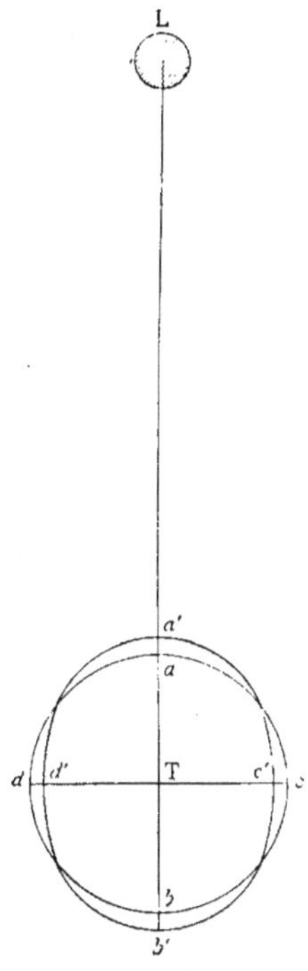

Fig. 102. — Théorie des marées.

Lune pour aller du méridien de c au méridien de b, les eaux s'abaissent en c et en d et s'élèvent en a et en b, et ainsi de suite. Entre deux hauteurs mers consécutives il s'écoule 12 heures 25 minutes.

Le Soleil, exerçant son action attractive sur les eaux de la mer, doit produire aussi des marées. En raison de sa masse elles seraient beaucoup plus fortes que les marées lunaires, mais comme il est à une distance de nous bien plus considérable que la Lune, ces marées sont si fortement réduites qu'elles sont à peu près la moitié seulement des marées lunaires. A l'époque des syzygies les deux astres se trouvant en même temps au méridien s'accordent pour produire pleine mer simultanément au même lieu, mais aux quadratures la Lune produit pleine mer en un lieu donné quand elle est à son méridien, tandis que le Soleil y produit basse mer. Ainsi à la pleine Lune et à la nouvelle Lune la haute mer est la somme des deux marées lunaire et solaire; au premier quartier et au dernier quartier la haute mer n'est que la différence de ces deux marées contraires.

La hauteur des marées en un lieu donné dépend encore de deux autres causes. L'attraction de la Lune et du Soleil s'exerce avec plus d'intensité sur les eaux de la mer, lorsque ces astres sont à leur plus petite distance de la Terre et plus près de l'équateur céleste. C'est en raison de ces circontances que les plus grandes marées arrivent dans le voisinage des équinoxes.

Le moment de la basse mer ne tient pas partout le milieu entre deux hautes mers consécutives; ainsi, au Havre et à Boulogne, la mer met 2 heures 8 minutes de plus à descendre qu'à monter, au lieu qu'à Brest il y a seulement une différence d'un quart d'heure.

Dans les mers de peu d'étendue, comme la mer Noire et la Mer Caspienne, il n'y a pas de marée sensible; car les divers points de leur surface sont à la même distance de la Lune. C'est presque la même chose pour la Méditerranée; les petites marées qu'on peut y observer proviennent surtout de celles de l'Océan qui, pénétrant par le détroit de Gibraltar, communiquent aux eaux de la Méditerranée un mouvement qui se propage de distance en distance. Le flux pourra être plus marqué dans les endroits resserrés comme dans l'Adriatique; les Vénitiens en effet y avaient observé depuis longtemps des marées qui sont montées jusqu'à 3 pieds de hauteur (1 mètre).

Cependant on peut voir dans le golfe de Gabès en Tunisie, de Sfaks à Djerba, des marées qui arrivent à une hauteur moyenne de 2 mètres et demi et qui montent jusqu'à 3 mètres aux équinoxes.

Si la Terre était entièrement recouverte par les eaux, les marées auraient lieu en chaque endroit au moment même où la Lune serait au méridien de ce lieu. Mais il n'en est pas ainsi. En effet, considérons la marée se produisant à l'embouchure d'un grand fleuve, la Gironde par exemple. Les eaux de la mer, poussées par le flux, s'avancent dans le lit du fleuve et refoulent progressivement ses eaux jusqu'à Bordeaux et même au delà, en y mettant un certain temps. C'est aussi ce qui se produit pour les flots qui, soulevés dans l'océan, viennent battre les rivages. On a reconnu qu'il leur faut 36 heures pour arriver aux côtes de France. De là il résulte que sur tout ce littoral la pleine mer en un lieu donné n'est pas celle qui a lieu au passage de la Lune au méridien, mais bien celle qui arrive 36 heures après.

Dans un port situé à une certaine distance de l'Océan, sur un fleuve où la marée, en y pénétrant, fait remonter ses eaux qui redescendent ensuite quand elle s'abaisse elle-même, la pleine mer n'a lieu qu'au bout d'un certain temps après celle de la côte. Par exemple à Bordeaux elle est en retard de presque 3 heures sur celle de Royan.

Quant à leur entrée dans un port situé sur l'Océan même, les eaux peuvent rencontrer plus ou moins d'obstacles, soit à cause du peu d'ouverture du passage, soit à cause des rochers qui l'avoisinent et de la configuration de la côte. Aussi l'heure de la pleine mer n'est-elle pas la même en général pour des ports situés sur le même méridien.

A l'époque des équinoxes, quand la Lune nouvelle ou pleine se

Fig. 103. — Le mascaret aux environs de Caudebec.

trouve dans ses moyennes distances à la Terre, le temps qui s'écoule
entre son passage au méridien d'un port et l'instant de la pleine mer

qui suit ce passage est toujours le même ; il se nomme l'*établissement du port*.

La hauteur de la marée est différente sur les divers points du rivage de l'Océan. En effet, là où la mer est resserrée entre des côtes rapprochées, comme dans la Manche, les flots venant du large et pénétrant dans un espace de peu d'étendue, doivent s'y élever à une plus grande hauteur que dans le golfe de Biscaye où les eaux s'étendent librement sur un grand espace. Ainsi la différence entre la plus petite basse mer et la plus haute mer n'est que de 4 mètres à l'embouchure de l'Adour, tandis qu'elle est de 8 mètres à Boulogne et de 11 mètres à Saint-Malo. C'est à Granville que la hauteur de la marée est la plus forte : elle y atteint 12 mètres.

Aux jours des grandes marées, la montée subite des eaux de la mer produit à l'embouchure de quelques fleuves un phénomène intéressant, qui dépend de la faible profondeur de l'estuaire du fleuve et de la forme que présente son lit.

Les premières ondes du flot éprouvent en effet un frottement assez grand au moment où elles arrivent devant le fleuve pour que, derrière leur tête, s'accumulent celles qui les suivent, poussées par la hauteur successive de la marée. Le flot se présente bientôt alors, non comme un plan légèrement incliné, mais comme une barre se mouvant avec une grande vitesse et débordant sur les berges du fleuve. C'est ce qu'on appelle *mascaret*. Dans la Seine à Quillebeuf il atteint une hauteur d'environ 3 mètres et une vitesse de propagation de 8 mètres par seconde. Il est très fort à Caudebec ; mais il cesse à peu de distance en amont de cette ville (fig. 103).

LIVRE VI

COMÈTES ET ÉTOILES FILANTES. — AÉROLITHES

CHAPITRE PREMIER

DE L'IMPRESSION PRODUITE PAR L'APPARITION DES COMÈTES.

Habitués à voir les astres accomplir régulièrement leur course chaque jour, la plupart des hommes restent aussi indifférents à ce spectacle qu'au mouvement qui fait descendre l'eau des fleuves à la mer. Pour que leurs regards soient appelés vers le ciel, il faut qu'il s'y produise quelque fait extraordinaire.

Les éclipses ne les émeuvent plus comme autrefois, depuis que les astronomes, après en avoir donné l'explication, prédisent avec certitude le moment précis de leur arrivée, le temps qu'elles durent et les lieux de la Terre qui en seront témoins.

Cependant, qu'une comète se montre subitement, promenant dans le ciel sa grande queue et sa pâle lumière, on est encore aujourd'hui tout surpris de cette apparition imprévue. On suit de l'œil cet astre singulier, le chemin qu'il parcourt de jour en jour, les changements de forme et de grandeur qu'il éprouve, et on l'accompagne ainsi jusqu'à ce qu'il se perde dans le lointain, sans qu'on éprouve d'autre sentiment que celui de la surprise et de la curiosité, et en laissant aux savants le soin de s'en occuper encore après qu'il a disparu à nos yeux.

Les hommes ne sont pas toujours restés aussi calmes qu'aujourd'hui à la vue de ces astres d'une si étrange physionomie. De tout temps on les regardait comme des messagers de mauvais augure. annonçant quelque grand événement ou de terribles calamités : la mort d'un prince, la ruine d'une ville, la guerre, la peste. L'imagination troublée voyait mille choses effrayantes sur le corps de l'astre sinistre, des épées entre-croisées, des têtes sur un fond rouge simulant une mare de sang. D'autres fois, la comète montrait seulement l'aspect d'un grand sabre recourbé ou d'un serpent gigantesque. Ces

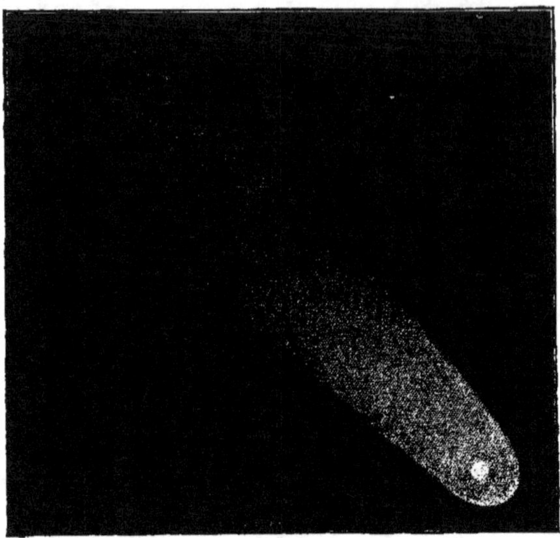

Fig. 104. — Comète de 1811.

terreurs superstitieuses, nées pour ainsi dire avec le monde, se sont maintenues à travers les âges et ne se sont dissipées que devant les lumières de la science astronomique. Des esprits élevés en étaient dominés comme le peuple. Vers la fin du XVIe siècle. Ambroise Paré[1], le père de la chirurgie française, décrivait dans les termes suivants la comète qu'il vit en 1582. « Cette comète était si horrible et si épouvantable et elle engendroit si grande terreur au vulgaire. qu'il en mourut aucuns de peur; les autres tombèrent malades. Elle

---

[1] AMBROISE PARÉ, né à Laval vers 1518, fut le chirurgien du roi de France Henri II et de ses trois successeurs, Francois II, Charles IX et Henri III. Il mourut en 1590. Il a laissé plusieurs écrits, les uns en français, les autres en latin.

apparoissoit estre de longueur excessive, et si estoit de couleur de sang. A la sommité d'icelle on voyoit la figure d'un bras courbé, tenant une grande espée à la main, comme s'il eust voulu frapper. Au bout de la pointe il y avoit trois estoiles. Aux deux costés des rayons de cette comète, il se voyoit grand nombre de haches, cousteaux, espées colorées de sang, parmi lesquels il y avoit grand nombre de fasces humaines hideuses, avec les barbes et les cheveux hérissez. »

Cependant déjà à cette époque la raison et l'esprit commençaient à secouer ces antiques préjugés. « Plût à Dieu, disait Erasme [1], que les guerres n'eussent d'autre cause que la bile des souverains échauffée par quelque comète. Un habile médecin, avec quelque dose de rhubarbe, ramènerait bientôt les douceurs de la paix. »

Un siècle plus tard, vers le commencement du règne de Louis XIV, le savant Gassendi [2], parlant en philosophe, s'exprimait ainsi : « Oui, les comètes sont réellement effrayantes, mais par notre sottise. Nous nous forgeons gratuitement des objets de terreur panique, et, non contents de nos maux réels, nous en accumulons d'imaginaires. »

---

[1] ERASME, né à Rotterdam en Hollande, en 1467, étudia à Paris et à Bologne. Après la France et l'Italie, il visita aussi l'Angleterre. C'était l'homme le plus érudit de son siècle et l'écrivain le plus spirituel. Il eut une pension de l'empereur Charles-Quint, et mourut à Bâle en 1536. Il a laissé plusieurs ouvrages, parmi lesquels un des plus connus est l'*Eloge de la folie*.

[2] PIERRE GASSENDI, né à Champtercier près de Digne, en 1592, montra des talents précoces, fut chanoine de la cathédrale de Digne, enseigna la philosophie et les mathématiques à Aix, puis fut nommé professeur de mathématiques au Collège de France à Paris. Il était lié avec tous les savants de son temps et cultiva toutes les branches du savoir. En philosophie, il attaqua les doctrines d'Aristote, travailla à réhabiliter celles d'Epicure, en les épurant, et eut de vives discussions avec Descartes. Il mourut en 1655. Il a écrit plusieurs traités relatifs à l'Astronomie.

CHAPITRE II

CARACTÈRES QUI DISTINGUENT LES COMÈTES.

Le nom de *comète* est un mot grec qui veut dire chevelure. En effet pour la plupart des hommes, l'astre ainsi nommé est formé

Fig. 105. — Comète de 1861.

d'un noyau brillant, comme une espèce d'étoile, environné d'une auréole lumineuse présentant l'aspect d'une chevelure et se prolongeant en une queue plus ou moins étendue (fig. 104). Cependant toutes les comètes ne ressemblent pas à celles qu'on vient de décrire.

Il y en a qui n'ont pas de queue; d'autres sont privées de noyau et ne montrent que la chevelure. Il y en a même qui n'ont ni queue, ni chevelure et font l'effet d'une petite étoile. Lalande cite deux comètes qui apparurent en 1665 et en 1682 avec un disque aussi rond, aussi net et aussi clair que celui de Jupiter, sans queue, sans barbe et sans chevelure.

En quoi donc une comète dépourvue de queue et de chevelure se distingue-t-elle d'une planète? Le plus souvent la comète apparaît dans le ciel sans être attendue. Elle possède un mouvement propre, en vertu duquel elle se déplace rapidement d'un jour à l'autre à

Fig. 106. — Comète de 1861.

travers les constellations, dans toutes les régions du ciel, au lieu de rester, comme les planètes, dans la zone zodiacale. Depuis le moment où elle a été vue, elle s'approche continuellement du Soleil en prenant un éclat qui va en augmentant, puis elle s'en éloigne en s'affaiblissant jusqu'à ce qu'elle disparaisse dans le lointain. Pendant la durée de son apparition une comète éprouve généralement des modifications de forme et de grandeur, qui s'opèrent souvent avec assez de rapidité, surtout dans le voisinage du périhélie, c'est-à-dire quand elle est le plus près du Soleil. C'est ce qui arriva à la comète de l'année 1861 (fig. 105 et 106). Au périhélie la vitesse d'une comète peut aller jusqu'à 100 lieues par seconde. La durée de l'apparition d'une comète se réduit souvent à quelques jours; elle peut être de quelques mois, ce qui est plus rare.

Le public n'a que rarement le spectacle d'une comète promenant sa queue lumineuse sur la surface du ciel. Cependant chaque année plusieurs viennent visiter notre monde, mais la plupart pauvres et sans luxe ne se montrent discrètement qu'aux astronomes munis d'une lunette.

On croit vulgairement que la queue suit la comète : c'est là une opinion erronée; la queue est toujours à l'opposé du Soleil. La queue est quelquefois composée de deux queues secondaires, comme la

comète du mois de juillet 1861 (fig. 106). L'apparition de ce genre
la plus remarquable fut celle de 1744 ; la comète montrait six belles

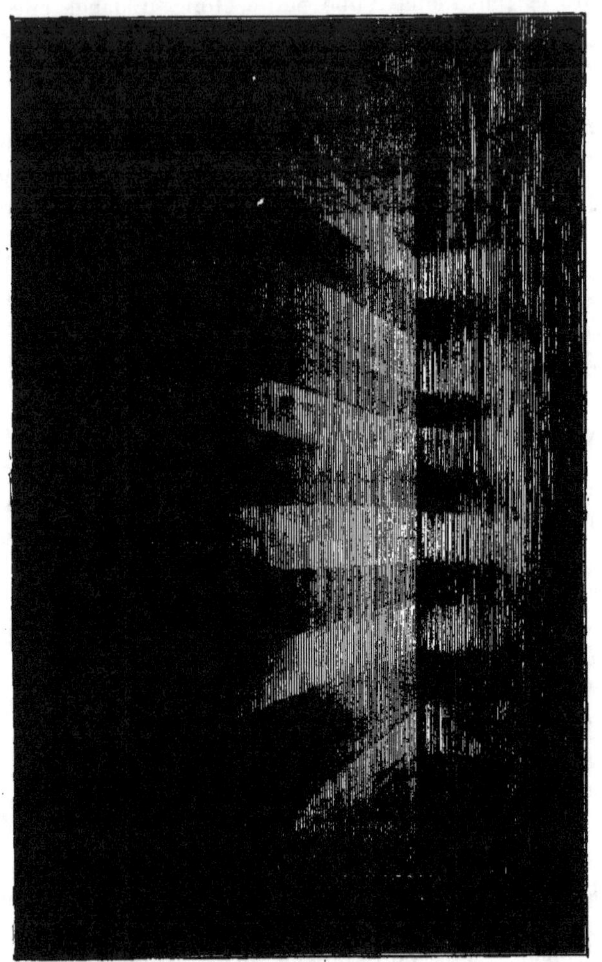

Fig. 107. — Comète de Chéseaux en 1744.

queues disposées en forme d'éventail (fig. 107). Elle porte le nom
de Chéseaux, astronome de Lausanne, qui la vit le premier.

CHAPITRE III

Que pouvons-nous penser de ces comètes bizarres, dont les allures capricieuses contrastent si fortement avec l'ordre et l'harmonie du ciel étoilé, où elles semblent étrangères? Dans l'antiquité quelques esprits supérieurs se posaient déjà cette question. Aristote regardait les comètes comme nées des exhalaisons de la Terre qui s'agglomèrent en s'élevant et qui arrivent dans les régions supérieures où elles s'enflamment. Sénèque était mieux inspiré, lorsque après avoir parlé des phénomènes physiques dans son livre des *Questions naturelles*, il s'exprime ainsi :

« Pourquoi s'étonner que les comètes, dont le monde a si rarement le spectacle, ne soient point encore pour nous astreintes à des lois fixes et que l'on ne connaisse ni d'où viennent, ni où s'arrêtent ces corps, dont les retours n'ont lieu qu'à d'immenses intervalles ?... Un âge viendra où ce qui est mystère pour nous sera mis au jour par le temps et les études accumulées des siècles...

« Il naîtra quelque jour un homme qui démontrera dans quelle partie du ciel errent les comètes, pourquoi elles marchent si fort à l'écart des planètes, quelle est leur grandeur, leur nature. »

Cet homme n'est venu qu'au bout de plusieurs siècles, après Copernic, après Képler et Galilée dont les idées sur ce point ne valaient pas mieux que celles d'Aristote : ce fut Newton.

Rejetant l'opinion que les comètes ne sont que des météores passagers, il les regarda comme des astres soumis, aussi bien que les planètes, aux lois de l'attraction universelle, décrivant des ellipses dont le Soleil occupe un foyer, mais des ellipses si allongées qu'elles ne diffèrent pas beaucoup d'une parabole [1] ; ce qui explique pourquoi les comètes ne sont visibles que pendant peu de temps et dans le voisinage du Soleil.

Or, en observant cet astre pour connaître son ascension droite et sa déclinaison dans trois positions différentes, on a les éléments nécessaires pour calculer son orbite que Newton, pour plus de simplicité, suppose d'abord de forme parabolique, sauf à revenir sur le calcul d'une orbite elliptique, si la première hypothèse ne s'accorde pas avec les autres positions de la comète qu'on aurait pu mesurer en plus. Newton eut l'occasion de faire l'application de sa théorie à une grande comète qui se montra dans l'année 1680. Il prouva que les deux arcs décrits par cette comète avant et après son passage au périhélie, où elle resta invisible pendant plusieurs jours, perdue dans les feux du Soleil, appartenaient à peu près à la même parabole et il finit par reconnaître que l'orbite était en réalité une ellipse fort étendue que la comète doit parcourir en 575 ans.

L'astronome Halley, ami de Newton, avait calculé les éléments de ving-quatre comètes dont les apparitions avaient été observées et notées auparavant, y compris ceux d'une comète qui s'était montrée avec beaucoup d'éclat en 1682. Après avoir comparé entre eux leurs éléments, il publia le résultat de ses études dans un mémoire d'où nous extrayons la conclusion suivante.

[1] La parabole est une courbe non fermée MAN (fig. 108, qui peut être regardée comme

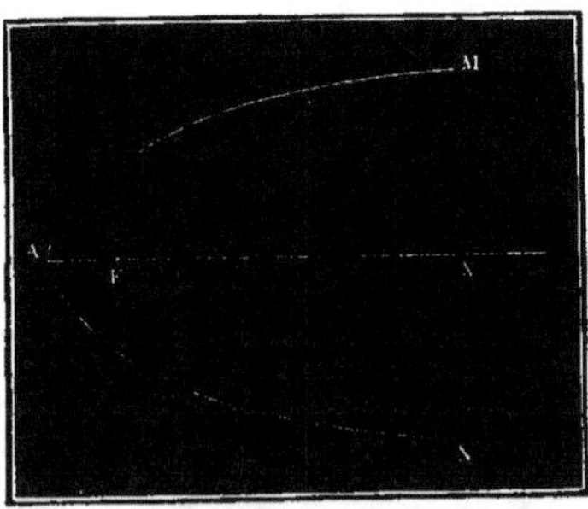

Fig. 108. — Parabole.

la moitié d'une ellipse coupée par le petit axe, qui aurait grandi au delà de toute limite. Elle conserve le grand axe AX de l'ellipse. et elle n'a qu'un foyer F.

« Je suis bien porté à croire que la comète de l'année 1531, observée par Apianus, est la même que celle qui a reparu en 1607, et qui a été décrite par Képler et par Longomontanus, et qu'enfin j'ai revue moi-même et que j'ai observée soigneusement en l'an 1682. Car tous les éléments de leurs théories sont les mêmes et il n'y a d'inégalité un peu considérable que dans le temps de leur révolution périodique ; ce qui n'est pas étonnant et peut être attribué à différentes causes physiques. Ce qui me confirme encore plus dans ce sentiment, c'est qu'il me paraît que c'est aussi la même qui fut aperçue en 1456. On la vit pendant l'été[1], ayant un cours rétrograde et passant à peu près de la même manière entre la Terre et le Soleil. Or, quoique nous n'ayons pas, cette fois-là, d'observations bien exactes, cependant je crois ne devoir point douter, en comparant sa route et le temps de sa révolution, que ce n'ait été la même que celle des années 1531, 1607 et 1682 ; de sorte que je puis avec assez de certitude annoncer son retour pour l'an 1758. »

« Tel est l'accord des éléments de ces trois comètes, dit Halley dans un autre mémoire écrit en 1749, trois ans avant sa mort, accord qui serait bien étonnant, si c'étaient trois comètes différentes, ou que ce ne fût pas le retour d'une même comète dans une orbite elliptique, qui passe assez près de la Terre et du Soleil ; si donc elle revient encore, suivant notre prédiction, vers l'an 1758, la postérité se souviendra que c'est à un Anglais que l'on en doit la découverte. »

Quand approcha l'époque prédite par Halley, les astronomes se mirent à l'œuvre pour la déterminer avec toute la précision possible. Le célèbre géomètre Clairaut entreprit de résoudre le problème, en

---

[1] Certains auteurs, en parlant de la comète de 1456 ne manquent pas d'attribuer à la frayeur qu'elle causa l'institution de la prière de l'*Angelus* à midi chez les catholiques : cette assertion n'est qu'une mauvaise plaisanterie. La vérité est qu'à cette époque le monde chrétien était épouvanté par les progrès des Turcs qui, après avoir pris Constantinople, s'étaient avancés du côté de la Hongrie et avaient mis le siège devant la ville de Belgrade. Trouvant peu de zèle chez les princes d'Europe pour repousser le redoutable ennemi, le pape Calixte III jugea à propos d'implorer le secours du ciel et dans ce but il ordonna de sonner la cloche dans toutes les paroisses, à midi, pour avertir les fidèles de réciter à ce moment la prière qui était déjà récitée le soir et le matin au son de la cloche, d'après une bulle du pape Jean XXII en 1327 et une décision du concile de Lavaur en 1368.

Nous avons parcouru les bulles et les nombreuses lettres envoyées par Calixte III ; nulle part il n'y est question de la comète. La seule mention qu'on en rencontre dans un document ecclésiastique se trouve dans un discours adressé par le moine Jean Campistran aux soldats qui allaient au secours de la ville assiégée. Loin d'en être épouvanté, il la leur montre comme un présage de leur victoire.

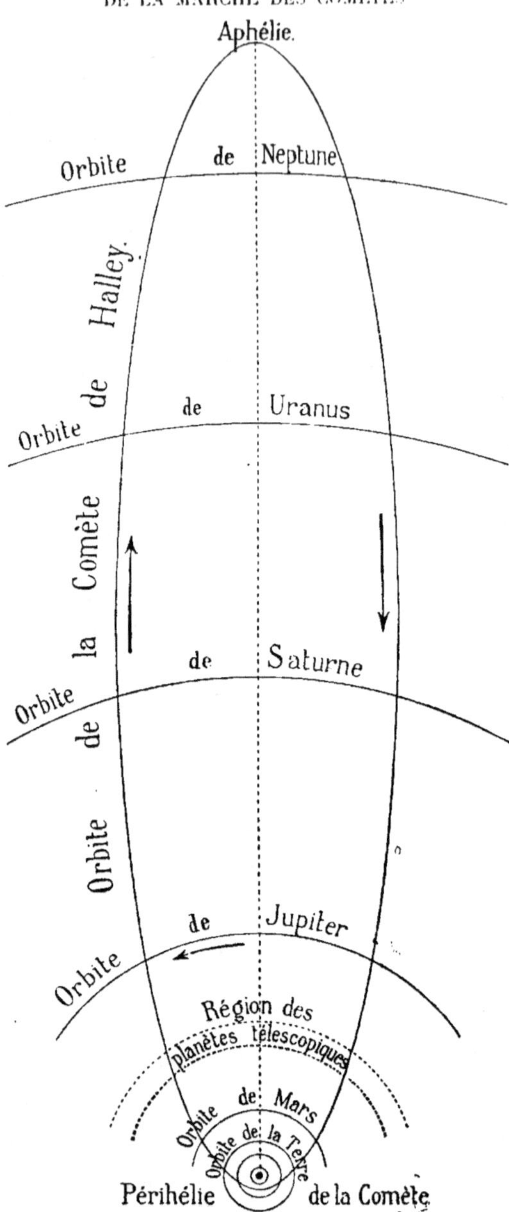

Fig. 109. — Orbite de la comète de Halley.

tenant compte de l'influence que les masses de Jupiter et de Saturne devaient exercer sur le mouvement de la comète, et il réussit à mener à terme ces longs et laborieux calculs, à l'aide de l'astronome Lalande et de Mme Hortense Lepaute [1]. Ils trouvèrent que la marche de la comète serait retardée de 18 jours par l'attraction de Saturne et de Jupiter et qu'elle arriverait au périhélie au milieu d'avril 1759 ; cette date laissait une incertitude d'environ un mois. La comète fut aperçue en effet à la fin de 1758 et passa le plus près du Soleil le 12 mars 1759, juste un mois avant le jour que le calcul avait indiqué. Une différence d'un mois sur une période de 76 ans était bien peu de chose. Aussi Lalande avait-il le droit d'écrire ce qui suit : « L'Univers voit cette année le phénomène le plus satisfaisant que l'astronomie nous ait jamais offert; événement unique jusqu'à ce jour, il change nos doutes en certitude et nos hypothèses en démonstrations. »

La comète devait revenir en 1835. Les calculs de M. de Pontécoulant fixèrent son arrivée au périhélie au 12 novembre ; elle y était le 16 novembre. Elle doit reparaître au mois de mai 1910.

En remontant en arrière dans le passé, on voit que c'est la comète de Halley qui s'est montrée en 837 trois ans avant la mort de Louis le Débonnaire, en 1066 au moment où Guillaume le Conquérant envahit l'Angleterre, en 1456 trois ans après la prise de Constantinople par les Turcs.

Le grand axe de l'orbite elliptique de cette comète égale 35 fois environ la distance moyenne de la Terre au Soleil (fig. 109) ; elle s'éloigne donc du Soleil plus que la planète Neptune, dont la distance moyenne à cet astre est seulement 30.

---

[1] On dit que l'*hortensia* de nos jardins fut ainsi nommé du prénom de cette dame, à qui Le Gentil avait offert cette plante rapportée avec lui de son voyage aux Indes.

Madame Lepaute ne reçut pas seulement un hommage de botaniste. La galanterie mathématique ne voulut pas rester en arrière et lui offrit aussi sa fleur, sous la forme de la pièce de vers suivante :

> Des tables de Sinus toujours environnée,
> Vous suivez avec nous Hipparque et Ptolémée.
> Mais ce serait trop peu que de suivre leurs traces
> Et d'être au rang de ceux que nous comblons d'honneurs,
> Reine ! si vous n'étiez et le Sinus des Grâces
> Et la tangente de nos cœurs.

CHAPITRE IV

Depuis le retour de la comète de Halley en 1759, les astronomes ont observé et voient encore chaque année plusieurs comètes nouvelles; mais douze seulement ont été reconnues périodiques et ont eparu aux époques données par les calculs. En voici le tableau au commencement de l'année 1891.

NUMÉROS	NOMS des comètes.	DURÉES des révolutions sidérales.	DISTANCES à l'aphélie.	ÉPOQUES de la découverte.
1	Encke	3 ans $\frac{1}{3}$.	4,10	1818
2	Tempel	5 ans $\frac{1}{5}$.	4,66	
3	Tempel-Swift. .	5 ans $\frac{1}{2}$.	5,16	1869
4	Brorsen	5 ans $\frac{1}{2}$.	5,61	1846
5	Winnecke . . .	5 ans $\frac{4}{5}$.	5,58	1858
6	Tempel	6 ans $\frac{1}{2}$.	4,90	1867
7	Biéla (noyau 1) / Biéla (noyau 2)	6 ans $\frac{3}{5}$.	6,16 / 6,19	1826
8	D'Arrest	6 ans $\frac{7}{10}$.	5,77	1851
9	Faye	7 ans $\frac{1}{2}$.	5,97	1843
10	Tuttle	13 ans $\frac{3}{4}$.	10,46	1858
11	Pons-Brook . .	71 ans $\frac{1}{2}$.	33,67	1812
12	Olbers	72 ans $\frac{3}{5}$.	33,61	1815
13	Halley	76 ans $\frac{1}{3}$.	35,41	1682

Elles sont inscrites dans l'ordre de la durée de leur révolution autour du Soleil ; les distances sont rapportées à celle de la Terre qui est prise pour unité.

Parmi ces treize comètes, il n'y a que celle de Halley qui soit facilement visible à l'œil nu ; mais d'une apparition à l'autre elle se présentera probablement avec des aspects différent.

La comète d'Encke fut découverte en 1818 par Pons, concierge de l'observatoire de Marseille ; elle porte le nom de l'astronome qui en calcula l'orbite. En consultant le catalogue des comètes, il reconnut que cette comète était la même que les comètes observées en 1805, 1795 et 1786. La durée de sa révolution fut trouvée de 1212 jours $\left(3 \text{ ans } \frac{1}{3}\right)$; mais les apparitions qui se sont produites depuis montrent que la durée de la révolution va en diminuant d'environ deux heures ; par suite, la longueur du grand axe de l'orbite diminue aussi, d'après la troisième loi de Képler. La comète, s'éloignant ainsi de moins en moins du Soleil, finira-t-elle à la longue par arriver à se joindre à cet astre ?

La comète de Brorsen qui était attendue en mars ou en avril 1890, a passé inaperçue. La comète de d'Arrest, dont le retour devait avoir lieu cette même année, n'a pas fait défaut.

C'est l'astronome français Gambart qui calcula l'orbite de la comète découverte en 1826 par le capitaine autrichien Biéla. Elle avait été vue déjà en 1772 et en 1805. Elle reparut aux époques déterminées ; mais en 1845 vers la fin du mois de décembre elle se divisa en deux parties qui, séparées l'une de l'autre continuèrent à marcher ensemble (fig. 110) jusqu'au moment où, en s'éloignant du périhélie, elles disparurent. Ces deux comètes jumelles se montrèrent encore en 1852 ; depuis cette époque on ne les a pas revues.

Le nom de notre savant compatriote M. Faye, qui se distingue au milieu de tous ces noms étrangers donnés aux comètes périodiques, mérite une mention toute spéciale pour sa comète ; c'est ce que nous faisons en reproduisant l'extrait suivant d'une note insérée à son sujet en 1844 par Arago dans les *Comptes rendus de l'Académie des sciences*. « Cet astre a été découvert à l'Observatoire de Paris par M. Faye, le 22 novembre 1843. Ce jeune astronome s'empressa d'en calculer les éléments paraboliques. A mesure que les observations se multiplièrent, M. Faye reconnut que la parabole était complètement insuffisante pour représenter la suite des positions que la comète avait occupées, et il annonça qu'il déterminerait l'orbite elliptique aussitôt que, l'état du ciel ayant permis de suivre le nouvel astre dans des régions suffisamment éloignées de celles où on l'avait

Fig. 110. — Comète de Biéla divisée.

aperçu d'abord, personne ne pourrait élever de doute sur la certitude du résultat. C'est donc à multiplier des observations devenues excessivement difficiles par la faiblesse de la comète que M. Faye s'attachait de préférence. » Ainsi la périodicité de cette comète fut reconnue uniquement par le calcul à l'aide des observations faites à son apparition, sans l'aide d'éléments semblables de comètes vues auparavant.

CHAPITRE V

Chaque année les astronomes découvrent à l'aide de leurs instruments plusieurs comètes ; elles passent inaperçues pour le public qui ne s'intéresse qu'à celles qui se montrent à l'œil nu et munies de leur queue ou de leur chevelure ; celles-ci sont plus rares. Nous citerons quelques-unes des plus remarquables parmi celles qui se sont montrées dans ce siècle.

La comète de 1811 est restée populaire, en raison de la qualité exceptionnelle du vin qui fut récolté l'année de son apparition. Elle était accompagnée d'une belle queue longue et large (fig. 104). Quelques astronomes ont trouvé que sa révolution doit avoir une durée de 3000 ans.

La comète de 1835 n'est autre que la comète périodique de Halley, dont nous avons parlé précédemment.

En 1843, un jour du mois de mars, on vit apparaître subitement en plein midi une grande comète, sans que rien dans les jours précédents eût annoncé son approche. Avec sa longue queue droite de 43°, ce qui fait quelques millions de lieues, elle fut prise d'abord pour une météore seulement par les curieux. A son périhélie, elle passa assez près du Soleil à 31 000 lieues de distance, et ne mit que deux heures pour parcourir la moitié du tour de cet astre avec une vitesse de 150 lieues par seconde. On a assigné à sa révolution une durée de 533 ans.

Pendant les mois de septembre et d'octobre de 1858 tout le monde put admirer une belle comète (fig. 111), qui avait été découverte à Florence par l'astronome Donati. Sa queue s'étendit jusqu'à 63° ce qui fait plusieurs millions de lieues.

Au mois de juillet 1861 on vit briller dans le ciel une belle comète ayant une queue d'une grande largeur. Le calcul a donné 400 ans pour la durée de sa révolution.

Nous signalerons encore la comète de 1874 dont la queue avait pris un tel développement qu'elle s'étendait de l'horizon jusqu'à la constellation de la Grande Ourse, et la comète de 1882, qui près du

Fig. 111. — Comète de Donati en octobre 1858.

Soleil attira tous les regards surtout pendant le mois de septembre.

Disons enfin quelques mots d'une comète, qui au milieu de ce siècle préoccupa vivement les esprits et qui ne se montra pas quoiqu'elle fût attendue. C'est la fameuse comète de Charles-Quint, ainsi nommée parce qu'elle avait brillé avec beaucoup d'éclat en 1556, à l'époque où cet empereur se décida à quitter le trône, pour se retirer dans un couvent d'Espagne, où il mourut en 1558. Les observations que l'astronome Fabricius avait faites et notées sur cette apparition servirent pour calculer les éléments de son orbite. Or, en 1264 on avait vu une belle comète qui disparut la même année, le jour, dit-on, de la mort du pape Urbain IV, le 3 octobre. En compulsant les chroniques du temps, l'astronome anglais Dunthorne et, quelques années après lui, Pingré, l'auteur de la *Cométographie*[1], arrivèrent à conclure que la comète de Charles-Quint n'était autre que la comète de 1264, qui avait reparu au bout de 292 ans. Dans un mémoire qu'il présenta en 1760 à l'Académie des sciences, Pingré annonça le retour de la comète pour l'année 1848.

Quelque temps avant cette époque, un astronome anglais M. Hind, et un astronome hollandais, M. Bomme, effectuèrent séparément d'énormes calculs, en y faisant entrer l'action que les planètes devaient exercer par l'attraction de leur masse sur la marche de la comète, et ils assignèrent son retour, l'un pour 1858 et l'autre pour 1860. Mais ils n'eurent pas la récompense que méritaient leurs travaux ; la comète ne daigna pas se montrer et elle s'est enfuie pour toujours.

L'univers est peuplé de comètes, qui voyagent dans tous les sens et à toutes les distances ; selon une comparaison de Képler, elles errent dans les espaces infinis comme les poissons dans l'océan. N'est-il pas à craindre que, dans cette course vagabonde, une d'entre elles ne vienne se heurter à notre Terre ? Qu'en pourrait-il résulter pour nous ?

Des astronomes ont répondu que, vu l'immensité de l'espace où se meuvent ces corps, il est peu probable qu'une telle rencontre puisse avoir lieu ; cependant, tout improbable qu'elle soit, elle reste possible, et même si l'on en croit certains observateurs, la comète de 1861 aurait de sa queue frôlé notre Terre. Rien d'extraordinaire n'a marqué ce passage ; nous pouvons nous rassurer, surtout en pensant à la ténuité extrême de la substance cométaire, comme on va le voir dans le chapitre suivant.

---

[1] PINGRÉ, qui appartenait à l'ordre des Génovéfains, laissa bientôt la théologie pour l'astronomie. Il a écrit la *Cométographie,* ou *Traité historique et théorique des comètes.* Il est mort en 1796.

CHAPITRE VI

Quelle est la nature des comètes ? A cette question, les savants malheureusement n'ont rien de précis à nous donner. La matière qui compose ces astres est d'une densité infiniment plus faible que celle des corps les plus légers que nous connaissons ; ce qui le prouve, c'est que les moindres étoiles se voient à travers la queue, presque sans affaiblissement, malgré son énorme épaisseur qui est souvent de plusieurs millions de lieues. Or, le plus léger brouillard, pourvu qu'il ait quelques centaines de mètres d'épaisseur, nous masque complètement les plus brillantes étoiles et le Soleil lui-même. Les parcelles aqueuses qui flottent dans l'air et qui constituent un brouillard forment donc, abstraction faite de l'air, une masse incomparablement plus dense que la queue des comètes.

Depuis qu'on a étudié la lumière des comètes à l'aide de l'analyse spectrale, on admet qu'une partie de cette lumière leur appartient en propre, et que l'autre partie leur vient du Soleil, comme celle des planètes. En outre, sans qu'on puisse affirmer si la matière du noyau est solide, liquide ou gazeuse, il semble probable qu'elle contient des carbures d'hydrogène.

Arrivant des régions les plus lointaines de l'espace dans un endroit où l'attraction du Soleil commence à être sensible, elles marchent vers cet astre dont l'influence agit sur elles avec une énergie croissante, à mesure qu'elles s'en approchent davantage. En raison de l'extrême petitesse de leur masse, elles n'exercent pas la moindre action sur les planètes dans le voisinage desquelles elles passent et éprouvent au contraire de leur part de grandes perturbations. Enfin la chaleur à laquelle elles sont exposées, en arrivant près du Soleil, dilate leur atmosphère et donne à ces astres de masse si faible des dimensions monstrueuses.

Les couches de gaz et de vapeurs qui se forment continuellement aux dépens du noyau ont bientôt dépassé sa sphère d'attraction ; alors interviennent les phénomènes de décomposition produits par la force répulsive qu'exerce l'incandescence du Soleil. Les couches de

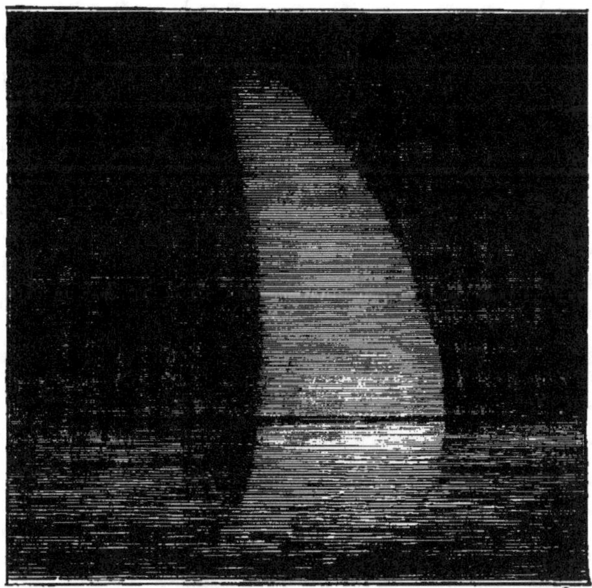

Fig. 112. — Lumière zodiacale.

ces nébulosités s'entr'ouvrent et laissent échapper en deux points opposés leurs matériaux. Ceux-ci abandonnés désormais par la comète, soustraits à la pression qu'ils y éprouvaient, se trouvent dans le vide de l'espace et s'y transforment en nébulosités impalpables qui, obéissant à la force répulsive du Soleil, s'allongent derrière la comète en forme de queue. Lorsque la comète, après avoir passé au périhélie s'éloigne du Soleil, elle reprend de jour en jour les aspects qu'elle avait présentés auparavant ; mais, chemin faisant, elle a perdu une certaine quantité de matériaux.

On voit par là à quoi tiennent les péripéties singulières qui surviennent aux comètes. Celles dont la révolution autour du Soleil est de longue durée ne les subissent qu'à de longs intervalles. Mais celles qui ont eu le malheur de passer près d'une grosse planète, sont capturées par elle, c'est-à-dire réduites à parcourir une orbite bien moins étendue et en quelques années ; revenant plus souvent au voisinage du Soleil, elles finissent par se décomposer totalement. Une bonne partie de ces nébulosités cométaires sont perdues non seulement pour les comètes, mais même pour le système solaire. Elles s'en vont indéfiniment dans l'espace, tandis que les matériaux plus denses qui sortent de la comète, en se dispersant sur son orbite, restent et se meuvent dans les régions du système solaire, où ils produisent les étoiles filantes, comme on le verra plus loin.

C'est peut-être à ces matériaux qu'est due la *lumière zodiacale*, auréole lumineuse, en forme de lentille allongée (fig. 112), qui accompagne le Soleil et qu'on observe dans nos climats le soir au voisinage de l'équinoxe du printemps, à mesure que l'astre descend sous l'horizon, et le matin vers l'équinoxe d'automne, peu de temps avant son lever.

Dans les régions tropicales, où rien n'altère la transparence de l'air, cette lumière répand un vif éclat en s'élevant quelquefois à une grande hauteur. Alexandre de Humboldt[1], qui a pu l'observer au Pérou, en donne la description suivante dans son ouvrage *le Cosmos.*

« Une heure après le coucher du Soleil, elle paraissait tout à coup avec un grand éclat, entre Aldébaran et les Pléiades ; le 18 mars, elle atteignit 39° de hauteur. Çà et là, près de l'horizon, s'étendaient de petits nuages allongés, qui se détachaient sur un fond jaune ; plus haut, d'autres nuages diapraient l'azur du ciel de leurs couleurs changeantes ; on aurait dit un second coucher de Soleil. Alors, vers cette partie de la voûte céleste, la clarté de la nuit augmentait jusqu'à égaler presque celle du premier quartier de la Lune. A dix heures, la lumière zodiacale était déjà très affaiblie, et à minuit j'en voyais à peine une trace. »

Les comètes n'ayant que peu d'éclat, il semble qu'il n'était guère

---

[1] ALEXANDRE DE HUMBOLDT, un des plus grands savants contemporains, voyagea dans presque toute l'Europe et pendant cinq ans en Amérique, recueillant une masse énorme d'observations sur l'histoire naturelle, sans négliger l'astronomie. Il est mort à Berlin en 1859.

possible de photographier ces astres, comme le Soleil, la Lune et les planètes les plus brillantes. L'opération présente des difficultés, dont le public habitué à fournir quelques secondes de pose dans un atelier, ne saurait se faire une idée. En effet, en raison de la faiblesse de la lumière cométaire, la plaque sensible devrait rester soumise à son action pendant quelques heures; mais en même temps la comète, entraînée par la rapidité de sa marche, abandonne la direction de l'instrument, qui devrait se mouvoir lui-même pour la suivre et ne pas la perdre de vue. M. Janssen est parvenu à surmonter tous les obstacles à l'observatoire de Meudon; c'est là qu'après bien des essais il a réussi à obtenir de belles photographies de la grande comète qui apparut en 1881.

La photographie a donné un autre résultat des plus importants. Pendant cette opération, qui ne concernait que la comète, les étoiles voisines n'en sont pas restées simples spectatrices; elles ont profité de l'occasion pour inscrire leur physionomie sur la plaque sensible, et non pas seulement celles qui se montrent à tous les yeux, mais de toutes petites étoiles de la plus faible grandeur, qui n'avaient pas encore eu place dans les atlas astronomiques.

Depuis, de grands progrès ont été réalisés dans ces délicates opérations en Amérique et surtout chez nous par deux habiles astronomes, les frères Henry, qui étaient chargés de continuer la carte écliptique du ciel.

En rendant compte de leurs travaux à l'Académie des sciences dans la séance du 18 janvier 1886, le directeur de l'Observatoire, M. l'amiral Mouchez, s'exprimait dans les termes suivants :

« A l'Observatoire nous obtenons maintenant couramment, en une heure de pose, des clichés de 6° à 7° superficiels sur lesquels sont reproduits avec un éclat et une pureté extrêmes et sans déformation sensible tous les astres, au nombre de plusieurs milliers, jusqu'à la 16ᵉ grandeur, c'est-à-dire bien au delà de la visibilité que donnent nos meilleures lunettes sous le ciel de Paris. Nous avons même obtenu bien des étoiles de 17ᵉ grandeur, qui n'ont sans doute jamais été vues encore.

« Outre les étoiles, on découvre aussi quelquefois sur les clichés des objets invisibles dans nos plus puissants instruments : telle est la nébuleuse de Maïa dans les Pléiades, qui est venue se dessiner comme une petite queue de comète très brillante partant de l'étoile, et qui n'avait jamais été signalée, bien que l'amas des Pléiades soit une des constellations les plus étudiées de notre ciel. »

Encouragé par d'aussi beaux résultats, M. l'amiral Mouchez a invité les astronomes de divers pays à se réunir en congrès à Paris, pour discuter les moyens d'exécuter la carte photographique du ciel. Une association internationale s'est constituée dans ce but, et il est maintenant permis d'espérer que ce grand travail, distribué entre un grand nombre d'observateurs, pourra être promptement et heureusement mené à terme.

CHAPITRE VII

Il n'y a presque pas de nuit où, par un temps serein et en l'absence du clair de lune, on ne voie tout à coup comme des étoiles plus ou moins brillantes, se détacher de la voûte céleste, glisser rapidement sans bruit vers la Terre, dans une direction oblique, avec une légère traînée lumineuse, et s'éteindre au bout d'un instant très court. C'est ce qu'on appelle *étoiles filantes*, quoiqu'elles n'aient de commun avec les étoiles véritables que leur aspect lumineux. Leur nombre est très variable, suivant les époques de l'année; dans certaines nuits, on en voit peu ; dans d'autres, beaucoup. Depuis longtemps, on a remarqué les chutes abondantes du 10 août et du 12 novembre.

Ces météores, dont la mobilité constraste si fortement avec l'immuable stabilité des étoiles dans les constellations du ciel, ont toujours frappé l'imagination populaire. Nous ne rapporterons pas les légendes diverses qui s'y sont attachées; nous dirons, sans plus tarder, qu'il y a environ un siècle seulement qu'on s'est mis à les observer attentivement, au lieu d'en donner des explications aventurées.

On s'attacha d'abord à reconnaître la hauteur à laquelle une étoile filante apparaît et la hauteur à laquelle elle s'éteint. Le procédé à suivre est au fond le même que celui qui, à l'aide d'un triangle, permet de trouver sur la surface de la Terre la distance d'un point à un autre point inaccessible. Mais les difficultés pratiques étaient si grandes qu'il a fallu bien des observations souvent répétées pour arriver à des résultats à peu près satisfaisants. On admet aujourd'hui que les deux points extrêmes de l'apparition et de la disparition d'une étoile filante sont le premier à environ 120 kilomètres de hauteur et le second à 80 kilomètres et que sa vitesse est de 40 kilomètres à la seconde.

Les chutes du 10 août et du 13 novembre, qui sont les plus belles de l'année, ne montrent pas le même éclat pendant toutes les années. A certaines époques, les étoiles filantes tombaient si nombreuses qu'elles se présentaient comme un essaim lumineux, comme un feu d'artifice qui serait lancé du ciel vers la Terre, au lieu de monter de la Terre vers le ciel. Telle fut la pluie d'étoiles filantes de la nuit du 13 novembre 1833, qui brilla en Amérique comme en Europe On fit en cette circonstance une remarque importante, c'est que toutes ces étoiles filantes semblaient partir d'un même point du ciel situé dans la constellation du Lion : ce point fut nommé *radiant* et les étoiles de cette nuit *Léonides*.

L'essaim du 10 août, a aussi un radiant qui est situé dans la constellation de Persée ; de là le nom de *Perséides* donné aux étoiles filantes de cette date. La pluie du 10 août n'est pas aussi belle que celle du 13 novembre ; mais elle se continue pendant trois ou quatre nuits de suite. Cet essaim est aussi nommé le courant de *Laurentius*, le 10 août étant le jour de la Saint-Laurent.

En 1799, dans la nuit du 12 novembre, il se produisit une véritable averse d'étoiles filantes que le savant Humboldt observa en Amérique. En rapprochant cette date de celle de 1833, qui en est séparée par un intervalle de 34 ans, l'astronome Olbers crut pouvoir annoncer qu'au bout de 34 ans après la grande apparition de 1833, on en reverrait une autre aussi brillante en 1866 ou 1867. Cette prédiction fut confirmée par un astronome américain M. Newton, à la suite d'études faites sur des documents écrits se rapportant à des apparitions antérieures. Enfin elle se trouva vérifiée par une splendide pluie d'étoiles filantes dans la nuit du 12 novembre 1866. Il est donc permis de croire que le même phénomène se montrera de nouveau, au bout de la même période, c'est-à-dire en 1899 ou 1900.

Or, une comète ayant été découverte à Marseille par Tempel dans les derniers jours de décembre 1865, les calculs donnèrent pour sa révolution une durée de 33 ans et quart. La coïncidence de la durée de cette révolution avec l'intervalle qui sépare les grandes chutes des Léonides confirma l'opinion que les étoiles filantes proviennent des comètes.

En effet, en raison du peu de consistance de leur matière, les comètes ne peuvent pas échapper à une certaine décomposition, quand elles passent au périhélie, c'est-à-dire dans le voisinage du Soleil. Tantôt elles se partagent en plusieurs gros fragments qui continuent à suivre à peu près la même route, comme cela est arrivé à la comète de Biéla en 1846. Tantôt elles se subdivisent en une infinité de petites parties qui, sous l'influence du mouvement qu'elles conservent, s'allongent en un anneau elliptique, semblable à l'orbite de la comète (fig. 113), et présentent une épaisseur variable d'une extrémité à l'autre, comme l'a démontré M. Schiaparelli directeur de l'observatoire de Milan. Si l'orbite de la Terre coupe cet anneau, chaque fois que dans son mouvement annuel elle le traversera, les matériaux cométaires pénétrant dans l'atmosphère, y deviendront incandescents par la chaleur que dégage l'air qu'ils compriment devant eux et ils forment comme une pluie d'étoiles, tombant avec la plus grande abondance, quand la Terre rencontre de nouveau le point où l'anneau a sa plus grande épaisseur.

Rien n'empêche, dit M. Faye, que la comète mère subsiste, bien diminuée à la vérité, au milieu de l'essaim, qu'elle a engendré, ou plutôt que le Soleil a détaché d'elle successivement. Mais si sa masse est par trop faible, si son noyau ne possède pas une densité suffisante, elle peut disparaître entièrement, et c'est le cas de la comète de Biéla que nous n'avons pas revue depuis 1852. Cette comète, dont la période était de six ans et demi environ, ne se montra pas en 1859, ni en 1866. On pensa alors qu'elle s'était éparpillée en une poussière cométaire continuant à marcher sur la même orbite, et on se hasarda à prédire une grande pluie d'étoiles filantes pour le 27 novembre 1872, jour où la Terre devait traverser l'orbite cométaire. La prédiction se réalisa de la manière la plus éclatante; il en fut de même en 1885. A la fin de 1878 ou au commencement de 1879, le phénomène ne se produisit pas, parce que la Terre n'était pas arrivée au point où l'essaim cométaire coupait son orbite. On l'attend avec confiance pour le 27 novembre 1898. Le radiant de ces étoiles filantes est dans la constellation d'Andromède; on les appelle donc les *Andromédides*.

L'essaim des Léonides du 10 août n'a pas une autre origine. En effet, M. Schiaparelli, étant parvenu à calculer son orbite, reconnut qu'elle était identique avec celle d'une comète qui venait d'être découverte en 1862 et à laquelle on trouva une révolution de 120 ans. D'après le savant astronome italien, la zone céleste dans laquelle se meut la comète est peuplée de corpuscules provenant de la désagrégation de l'astre, et la Terre la rencontrant le 10 août, il en résulte les

Fig. 113. — Orbite des essaims d'étoiles filantes.

chutes de météores observées annuellement. Le 10 août 1863, à peine une année après le passage de la comète au périhélie, une grande chute a eu lieu. Ces chutes doivent être surtout abondantes aux époques où la comète passe au périhélie, c'est-à-dire tous les 120 ans environ.

Les étoiles filantes, qui dans la plupart des nuits apparaissent isolées et en petit nombre, n'ont pas été négligées par les astronomes. A force de recherches persévérantes, ils ont fini par reconnaître qu'elles appartiennent aussi à des essaims elliptiques allongés dont ils ont pu indiquer les radiants. « La plus grande partie des étoiles météoriques, dit M. Schiaparelli, est effectivement distribuée en systèmes qui ne diffèrent des Perséides et des Léonides que par la moindre abondance des météores qui les composent et l'évidence moindre avec laquelle ils se manifestent aux observateurs. Dans chaque nuit apparaissent deux, trois et même un plus grand nombre de ces pluies météoriques ; de là le désordre apparent de l'ensemble du phénomène, désordre qui ne disparaît que lorsque les diverses trajectoires ont été ramenées chacune au point radiant auquel elles appartiennent. Il ne faut pas croire pour cela que le nombre de ces systèmes et leurs lois soient suffisamment connus. Néanmoins il est très certain que la Terre, dans le cours annuel de l'orbite qu'elle décrit autour du Soleil, rencontre continuellement des pluies météoriques, les unes plus, les autres moins abondantes, dérivant tantôt de l'une, tantôt de l'autre direction de l'espace, mais souvent de directions diverses à la fois. La même pluie météorique rencontrée une fois ne revient plus que l'année suivante, à la même date à peu près. La masse des météores qui composent une même averse se présente pour rencontrer la Terre toujours au même lieu de son orbite et de l'espace interplanétaire et se précipite sur elle toujours dans la même direction. »

CHAPITRE VIII

LES BOLIDES. — LES AÉROLITHES.

Aux étoiles filantes se rattache un autre genre de météores lumineux, qui se montrent moins fréquemment et sans aucun caractère de périodicité : ce sont les *bolides*[1]. On appelle ainsi des globes de feu qui apparaissent subitement dans le ciel, non pas seulement pendant la nuit, mais aussi pendant le jour, glissant avec rapidité dans l'espace, en jetant une vive lumière et laissant derrière eux une trace lumineuse. Souvent ils sont accompagnés d'un bruit semblable à celui d'une ou de plusieurs détonations consécutives. Ces globes ont des grandeurs variables, depuis celle des grosses planètes Vénus et Jupiter jusqu'à celle de la pleine Lune.

En raison de leur grande vitesse ils sont visibles en des lieux souvent bien éloignés les uns des autres. Tel fut l'énorme bolide qui se montra le 5 septembre 1868, vers 8 heures et demie du soir, se dirigeant de l'est à l'ouest, depuis les provinces danubiennes jusqu'en France, ayant parcouru, en moins d'une minute, un espace d'environ 400 lieues, avec une vitesse de 40 lieues par seconde. D'après les observations qui purent être recueillies, la hauteur de son point d'apparition fut de 30 lieues ; en Bourgogne et en Auvergne, où le bolide disparut, elle était de 80 lieues.

Citons encore un bolide qui parut en Bohême, vers 7 heures et demie du soir, le 12 janvier 1879, ayant un diamètre égal à celui de la Lune et terminé par une queue. Il disparut subitement ; une minute après, une violente détonation se fit entendre et, au bout de

---

[1] Ce mot est un terme grec qui signifie un jet.
Le mot aérolithe est composé de deux noms empruntés aussi au grec ; il signifie *pierre de l'air*, pierre venue de l'atmosphère.

6 minutes on vit paraître un autre bolide de même aspect, mais plus petit et qui s'éteignit promptement sans détonation. Chacun brilla pendant moins d'une minute, marchant avec une vitesse de 5 ou 6 lieues par seconde. Le premier parut à une hauteur plus grande que le second, environ 15 lieues au point de son apparition et 10 lieues au point de sa disparition.

Ces météores ont-ils la même origine, la même nature que les étoiles filantes ? La question est tout à fait indécise.

L'apparition des bolides ne se réduit pas toujours à un spectacle lumineux qui cesse promptement, sans laisser autre chose qu'une impression d'étonnement chez ceux qui en ont été témoins. Souvent le bolide, après une détonation plus ou moins violente, projette sur la Terre des masses solides, soit en un ou deux blocs, soit en un grand nombre de parties formant comme une pluie de pierres : c'est ce qu'on appelle *aérolithes*.

On a vu des chutes de pierres se produire sans être accompagnées d'aucun phénomène lumineux ; c'est ce qui est arrivé le 16 février 1883, à Alfianello, dans le territoire de Brescia, en Italie. A trois heures de l'après-midi, on entendit un bruit épouvantable, sans qu'on vît briller aucune lumière dans le ciel et une pierre tomba près du village, dans un champ où elle s'enfonça à un mètre et demi de profondeur.

Ces phénomènes se sont produits dans les siècles reculés, comme dans les temps récents. Un savant physicien allemand Chladni s'était attaché à recueillir tous les renseignements que les traditions ou les documents écrits ont pu lui fournir à ce sujet ; il en a formé un catalogue intéressant, qui a été inséré dans l'*Annuaire du Bureau des longitudes* de l'année 1826.

La réalité de ces faits extraordinaires fut longtemps niée par les savants. Les affirmations mêmes de témoins sérieux ne rencontraient encore au siècle dernier que des incrédules obstinés, ou provoquaient les explications les plus singulières. Citons comme exemple celle que donnait l'astronome De Lalande dans un petit almanach intitulé : *Etrennes historiques à l'usage de la Bresse pour l'année* 1755. Il n'avait alors que vingt-quatre ans ; mais il faisait déjà partie de l'Académie des sciences. « Je crois devoir placer ici, dit-il, un phénomène remarquable qui causa, l'année dernière, dans la Bresse, une sur-

prise générale. Comme il a donné lieu à un grand nombre de conjectures, de raisonnements et de fables, il ne sera pas inutile de rapporter ce que les recherches faites sur les lieux et l'examen d'un
habile chimiste m'ont fait connaître.

« Au mois de septembre 1753, environ à une heure après midi,
le temps était fort chaud et fort serein, sans aucune apparence de
nuages ; on entendit un grand bruit semblable à celui de deux ou
trois coups de canon, qui dura fort peu, mais qui fut assez fort pour
retentir à six lieues à la ronde.

« Ce fut aux environs de Pont-de-Vesle que le bruit fut le plus considérable ; on entendit même à Liponas, village à trois lieues de Pont-
de-Vesle et à quatre lieues de Bourg, un sifflement semblable à celui
d'une fusée, et le même soir on trouva à Liponas et à Pin, village
près de Pont-de-Vesle, et qui est à trois lieues de Liponas, deux
masses noirâtres d'une figure presque ronde, mais fort inégales, qui
étaient tombées dans des terres labourées, où elles s'étaient enfon-
cées par leur propre poids, d'un demi-pied en terre ; l'une des deux
pesait environ 20 livres. Elles furent cassées, et il n'est point de
curieux qui n'en ait vu des fragments.

« Plusieurs personnes m'ayant fait l'honneur de me consulter là-
dessus, je jugeai d'abord qu'elles ne pouvaient provenir que d'une
éruption souterraine, semblable à celle d'un volcan, parce qu'il ne
paraissait pas qu'il eût pu tonner par un temps aussi serein et sans
aucun nuage apparent.

« Plusieurs personnes habiles crurent que c'étaient des pyrites,
c'est-à-dire des composés de soufre, d'arsenic et de quelques particules métalliques ; on y voyait des filets ou aiguilles semblables à
celles de l'antimoine ; il était difficile d'en décider à la vue simple,
mais voici ce que les *fourneaux* nous ont appris.

« Le fondement de ce composé minéral est une espèce de pierre de
montagne, grise, réfractaire, c'est-à-dire très dure à la fusion et
résistant même à la violence du feu ; quelques particules de fer se
trouvent répandues en grains, en filets et en petites masses dans la
substance de la pierre, mais surtout dans les fentes. Ce fer a cela de
commun avec celui de la plupart des mines qu'il a besoin d'être rougi
pour devenir parfaitement attirable par l'*aiman*. Plusieurs minéra-
logistes ont attribué la cause de ce phénomène à l'arsenic, mais il

est ici en si petite quantité qu'il n'a pas été possible de l'y reconnaître.

« Il paraît que ces pierres ont souffert un feu très violent, et qui en a fondu la première surface, ce qui a produit la noirceur extérieure qu'on y remarque et cela ne serait pas surprenant, le fer ayant la propriété d'accélérer la fusion des terres et des pierres. Cette noirceur et cette fusion auraient pu être l'effet de la foudre qui y serait tombée, mais comme on en a trouvé en deux endroits différents, et même en trois, et que ces pierres fondues ne se trouvent jamais que dans les volcans, il ne paraît pas douteux qu'elles n'en soient provenues.

« Il est vrai qu'on ne connaît, dans la Bresse, aucun vestige de volcan, et que Liponas est à plus de trois lieues des montagnes du Mâconnais, où il aurait pu s'en former ; mais on sait quelle est la force et la rapidité de ces sortes d'explosion : d'ailleurs on a vu le tonnerre enlever des pointes de clocher, des girouettes, etc., et les transporter à plusieurs lieues. Ainsi il importe peu de quelle manière ces pierres sont parvenues dans les lieux où on les a trouvées, dès que l'on sait la manière dont elles ont pu y parvenir. Au reste ces composés, que l'on peut mettre au rang des mines de fer les plus pauvres se trouvent probablement dans plusieurs endroits. On entendit un bruit semblable le jour de saint Pierre en 1750 dans la basse Normandie, et il tomba à Nicot près de Coutances, une masse à peu près de même nature que celle que je viens de décrire, mais beaucoup plus considérable. »

Quelques années plus tard, arriva une autre chute de pierres, sur laquelle une relation fut adressée à l'Académie des sciences par l'abbé Bachelay, qui avait interrogé plusieurs témoins.

« Le 13 septembre 1768, dit-il dans ce rapport, sur les quatre heures et demie du soir, il parut du côté du château de la Chevalerie, près de Lucé, petite ville du Maine, un nuage orageux dans lequel se fit entendre un coup de tonnerre fort et sec, à peu près semblable à un coup de canon ; on entendit à la suite, dans un espace d'à peu près deux lieues et demie, sans apercevoir aucun feu, un sifflement considérable dans l'air, et qui imitait si bien le mugissement d'un bœuf, que plusieurs personnes y furent trompées. Enfin plusieurs particuliers qui travaillaient à la récolte dans la paroisse de Périgné, à

trois lieues environ de Lucé, ayant entendu le même bruit, regardè-
rent en haut et virent un corps opaque qui décrivait une ligne courbe,
et qui alla tomber sur une pelouse dans le grand chemin du Mans,
auprès duquel ils travaillaient. Tous y accoururent promptement et
trouvèrent une espèce de pierre dont la moitié environ était enfoncée
dans la terre. Mais elle était si chaude et si brûlante qu'il n'était pas
possible d'y toucher. Alors ils furent tous saisis de frayeur et prirent
la fuite ; mais, étant revenus quelque temps après, ils virent qu'elle
n'avait pas changé de place, et ils la trouvèrent assez refroidie pour
pouvoir la manier et l'examiner de plus près. Cette pierre pesait
sept livres et demie ; elle était de forme triangulaire, c'est-à-dire
qu'elle présentait trois espèces de cornes arrondies, dont une dans
le moment de la chute était entrée dans le gazon. Toute la partie
qui était entrée dans la terre était de couleur grise ou cendrée, tandis que le reste, qui était exposé à l'air, était extrêmement noir. »

Une commission fut chargée par l'Académie des sciences d'examiner cette relation. Lavoisier[1], qui en faisait partie, rédigea le rapport qui renfermait les conclusions suivantes. « Nous croyons que
la pierre présentée par M. Bachelay ne doit point son origine au tonnerre, qu'elle n'est point tombée du ciel, qu'elle n'a pas été formée
non plus par des matières minérales mises en fusion par le feu du
tonnerre... L'opinion qui nous paraît la plus probable, c'est que
cette pierre, qui peut-être était couverte d'une petite couche de terre
ou de gazon aura été frappée par la foudre et qu'elle aura été ainsi
mise en évidence. »

Avant d'arriver au moment où l'incrédulité des savants sera contrainte de céder devant la réalité, mentionnons encore la chute qui
arriva le 24 juillet 1790, vers 9 heures du soir, et jeta une grande
quantité de pierres sur un espace de deux lieues, autour de Barbo-
tan, entre les trois départements des Landes, du Gers et de Lot-et-
Garonne. Elle fut précédée d'un globe de feu qui sillonna le ciel, en
traînant à sa suite une queue lumineuse et se sépara en plusieurs
parties, et d'une explosion semblable à celle qu'aurait pu faire une

---

[1] Lavoisier était fermier général ; mais entraîné par le goût le plus vif vers l'étude
des sciences naturelles, il s'adonna activement à la chimie, où il opéra une véritable révolution par les découvertes qu'il fit. Malgré de si beaux titres, il fut, en même temps que
plusieurs autres fermiers généraux, condamné à mort par le tribunal révolutionnaire et
mourut sur l'échafaud le 8 mai 1794, âgé de cinquante et un ans.

décharge de grosse artillerie. Les pierres qui furent ramassées étaient de forme ovale et aplatie, avec une teinte ardoisée. Un procès-verbal, rédigé sur les lieux par les autorités de la commune, fut regardé comme un récit d'imagination et une preuve de l'ignorante crédulité des habitants par un professeur d'histoire naturelle d'Agen. Plus tard à la suite de nouveaux faits du même genre, ce naturaliste revint sur cette condamnation qu'il avait prononcée à la légère et il déclarait que « quelque absurde que paraisse l'allégation d'un fait en physique, il faut suspendre son jugement et ne point se hâter de regarder ce fait comme impossible ».

CHAPITRE IX

La résistance des savants, déjà ébranlée, se dissipa devant la grande chute de pierres qui se produisit en 1803 à Laigle, petite ville du département de l'Orne. L'Académie ne put rester indifférente à la nouvelle qui lui en fut transmise, et l'un de ses plus jeunes membres, J.-B. Biot, fut délégué pour aller faire une enquête sur les lieux. Nous allons donner ici un extrait de son rapport.

« Le mardi 6 floréal an XI (26 avril 1803), vers une heure de l'après-midi, le temps étant serein, on aperçut de Caen, de Pont-Audemer et des environs d'Alençon, de Falaise et de Verneuil, un globe enflammé, d'un éclat très brillant, et qui se mouvait dans l'atmosphère avec beaucoup de rapidité.

« Quelque instants après, on entendit à Laigle et autour de cette ville, dans un arrondissement de plus de trente lieues de rayon, une explosion violente qui dura cinq ou six minutes. Ce furent d'abord trois ou quatre coups semblables à des coups de canon, suivis d'une espèce de décharge qui ressemblait à une fusillade, après quoi on entendit comme un épouvantable roulement de tambours. L'air était tranquille et le ciel serein, à l'exception de quelques nuages comme on en voit fréquemment.

« Ce bruit partait d'un petit nuage qui parut immobile pendant tout le temps que dura le phénomène ; seulement les vapeurs qui le composaient s'écartaient momentanément de différents côtés par l'effet des explosions successives. Dans tout le canton sur lequel ce nuage planait, on entendit des sifflements semblables à ceux d'une pierre lancée par une fronde, et l'on vit en même temps tomber une multitude de masses solides, exactement semblables à celles que l'on a désignées sous le nom de pierres météoriques.

« L'arrondissement dans lequel ces pierres ont été lancées forme une étendue elliptique d'environ deux lieues et demie de long sur à peu près une de large.... La plus grosse de toutes celles que l'on a trouvées pesait 8 kilogrammes et demi au moment où elle tomba; la plus petite que j'ai vue et que j'ai rapportée avec moi ne pèse que 7 ou 8 grammes. Le nombre de toutes celles qui sont tombées peut être évalué à deux ou trois mille. »

Au dire de plusieurs témoins, ces pierres étaient encore brûlantes au moment où ils les touchèrent et elles fumaient sur la place où elles étaient tombées.

Depuis ce moment personne n'osa contester la réalité de ces phénomènes, d'autant plus qu'ils se reproduisirent souvent en divers pays. En France nous citerons entre autres la chute qui eut lieu le 14 mai 1864, vers 8 heures du soir, dans le département de Tarn-et-Garonne et qui est connue sous le nom de météorites d'Orgueil, parce que c'est dans cet endroit que les pierres furent trouvées en plus grande quantité. La chute fut précédée d'un bruit semblable à celui d'un coup de canon, suivi d'un roulement prolongé. Le phénomène avait commencé par l'apparition d'un bolide qui jeta sa lumière depuis Vannes et le Mans jusqu'à Montauban et qui fut même aperçu au nord à Paris et au sud jusqu'à Santander en Espagne.

Les bolides peuvent causer les mêmes accidents que le tonnerre mais plus rarement. On cite trois ou quatre cas de morts d'hommes écrasés par un aérolithe, entre autres celle de deux matelots suédois qui furent tués en 1674 sur le pont de leur navire. Les incendies sont naturellement plus nombreux. Le plus récent de ceux qui se sont produits en France remonte à l'année 1885; il est raconté dans la note suivante écrite par M. Caraven-Cachin.

« Le 10 août 1885, à quatre heures du matin, une chute de météorites a eu lieu sur la commune de Grazac (Tarn). Cette chute fut accompagnée d'un bruit comparable à celui d'un violent coup de tonnerre. Les métayers, saisis de frayeur, sautèrent à bas de leur lit, tandis que les bœufs et les chevaux piaffaient dans les étables et brisaient leurs chaînes. En même temps les météorites incendiaient et consumaient entièrement une meule de 1500 gerbes de blé, à la métairie de Laborie. Les pierres recueillies au nombre de vingt étaient répandues sur une distance de deux kilomètres. Elles affectaient des formes plus ou moins irrégulières; la plus grosse pesait environ 600 grammes. »

Nous avons déjà dit que la surface des météorites a généralement un aspect noirâtre; cependant leur composition intérieure n'est pas identique. Quelques-unes, mais en petit nombre, sont formées de fer presque pur contenant quelques centièmes de nickel. Tel est un aérolithe de 625 kilogrammes qu'on peut voir à Paris, dans la belle collection réunie par M. Daubrée au Muséum. Il fut découvert en 1828 dans le département du Var au village de Caille, où, sous le nom de pierre de fer, il servait de banc à la porte de l'église. Il était tombé deux siècles auparavant dans la montagne voisine.

A la même origine on rattache quelques masses de fer natif qui ont été trouvées en certains lieux, quoiqu'il n'y ait pas eu de témoins de leur chute. Nous citerons par exemple un bloc qui fut découvert en 1784 dans une forêt vierge du Brésil et qui pèse plus de 5 000 kilogrammes. En 1888 l'empereur Don Pedro a réussi, à grands frais, à le faire transporter à Rio-Janeiro.

Le plus grand nombre de météorites présentent la consistance d'une matière pierreuse, dans laquelle sont disséminés des grains de fer en plus ou moins grande quantité.

Par une exception assez rare, la météorite d'Orgueil ne contient pas de métal; c'est une substance charbonneuse assez peu dure pour être écrasée entre les doigts sans beaucoup de résistance.

« Non seulement, dit M. Daubrée, les recherches chimiques n'ont fait découvrir dans les météorites aucun élément étranger à notre planète; mais trois corps, le fer, le silicium et l'oxygène y prédominent comme dans les roches terrestres. Quant au magnésium abondant dans les débris cosmiques, il ne paraît par l'être moins dans les profondeurs de nos roches.... Tandis que l'harmonie du plan de l'univers se manifeste par l'unité des lois de la mécanique et de la physique qui en gouvernent les parties les plus reculées, son unité de composition reçoit une éclatante confirmation par ces innombrables débris, qui viennent apporter sur notre planète des échantillons des astres dont ils ont été détachés. Aujourd'hui resplendit de plus en plus l'unité qui règne dans la constitution matérielle des mondes. »

Quels sont ces astres d'où seraient partis les météorites? Personne ne peut le dire. Sur ce point les savants ne sont pas plus instruits que sur l'origine des comètes et des étoiles filantes. Les explications proposées par quelques-uns d'entre eux ne sont que de pures hypothèses, ayant plus ou moins de vraisemblance, mais peu propres à donner satisfaction à notre curiosité.

« Il y a quelques années, un savant naturaliste norvégien, bien connu par ses voyages de circumnavigation boréale, M. Nordenskiold, a découvert au Groënland d'énormes gisements de fer natif. Les premiers blocs, ainsi trouvés à Gvifak, furent d'abord considérés comme les témoignages d'anciennes chutes de météorites. Des recherches ultérieures, dues à un jeune savant danois, M. Steenstrup, firent trouver sur un point du littoral le fer natif encaissé dans des roches basaltiques, c'est-à-dire dans des roches éruptives. Au Groënland, il est parfaitement établi maintenant que le fer nikelé n'est pas un accident fortuit.

« Au point de vue de sa constitution géologique, dit M. Daubrée, la partie septentrionale du pays est particulièrement remarquable par le développement de roches éruptives d'un âge relativement très récent. C'est un des plus grands massifs de basalte que l'on connaisse; il commence au 60° degré de latitude, et vers le 76° degré, il disparaît sous le vaste glacier continental qui empêche toute exploration du sol. On peut supposer avec raison que ces éruptions, exceptionnellement abondantes, ont entraîné du fer métallique avant d'arriver au jour [1]. »

[1] Am. Guillemin. — *Les étoiles filantes et les pierres qui tombent du ciel.*

LIVRE VII

LES MONDES STELLAIRES

CHAPITRE PREMIER

MOUVEMENTS PROPRES DES ÉTOILES.
ÉTOILES MULTIPLES. — ÉTOILES VARIABLES.

A en juger par la forme des constellations qui semble rester constante, on pourrait croire que les étoiles sont réellement fixes. Or, en comparant les positions de quelques-unes, telles que Sirius, Aldébaran, Arcturus, à diverses époques, à l'aide des catalogues antérieurs, Halley crut reconnaître que ces étoiles avaient subi un déplacement. Les recherches entreprises et continuées depuis sur ce sujet ont prouvé en effet qu'un grand nombre d'étoiles sont animées de mouvements propres, et il a fallu que la perfection des instruments modernes vînt en aide à l'habileté des astronomes pour constater des mouvements si faibles qu'ils n'atteignent pas 1″ de circonférence par an pour la plupart, excepté pour un très petit nombre, par exemple Arcturus dont le mouvement annuel s'élève à 2″,25, ce qui, au bout de 800 ans fait environ un demi-degré, c'est-à-dire un espace égal au diamètre apparent de la Lune. L'aspect du ciel n'est donc pas exactement aujourd'hui ce qu'il était il y a quelques centaines d'années. Notre Soleil lui-même n'échappe pas à cette mobilité qui est peut-être générale ; car W. Herschell a démontré que cet astre avec son cortège de planètes se meut dans l'espace avec une vitesse de quelques millions de lieues par an, vers un point situé dans la constellation d'Hercule.

La puissance des instruments a fait faire une autre découverte. Certaines étoiles vues au télescope apparaissent composées de deux étoiles distinctes très voisines : ce sont des étoiles doubles. Il y en a qui sont triples, quelques-unes mêmes quadruples. Cette union de deux étoiles en une pourrait venir d'un effet de perspective, parce qu'elles seraient toutes deux à peu près sur un même rayon visuel ; mais dans la plupart des cas elles sont liées entre elles par une force analogue à celle qui enchaîne les planètes au Soleil. W. Herschell a en effet prouvé que l'une tourne autour de l'autre, ou toutes deux autour de leur centre de gravité commun.

En parlant ici du voisinage de deux étoiles, de la lenteur de leurs mouvements propres, nous devons faire observer que l'on commettrait une grossière erreur, en prenant ces expressions à la lettre, avec le sens qu'elles ont pour tous dans le langage vulgaire. C'est le cas de répéter que tout est relatif. Dans cet immense éloignement deux étoiles que nous regardons comme voisines sont cependant séparées par un intervalle de millions, de milliards de lieues. Il en est de même de la lenteur de leur mouvement propre. Celui d'Arcturus par exemple, qui est de 2″,25 par an, correspond à une vitesse d'environ 1 500 lieues par minute.

Ces mouvements, malgré leur peu d'étendue et l'immense éloignement des régions où ils ont lieu, ont été étudiés avec une précision étonnante : Sirius en donne un exemple frappant. En examinant certaines irrégularités qui avaient été reconnues depuis plusieurs années dans le mouvement propre de cette étoile qui est de 1″,2, l'astronome allemand Bessel, vers 1844, eut l'idée de les attribuer à l'influence attractive de quelque astre voisin, une énorme masse lumineuse par elle-même ou un corps obscur éclairé seulement par l'astre. Il n'eut pas le bonheur de voir ses prévisions réalisées ; mais douze ans après sa mort, le fils d'un célèbre opticien américain, M. Alvan Clarck, découvrit ce compagnon de Sirius le 31 janvier 1862, en essayant un puissant instrument que son père venait d'achever.

Ainsi les étoiles sont probablement comme autant de soleils autour desquels gravitent d'autres astres, constituant des systèmes

innombrables de corps, analogues à notre système solaire, animés
d'un mouvement de translation de vitesses diverses, au lieu de
rester dans la même région, sans que nous puissions prévoir le
terme de ces courses lointaines. Notre Soleil n'est lui-même qu'une
étoile présentant à nos regards un volume d'une certaine étendue,
parce qu'il est très rapproché de nous, tandis que, reculé à la distance de Sirius par exemple, il ne serait plus qu'un point lumineux à
peine perceptible.

Certaines étoiles ont un éclat variable, et pour plusieurs ce changement d'éclat est périodique, c'est-à-dire que l'étoile reprend
régulièrement les mêmes degrés de grandeur apparente dans un
temps qui ne change pas. La plus remarquable des étoiles périodiques est Algol ou β de la constellation de Persée ; elle descend de
la 2ᵉ grandeur à la 4ᵉ dans un espace de temps de 69 heures, en
restant à la 2ᵉ grandeur pendant 60 heures. Quelle est la cause de cet
affaiblissement que sa lumière subit pendant neuf heures? Peut-être
est-il causé par le passage d'un corps opaque, une sorte de planète
qui, en tournant autour de cette étoile, intercepterait une partie
de sa lumière. Des recherches récentes donnent à cette hypothèse
une grande probabilité.

Nous devons citer encore l'étoile qui la première fut reconnue
comme périodique ; c'est une étoile de 2ᵉ grandeur *(omicron)* de la
Baleine, constellation peu apparente située à l'ouest d'Orion, à peu
près à égale distance d'Aldébaran et de Rigel. C'est vers 1596 qu'elle
fut observée par Fabricius, le père de celui qui découvrit les taches
du Soleil. Elle reçut la dénomination latine de *Mira ceti* (la Merveilleuse de la Baleine) qu'elle conserve encore. Sa période est de 331
jours ; elle s'affaiblit au point de rester invisible à l'œil nu pendant
cinq mois environ. Son éclat maximum est lui-même variable ; car
il a paru quelquefois s'élever à la 1ʳᵉ grandeur.

Quelques étoiles sont allées en s'affaiblissant si complètement
qu'elles ont fini par disparaître et qu'il ne reste rien dans le ciel à
la place qui leur était donnée dans les anciens catalogues. Ces
étoiles reparaîtront-elles un jour? Nul ne peut le dire. Ce qui est
incontestable, c'est que des étoiles se sont montrées subitement et
ont cessé d'être visibles, après avoir brillé un certain temps: c'est ce
qu'on appelle *étoiles temporaires*.

L'exemple le plus célèbre est celui d'une belle étoile qui apparut tout à coup dans la constellation de Cassiopée le 11 novembre 1572, aussi éclatante que Sirius. D'après le récit de Tycho-Brahé, elle était visible en plein jour. Elle ne tarda pas à s'affaiblir peu à peu et sembla s'éteindre au bout de 17 mois.

Cette apparition extraordinaire frappa vivement les esprits. Cardan, mathématicien italien, qui joignait à sa science la foi aux rêveries astrologiques, soutint que cette étoile était celle qui avait guidé les Mages au berceau du Sauveur. De son côté, Théodore de Bèze, un des plus célèbres disciples de Calvin, déclara qu'elle annonçait le second avènement du Christ, comme elle avait indiqué le premier, et que par conséquent la fin du monde était proche.

Au mois d'octobre 1604, on vit briller subitement dans la constellation d'Ophiuchus une étoile de 1re grandeur, qui fut observée par Képler. Elle s'affaiblit de jour en jour et disparut au mois de janvier 1606.

Citons encore l'apparition d'une étoile de 2e grandeur dans la Couronne boréale le 12 mai 1866, et celle d'une étoile de 3e grandeur dans la constellation du Cygne le 24 novembre 1876. Elles n'ont été visibles que pendant peu de temps.

CHAPITRE II

DE LA DISTANCE DES ÉTOILES.

A quelles distances sont suspendues les étoiles innombrables qui peuplent ces espaces auxquels notre pensée ne peut assigner aucune limite ? Les plus brillantes sont-elles les plus voisines de nous ? Les autres paraissent-elles affaiblies seulement par un éloignement plus considérable ? La différence d'éclat peut dépendre de cette cause, mais aussi d'autres causes diverses qui nous échappent ; l'une sans doute est la différence de leurs volumes, quoiqu'elles ne se montrent que comme des points lumineux dans les instruments les plus puissants, tandis que le Soleil et les planètes y apparaissent plus ou moins grossis et rapprochés.

La méthode à employer pour mesurer la distance d'une étoile n'est au fond que celle que la géométrie enseigne pour déterminer sur la Terre la distance d'un point donné à un point inaccessible. Nous en avons déjà parlé à l'occasion du Soleil et de la Lune ; nous nous bornerons ici à rappeler que la résolution de ce problème dépend de la connaissance du déplacement que doit éprouver la position apparente de l'étoile par rapport à quelque point, quand on l'observe de deux stations différentes. Ce déplacement est égal à l'angle que formeraient deux droites menées de l'étoile aux deux stations : c'est ce qu'on nomme *parallaxe*. Par exemple, la parallaxe d'une étoile E (fig. 114) pour deux stations A et B serait l'angle AEB.

Or, toutes les tentatives faites depuis Galilée sur les étoiles n'avaient jamais donné pour cet angle qu'une valeur nulle, même quand les deux stations étaient les deux points A et B où la Terre se trouve à six mois d'intervalle, sur l'orbite annuelle qu'elle décrit autour du Soleil, points qui sont cependant séparés par une distance moyenne de

76 millions de lieues. De ce résultat on pouvait conclure que les deux rayons visuels menés des deux stations à l'étoile peuvent être regardés comme parallèles et que par suite l'étoile est à une distance infiniment grande.

Cependant, grâce aux perfectionnements apportés à la construction des instruments astronomiques, l'astronome Bessel à Kœnigsberg fut plus heureux. Il concentra ses observations sur une petite étoile de 4° grandeur, la 61° de la constellation du Cygne, qui avait déjà attiré l'attention par l'étendue de son mouvement propre, qui est de 5″ par an. Vers 1840, il annonça qu'il avait trouvé à cette étoile une parallaxe de 0″,35 rapportée au demi-diamètre de l'orbite terrestre, c'est-à-dire à la distance moyenne de la Terre au Soleil, laquelle est de 38 millions de lieues. Or, d'après ce qui a été expliqué à propos de la mesure de la distance de la Terre au Soleil, on sait que si la parallaxe était de 1″, la distance de l'astre serait 206 265 fois celle de la Terre au Soleil et qu'on la trouverait de 2,3,4... fois plus grande pour une parallaxe

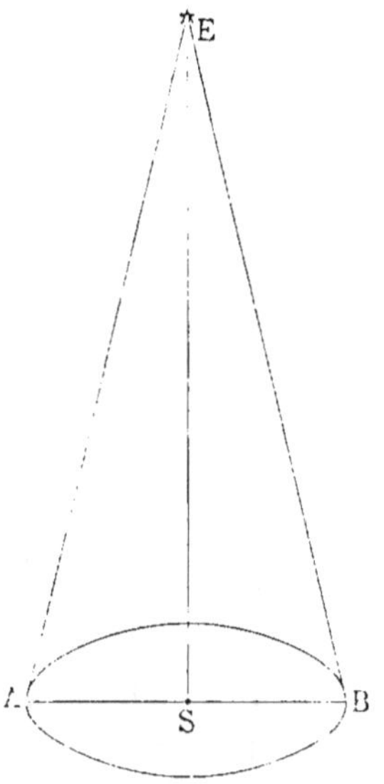

Fig. 114.—Parallaxe des étoiles.

2,3,4... fois plus petite. Le calcul apprend que la distance de la 61° étoile du Cygne à la Terre est presque égale à 600 000 fois la distance de la Terre au Soleil, c'est-à-dire à 600 000 fois 38 millions de lieues. Evaluée de cette manière, cette distance nous écrase par son énorme grandeur ; pour en prendre quelque idée, recourons à la vitesse de la lumière, qui est de 75 000 lieues par seconde. Pour venir du Soleil à la Terre, elle met 8 minutes 16 secondes; pour venir de l'étoile du Cygne, il lui faut 9 ans environ.

Des travaux du même genre furent ensuite entrepris sur d'autres étoiles. Il y en a une pour laquelle les résultats présentent un accord très satisfaisant; c'est une étoile de 1re grandeur, qui n'est pas visible sur l'horizon de Paris, et qui appartient à la constellation du Centaure, où elle est désignée par la lettre grecque α. Cette constellation se trouve un peu au sud-ouest du Scorpion. La parallaxe de cette étoile est de 9 dixièmes de seconde, ce qui correspond à une distance de 8 trillions de lieues ; sa lumière met 3 ans et demi pour arriver jusqu'à nous.

Citons encore deux étoiles importantes : la Polaire et Sirius. Pour la Polaire, la parallaxe étant 0″,076, sa distance à la Terre est égale à 2 714 000 fois celle de la Terre au Soleil, ce qui fait 100 trillions de lieues et sa lumière pour venir à nous met environ 42 ans.

La parallaxe de Sirius est 0″,193 ; sa distance égale 1 069 000 fois celle de la Terre au Soleil ou 39 trillions de lieues. Sa lumière met près de 17 ans pour arriver à nous. Ajoutons que, par une suite d'observations délicates, les astronomes ont trouvé que la masse de Sirius est égale à quatorze fois celle du Soleil.

Pendant le temps que la lumière des étoiles met pour arriver jusqu'à la Terre, notre globe se déplace sur son orbite elliptique, avec une vitesse bien inférieure, il est vrai, à celle de la lumière. Par conséquent chaque rayon lumineux venant d'une étoile ne nous la fait pas pas voir dans la position où elle est réellement au moment où il pénètre dans l'œil, mais sur une direction différente, qui dépend à la fois de la vitesse de la lumière et de la vitesse de la Terre. C'est un phénomène analogue à celui qu'on observe, quand assis dans une voiture marchant à grande vitesse, on voit, sans qu'il y ait le moindre vent dans l'air, la pluie frapper obliquement les vitres des portières, quoiqu'elle tombe verticalement dehors. C'est ce qu'on appelle *aberration de la lumière*. La découverte en est due à Bradley, qui a aussi découvert la nutation de l'axe terrestre.

La marche de la Terre s'effectuant sur une courbe elliptique, l'étoile semble décrire une toute petite ellipse dont le grand axe a à peu près une étendue angulaire de 40″.

Combien de réflexions naissent dans l'esprit en face de ces distances immenses, au bout desquelles sont allumés ces millions de flambeaux qui nous éclairent chaque nuit ! Nous n'en exprimerons. qu'une : en supposant qu'ils vinssent tous à s'éteindre à un moment donné, la lumière émanée d'eux jusque-là continuerait à arriver à nos yeux, comme un courant d'eau dont le réservoir est épuisé, et nous resterions à contempler pendant des années le spectacle imaginaire de ces astres qui auraient cessé d'exister.

CHAPITRE III

Sur toute la surface du ciel, il y a, en outre des étoiles, une multitude d'espaces de forme et d'étendue diverses qui semblent comme des nuées légèrement lumineuses. La principale par son éclat et par ses dimensions est la zone blanchâtre connue sous le nom de *Voie lactée*. Nous avons exposé ce qu'on sait à son sujet; nous n'en dirons rien de plus, après avoir toutefois rappelé qu'elle est composée d'une multitude innombrable d'étoiles, si serrées que leur ensemble présente à l'œil nu comme l'aspect d'une poussière lumineuse, tandis qu'à l'aide de bons instruments on les voit se détacher distinctement les unes des autres.

Les autres nuées, qu'on rencontre surtout en dehors de la Voie lactée, sont ce qu'on appelle des *nébuleuses*.

Les unes observées avec de puissants instruments apparaissent comme des amas d'étoiles extrêmement nombreuses, assez semblables à des portions de la Voie lactée. Dans le langage astronomique, on dit que ces nébuleuses sont *résolues* (fig. 115). On les nomme aussi *amas stellaires*. La constellation des Pléiades en est un exemple. Pour certaines vues faibles, elle n'a que l'apparence d'une nébuleuse; une bonne vue y distingue assez bien les six étoiles les plus brillantes.

Parmi les nébuleuses qui n'ont pas encore été résolues, il y en a plusieurs qui céderaient, comme les précédentes, devant des instruments plus puissants et plus parfaits. Citons, comme exemple, la première nébuleuse connue, qui fut découverte en 1612 par un astronome allemand, Simon Marius, dans la constellation d'Andromède.

« A l'œil nu, dit-il, elle paraît comme un petit nuage ; avec la
lunette on n'y aperçoit aucune étoile : elle ressemble à une chan-
delle qui serait vue de loin et de nuit derrière une plaque de corne. »

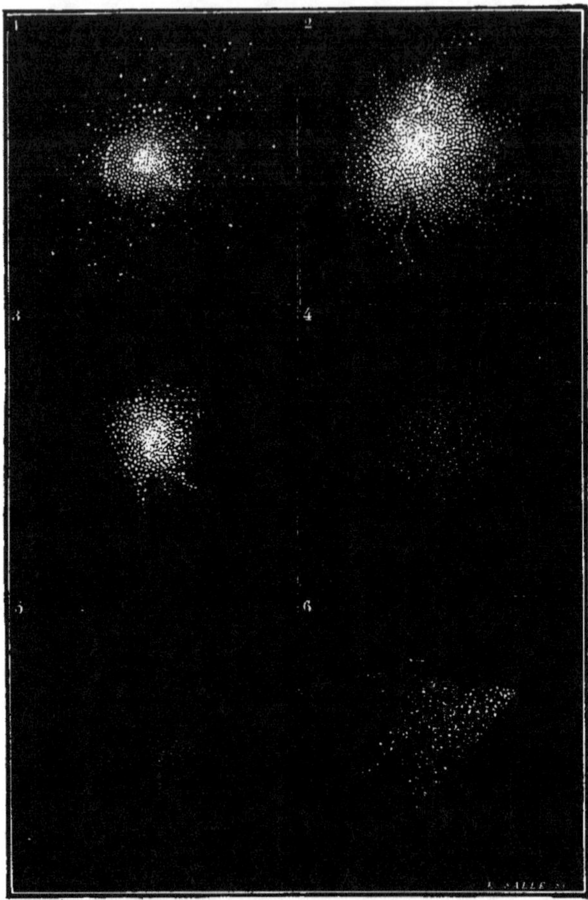

Fig. 115. — Amas stellaires.

Cette nébuleuse est remarquable par sa forme elliptique (fig. 116).
En 1848, un astronome américain, M. Bond, réussit, à l'aide d'une
puissante lunette, à y compter plusieurs centaines d'étoiles, sans
toutefois avoir pu la résoudre complètement.

Cependant la plupart des nébuleuses sont regardées par les astronomes comme d'énormes masses de matière lumineuse couvrant de

Fig. 116. — La première nébuleuse découverte.

vastes espaces, ce qui a été confirmé par les observations faites sur elles au moyen du spectroscope. Parmi elles nous devons citer la

Fig. 117. — Nébuleuse d'Orion.

belle nébuleuse située dans la constellation d'Orion (fig. 117). Leurs formes sont diverses et même subissent avec le temps des changements plus ou moins considérables. Telle est la nébuleuse en spirale (fig. 118) qu'on peut voir actuellement dans la constellation des Lévriers, près de l'extrémité de la queue de la Grande Ourse et qui apparut à Herschell avec la forme d'un anneau.

Fig. 118. — Nébuleuse des Lévriers.

Ces modifications suggèrent naturellement l'idée qu'un travail incessant se fait dans ces masses lointaines de matière et que la puissance de l'attraction universelle y opère des condensations d'où sortiront peut-être à la longue des mondes nouveaux. Aussi ne cesse-t-on pas de les explorer, et depuis Herschell qui avait reconnu 2 500 nébuleuses, leur nombre s'est augmenté considérablement : il s'élève aujourd'hui presque à 8 000.

CHAPITRE IV

La curiosité de l'homme au sujet des mondes est insatiable. Quand on refuse de répondre à une de ses questions, elle en pose une autre. Une de celles qui semble la préoccuper le plus fortement, c'est de savoir s'ils sont habités. Sans nous arrêter à Fontenelle, qui a écrit à ce sujet un traité fort connu, consultons de préférence nos contemporains.

« A partir du xvie siècle, écrit M. Faye, on se dit que l'univers doit se composer d'une infinité de mondes, ayant chacun, comme le nôtre, un Soleil pour centre et que ce vaste ensemble ne peut avoir été créé pour rien, que la Terre, insignifiante sous tous les rapports, ne saurait avoir seule le privilège de porter des êtres vivants et intelligents. Les mondes habités, la vie répandue à profusion dans l'univers, sous les formes les plus variées, quel vaste champ pour l'imagination ! Pour l'imagination, soit ; mais non pour la science. Sur le point de fait, la science est et restera muette. Même dans notre propre monde les planètes sont trop éloignées de nous pour que nos plus puissants télescopes nous y fassent distinguer des êtres vivants ou même des traces de leur existence. Quant aux planètes, qu'on se plaît à attribuer à ces millions de soleils, on ne les voit pas et on ne les verra jamais. Voilà, ou à peu près, tout ce qu'un astronome peut affirmer à ce sujet. »

D'un autre côté, citons ce qu'écrit le P. Secchi sur la même question dans son ouvrage *les Étoiles.*

« On en est venu à supposer qu'il existait dans l'espace beaucoup de mondes analogues au nôtre, mais à nous inconnus, parce qu'ils sont séparés de nous par le vide absolu, dénué même de l'*éther*, propagateur de la lumière. Comme il est impossible de prouver de telles idées, il est aussi inutile de les réfuter ; et cependant nous en voyons trop pour ne pas rêver de ce que nous ne voyons pas.

« La matière qui compose ces masses incompréhensibles est partout la même. Les éléments que le chimiste étudie dans son laboratoire sont les mêmes que ceux dont le spectroscope nous révèle l'existence dans les dernières nébuleuses et dans les atmosphères stellaires. Mais la création contemplée par l'astronome n'est pas un simple amas de matière incandescente ; c'est un organisme prodigieux où, quand l'incandescence cesse, commence la vie. Bien que celle-ci ne soit pas accessible à nos télescopes, toutefois, par analogie avec notre globe, nous pouvons en conclure qu'elle existe aussi sur les autres. La constitution atmosphérique des autres planètes qui, en certains points, est si semblable à la nôtre, comme celle des étoiles est semblable à celle de notre Soleil, nous persuade que ces corps sont dans un stade semblable à celui de notre système, ou parcourent l'une des périodes que nous avons déjà traversées ou que nous traverserons un jour.

« De l'immense variété des créatures qui ont déjà existé et qui existent encore sur notre planète, nous pouvons conclure à la diversité de celles qui peuvent exister là-bas. Si, parmi nous, l'air, l'eau et la terre sont peuplés de tant de variétés d'êtres qui se sont modifiés si souvent sous l'influence des circonstances simples du climat et du milieu, combien plus doit-il s'en trouver dans ces systèmes où les astres secondaires sont éclairés quelquefois, non par un, mais par plusieurs soleils alternativement.

« Ce serait une vue bien étroite que de vouloir façonner tout l'univers sur le type de notre petit globe, tandis que notre système relativement microscopique nous présente tant de variété ; il n'est pas philosophique de prétendre que tout astre doit être habité comme le nôtre et que dans tout système la vie est limitée aux satellites obscurs. Il est vrai que chez nous elle ne peut exister qu'entre des limites de température très restreintes ; mais qui peut savoir si ce ne sont pas là des limites dépendant de nos organismes ?

« Toutefois, même dans ces limites, si la vie ne pouvait exister dans les astres enflammés, ces derniers auraient toujours dans la création la mission importante d'entretenir l'existence en réglant le cours des astres secondaires au moyen de l'attraction de leurs masses, de l'aviver par leur lumière et leur chaleur. Et quoi d'étonnant si, parmi tant de millions, un grand nombre de systèmes étaient déserts ! Ne voyons-nous pas sur notre globe des régions relativement très étendues où la vie est impossible ? L'immensité de l'œuvre n'en correspondrait pas moins à la dignité et au but de l'Architecte.

« La vie remplit l'univers, et à la vie est associée l'intelligence ; de même qu'on trouve en abondance des êtres inférieurs à nous, on pourrait de même dans d'autres conditions, en trouver de beaucoup plus intelligents. Entre la faible lueur de ce rayon divin qui resplendit dans notre fragile enveloppe, et grâce à laquelle nous pouvons connaître tant de merveilles, et la sagesse de l'Auteur de toutes choses il y a une distance infinie. Il peut s'y intercaler par degrés infinis des créatures pour lesquelles les théorèmes si péniblement conquis par nous, au prix d'études ardues, pourraient être de simples intuitions [1].

« Nous n'avons pas encore fini de découvrir de nouvelles merveilles ; nous ne serons arrêtés que quand nous cesserons d'étudier. Il fut un temps où tout le système solaire se limitait à un corps central lumineux, entouré d'un petit nombre d'astres assez grands et obscurs. Peu après vinrent s'y ajouter de nombreux systèmes de second ordre, les satellites, et on crut les découvertes terminées. Maintenant au contraire que de changements radicaux dans l'idée

---

[1] « L'hypothèse de la pluralité des mondes habités, qu'on s'efforce aujourd'hui de tourner bruyamment, en guise d'arguments sérieux, contre la théologie chrétienne, n'a jamais été condamnée par elle. Tout naturellement les anciens théologiens, qui ne connaissaient pas le vrai système du monde, n'en ont pas parlé ; mais depuis que la science des astres a changé de face, il n'est guère de théologien qui n'ait sur ce point une opinion ; car il ne saurait y avoir jamais en cette matière ni dogme, puisque l'Écriture et la tradition sont muettes, ni certitude scientifique, puisqu'on ne pourra jamais raisonner que par induction, toute preuve expérimentale étant impossible. Parmi les écrivains catholiques qui ont admis cette hypothèse, il faut compter avec Rohrbacher, le P. Gratry. Mais avant eux, dans une page étincelante M. de Maistre a indiqué d'avance à M. Flammarion, (*Éclaircissements sur les sacrifices;* Chapitre III) toutes les raisons solides qu'on peut invoquer à l'appui de la thèse qui ui est chère et dont il fait un si prodigieux abus.

« Ajoutons qu'en pleine physique d'Aristote, saint Thomas se pose déjà l'objection que nos astronomes se plaisent à faire valoir : « Quelqu'un dira peut-être que l'homme est si petit, en comparaison des corps célestes, que Dieu n'a pu se le proposer pour fin dans la création du ciel (physique) ». Sans doute, répond le saint docteur, les corps célestes dépassent incomparablement en grandeur le corps humain, mais l'âme raisonnable l'emporte infiniment sur eux. Cela étant, il ne répugne pas qu'ils aient été faits pour l'homme. *Ce n'est pas que l'homme en soit la principale fin;* la fin principale de toutes choses n'est autre que Dieu même. »

(*La vie future,* par le R. P. Lescœur, de l'Oratoire).

même du système! Nous savons qu'autour du Soleil, entre Mars et Jupiter, circulent un grand nombre de petites planètes; qu'il est enveloppé d'une couche gazeuse qui s'étend souvent jusqu'à la Terre, formant la lumière zodiacale; puis on a vu de nombreuses comètes circulant d'une manière permanente dans les limites de sa sphère d'attraction, et douées de lumière propre; on a reconnu en outre de nombreux courants de menus corpuscules qui sillonnent en tous sens l'espace planétaire, et tout ce cortège pour un astre qui, placé à la distance stellaire, serait de sixième grandeur, c'est-à-dire à peine visible à l'œil nu!

« De même, il n'y a pas longtemps, on croyait l'espace céleste peuplé seulement de corps stellaires définis et compacts; nous y avons découvert d'énormes masses gazeuses destinées peut-être à former d'autres corps solides, si ce n'est déjà fait; mais la lumière n'a pas encore eu le temps de nous en apporter la nouvelle! L'orbite de nos planètes les plus éloignées pourrait à peine mesurer l'étendue d'une *nébuleuse planétaire!*

« Que d'autres mystères dans l'immensité de l'espace, que nous ne pouvons sonder! Qui aurait imaginé les merveilles que devait nous révéler le spectroscope! Tout nouveau perfectionnement de l'art en entraîne un nouveau dans la science; aidé de l'un et de l'autre, l'astronome nous révèle toujours de plus en plus la grandeur divine et nous fait écrier avec le roi prophète : *Que tes œuvres sont grandes, ô Seigneur! tu les as toutes faites dans ta sagesse. Les cieux racontent vraiment les gloires du Dieu puissant. Le jour nous étourdit de ses merveilles, la nuit nous ouvre les trésors de la science! Ils ne parlent pas, ils ne font pas de bruit; mais sur toute la Terre, dans le monde entier, retentit leur mystique langage.* (Ps. cIII et xvIII.) »

Ces sentiments que la contemplation du ciel inspirait au Psalmiste ont été aussi ceux des savants de tous les âges. A tous elle révèle la présence et la puissance d'un Créateur infiniment grand. C'est ce que déclare dans les termes suivants, avec toute l'autorité de son génie, l'un des plus illustres fondateurs de l'astronomie moderne.

« Cet admirable arrangement du Soleil, des planètes et des comètes, dit Newton, ne peut être que l'ouvrage d'un Être tout-puissant et intelligent. Cet Être infini gouverne tout, non comme l'âme du monde, mais comme le Seigneur de toutes choses, et à cause de cet empire le Seigneur Dieu s'appelle le Seigneur universel. Le vrai Dieu est un Dieu vivant, intelligent et puissant ; il est au-dessus de tout et infiniment parfait. Il est éternel et infini, tout-puissant et omniscient, c'est-à-dire qu'il dure depuis l'éternité passée et dans l'éternité à venir et qu'il est présent par tout l'espace infini ; il régit tout et il connaît tout ce qui est et tout ce qui peut être. »

Pour terminer, écoutons encore après Newton la grande leçon que nous adresse, en présence du grandiose spectacle du monde, un des maîtres de la science astronomique de notre temps : ce sera la plus noble conclusion que nous puissions donner à notre modeste travail.

« Il y a autre chose que les objets terrestres, écrit M. Faye[1], autre chose que notre propre corps, autre chose que ces astres splendides : il y a l'intelligence et la pensée. Et comme notre intelligence ne s'est pas faite elle-même, il doit exister dans le monde une Intelligence supérieure d'où la nôtre dérive. Dès lors, plus l'idée qu'on se fera de cette Intelligence suprême sera grande, plus elle approchera de la vérité. Nous ne risquons pas de nous tromper en la considérant comme l'auteur de toutes choses, en reportant à elle ces splendeurs des cieux qui ont éveillé notre pensée, et finalement nous voilà tout préparés à comprendre et à accepter la formule traditionnelle : Dieu, Père tout-puissant, Créateur du Ciel et de la Terre.

« Quant à nier Dieu, c'est comme si, de ces hauteurs, on se laissait choir lourdement sur le sol. Ces astres, ces merveilles de la nature seraient l'effet du hasard ! Notre intelligence, de la matière qui serait mise d'elle-même à penser ! L'homme redeviendrait un animal comme les autres ; comme eux il jouirait tant bien que mal de cette vie sans but, et finirait comme eux, après avoir rempli ses fonctions de nutrition et de reproduction !

« Il est faux que la Science ait jamais abouti d'elle-même à cette négation. »

[1] *Sur l'origine du monde*; Introduction.

APPENDICE

DESCRIPTION DU CIEL

FAITE PAR CICÉRON, D'APRÈS L'ASTRONOME GREC ARATUS,
DANS SON TRAITÉ DE LA NATURE DES DIEUX.

Les étoiles ont un cours rapide et se meuvent les nuits et les jours avec le ciel. Quiconque se plait à étudier la constance de la nature ne se lasse jamais de les contempler. On a nommé *pôles* les deux extrémités de l'axe sur lequel tourne le globe du monde. Autour de notre pôle marchent les deux *Ourses*, qui ne se couchent jamais : la grande, nommée *Hélice* chez les Grecs, avec ses étoiles qui brillent pendant toutes les nuits et qui sont appelées les *sept bœufs* ; la petite, nommée *Cynosure*, formée d'étoiles en même nombre et disposées de la même manière. Quoique la grande soit la plus lumineuse et qu'elle paraisse dès l'entrée de la nuit, c'est sur la petite que les navigateurs phéniciens se guident dans les ténèbres, parce que le cercle qu'elle décrit est d'une moindre étendue.

Pour rendre l'aspect de ces étoiles plus admirable, au milieu d'elles, semblable au cours sinueux d'une rivière, serpente un terrible *Dragon*, qui de tous côtés fait des plis et des replis de son corps. Il est beau dans toute son étendue ; mais ce qu'il y a de plus remarquable, c'est la forme de sa tête et l'ardeur qui étincelle dans ses yeux. On lui voit non seulement une étoile à la tête, mais une à chaque tempe, une à chaque œil, une au menton. On dirait qu'il tourne le cou et qu'il penche la tête, pour regarder la queue de la *Grande Ourse*. Pendant toutes les nuits, presque tout son corps parait, mais quand il s'abaisse, une partie de sa tête se cache subitement là où elle s'était levée.

Près de cette tête on voit la figure d'un homme triste, accablé de lassitude, appuyé sur ses genoux, que les Grecs appellent *Engonasis ;* une éclatante couronne se montre sur son dos. Vis-à-vis de sa tête est le *Serpentaire*, qui porte chez les Grecs le nom d'*Ophiucus*. De ses deux mains il serre un serpent, qui le saisit lui-même à la ceinture et lui entoure tout le corps. Néanmoins il se tient ferme et foule aux pieds les yeux et le ventre du *Scorpion*.

Après la Grande Ourse vient son gardien, que l'on appelle communément le *Bouvier*, parce qu'il chasse l'Ourse devant lui, comme si elle était attelée à un char. *Areturus* rayonne à la ceinture de ce Bouvier ; au-dessous de lui marche une belle *Vierge* tenant à la main un *Epi* lumineux.

Sous la tête de l'Ourse vous découvrez les *Gémeaux* ; vers le milieu de son corps l'*Ecrevisse* ; à ses pieds se tient le gigantesque *Lion*, lançant de son corps une flamme agitée. A gauche des Gémeaux est placé le *Cocher*, qui est souvent caché et qui tourne fièrement la tête vers la Grande Ourse. A son épaule gauche est la *Chèvre* brillante dont les chevreaux ne nous lancent qu'une faible lumière ; sous ses pieds un énorme *Taureau* dont la tête est semée de plusieurs étoiles, auxquelles les Grecs donnent le nom d'*Hyades*, ce qui signifie *pluvieuses*, tandis que chez nous on les appelle maladroitement les *jeunes truies*.

Derrière la Petite Ourse *Céphée* étend ses deux mains ; au-devant *Cassiopée*, dont les étoiles ont un aspect brumeux. Auprès d'elle la belle *Andromède* se dérobe avec tristesse à la vue de sa mère. Un *Cheval* étincelant touche de son ventre la tête d'Andromède ; entre eux brille une étoile qui semble les unir par un lien éternel.

Là se montre le *Bélier* avec ses cornes recourbées ; à côté de lui les *Poissons* dont l'un plus avancé que l'autre, est plus exposé au souffle des vents glacés, qui n'épargnent pas *Persée* assis aux pieds d'Andromède. Tout autour du genou gauche de Persée se tiennent les petites *Vergiles* (les *Pléiades*). D'un côté se montre la *Lyre* dans sa pose légère ; de l'autre un oiseau qui déploie ses ailes sur la surface du ciel.

Près du Cheval est la main droite du *Verseau*, lequel apparaît ensuite tout entier ; à côté le *Capricorne*, qui traîne son corps demi-sauvage dans le grand cercle du Zodiaque et exhale de sa robuste poitrine un air glacial ; après l'avoir inondé de sa lumière dans la saison des frimas, le Soleil en éloigne son char dans sa course. En haut apparaît le *Scorpion* entrainant avec sa queue l'arc du *Sagittaire*, près duquel l'*Aigle* soutient le poids de son corps avec ses ailes aux plumes éclatantes.

On voit ensuite le *Dauphin*, *Orion* qui resplendit en se tenant incliné, le *Chien* avec ses feux incandescents, le *Lièvre* qui ne s'arrête jamais dans sa course infatigable. A la queue du Chien se trouve le navire *Argo* touché par le Bélier et le corps écailleux des *Poissons*, et suivant les rives du célèbre fleuve *Eridan*, qui serpente et se répand au loin. On peut voir les grands liens qui retiennent les Poissons par leur queue ; près de celle du vif Scorpion est l'*Autel* que caresse le vent chaud du midi. A côté le *Centaure* se hâte de cacher sous les bras du Scorpion la partie de son corps qui a la forme du cheval, et il tient dans sa puissante main droite un animal qu'il égorge d'un air farouche sur l'Autel. Du bas du ciel sort l'*Hydre*, qui déploie l'étendue de son corps, au milieu duquel se fait remarquer la *Coupe* ; sa queue est rongée par le *Corbeau* que distingue son plumage. Au-dessus des Gémeaux est l'*Avant-Chien*, désigné chez les Grecs par le nom de *Procyon*.

AVENTURES DE MÉCHAIN ET DELAMBRE

PENDANT LEURS TRAVAUX GÉODÉSIQUES.

Ces deux astronomes ne purent effectuer leurs opérations qu'au prix de grandes fatigues et de sérieux dangers. Nous allons en donner un court récit, et, pour qu'il présente plus d'intérêt, nous en prenons les matériaux dans les *Annales du Conservatoire des Arts et Métiers* et dans les ouvrages de Delambre et de Lalande.

Delambre part de Paris, en juin 1792, avec Méchain, munis tous deux d'une proclamation du roi, qui recommandait leurs personnes et leurs signaux à l'assistance et à la protection des autorités du royaume. Mais cet acte d'un gouvernement que la tourmente révolutionnaire allait emporter leur fut plus nuisible qu'utile.

Delambre voit un premier signal établi à Montlhéry détruit par les habitants. Non loin de là, à Montjal, la garde nationale s'oppose à l'érection d'un autre. A Dommartin, il ne peut se risquer sans danger à commencer ses observations.

Il se rend alors à Compiègne et arrive le 12 juillet au moulin de Jonquières emplacement d'un signal ; mais, en présence des inquiétudes manifestées par les habitants, il juge nécessaire d'aller à Beauvais pour réclamer une autorisation du département de l'Oise. Muni de cette pièce, il revient à Jonquières, où il est reçu, mais où il ne retrouve plus les anciens signaux nécessaires pour relier les opérations. Il part pour Dommartin et charge Lalande d'allumer un signal à Montmartre ; mais l'incendie des maisons voisines des Tuileries l'avertit que de graves évènements se passent, le 10 août, dans la capitale, d'où Lalande ne peut sortir que le lendemain pour éclairer son réverbère. De son côté Delambre ne peut allumer les siens.

Il va à Meaux, où l'autorité n'ose pas lui permettre d'opérer. A Montjal, les habitants s'opposent à ses travaux. A Belle-Assise, il échappe à leur surveillance et suivant son expression naïve, il a le bonheur d'achever la mesure de ses angles sans être aperçu. Mais peu d'instants après la garde nationale arrive pour visiter le château voisin, le reconnaît, l'arrête, l'enlève à travers champs par une pluie affreuse et l'amène à minuit à Lagny.

Plus intelligente, la municipalité, qui désire le sauver, le consigne prisonnier à l'auberge de l'Ours, sous la garde de deux factionnaires, et lui permet d'envoyer à Meaux un exprès chargé de réclamer sa liberté, qui lui est rendue.

Jamais découragé, il part pour Saint-Martin-du-Tertre ; mais arrêté à chaque pas et obligé de comparaître devant des municipalités toutes plus ignorantes les unes que les autres, il reconnait qu'il lui est impossible d'aller plus loin, sans

être muni d'un passeport. Prévoyant, dit-il, que s'il allait lui-même à Paris pour
le réclamer, ses amis lui diraient unanimement de remettre ses opérations à des
temps plus tranquilles, et ne voulant pas s'exposer à leurs instances, il envoie
Lefrançais le chercher.

Il veut partir de Saint-Denis ; mais le procureur-syndic l'avertit qu'il n'ira pas
à un quart de lieue sans être arrêté. Il l'est effectivement à Epinay où l'on veut
saisir ses instruments et où on l'oblige à les étaler sur la place et à en expliquer
l'usage. Malgré ses explications, on le fait remonter en voiture et on le ramène à
Saint-Denis. Le procureur-syndic appelé reconnaît le danger qu'il court et le fait
cacher dans la mairie, avec recommandation de fuir, s'il tarde à revenir. Mais ce
procureur plus intelligent revient bientôt le chercher, et les explications infruc-
tueuses recommencent par la lecture de ses lettres de recommandation. La foule
n'y comprend rien ; le tumulte augmente, la nuit arrive, et pour clore la séance,
on propose d'employer ce qu'il appelle *un de ces moyens expéditifs en usage dans
ces temps et qui, tranchant les difficultés, mettaient fin à tous les doutes.*

Le procureur, voyant l'imminence du danger, eut alors l'heureuse idée de proposer de renvoyer la décision populaire au lendemain, de mettre les scellés sur
les caisses et sur les voitures et d'écrire au président de l'Assemblée nationale. Cet
avis fut adopté et le sauva. Un décret, rendu d'urgence par l'Assemblée recom-
mandant Méchain et Delambre à toutes les municipalités, gardes nationales et
autres autorités, fut apporté le 9 septembre à Saint-Denis, où le malheureux
astronome était caché depuis le 6. Vers les derniers jours de 1793, Delambre fut
destitué comme suspect de royalisme ; cependant, après une suspension de quinze
mois, on lui rendit ses pouvoirs et il put reprendre ses travaux, qui ne furent
terminés qu'au mois de septembre 1797.

De son côté Méchain, après avoir quitté Paris, est arrêté à Essonne, sous pré-
texte que les instruments qu'il traînait avec lui étaient des machines destinées à
la contre-révolution. Ce n'est pas sans peine qu'il peut continuer son chemin pour
arriver à Perpignan, où il allait commencer son opération près de la frontière,
avec le concours de deux officiers du génie espagnol, lorsque la présence de ceux-
ci ne tarde pas à occasionner des soupçons qui l'obligent de passer en Espagne.
Il opère alors tranquillement en Catalogne et y pousse sa triangulation jusqu'à
Barcelone.

Il se disposait à rentrer en France, lorsqu'un accident terrible, qu'il éprouva en
visitant une machine hydraulique chez un ami, le mit à deux doigts de la mort.
Pendant sa maladie, la guerre se déclare et en retrouvant la santé il se voit retenu
prisonnier. Il emploie les loisirs de sa captivité à répéter dans une autre station
ses premières observations astronomiques pour la détermination de la latitude
de Barcelone, et il reconnaît avec douleur une erreur de 3″ dans les travaux qu'il
avait déjà expédiés à Paris. Ne pouvant la faire rectifier, par suite de l'interrup-
tion des communications avec la France, il en conçoit un vif chagrin. Enfin il est
autorisé à sortir d'Espagne pour se rendre en Italie, et c'est de Gênes qu'il revient
à Port-Vendres.

En 1795, il reprend du côté de Perpignan la continuation de ses travaux d'Espagne, mais toujours accablé par le souvenir de cette fatale erreur sur laquelle
il se croit obligé de garder le silence, de peur de se déconsidérer aux yeux des
autres savants. Des difficultés d'un autre genre aggravent sa situation ; ce sont
les intempéries de l'atmosphère et les obstacles d'un pays montagneux. Ces dif-

ficultés le désolaient, disait-il à Lalande en lui écrivant du pic de Bugarach, que l'on ne gravit qu'au risque de sa vie. Il y avait porté une tente pour y coucher ; mais le pic a tout au plus l'étendue nécessaire pour les étais du signal et il n'y a rien au-dessous que des précipices. La pente en est si raide, qu'il faut ramper et s'accrocher aux buissons et aux cailloux qui s'éboulent sous les pieds ; le vent y est si dangereux qu'on n'a pu trouver personne qui voulût y passer la nuit ou même y rester seul pendant le jour. Les hommes qui ont eu le courage d'y porter les instruments ont déclaré qu'aucun intérêt ni autorité ne pourraient les déterminer à le faire une seconde fois. Méchain était donc obligé d'y gravir tous les jours, et souvent les neiges et les brumes qui enveloppent les montagnes rendaient ses peines inutiles. Quand on a élevé des signaux à grands frais et avec des peines incroyables sur ces montagnes, les ouragans les renversent ; les malveillants les détruisent pour en voler les clous, et il faut retourner à plusieurs lieues de distance pour rétablir un signal.

Revenu à Paris, il est environné d'égards par ses collègues et comblé de faveurs ; mais rien ne peut dissiper son humeur sombre et difficile, qui paraît inexplicable. Obsédé de l'idée de revenir en Espagne, il obtient d'y retourner pour prolonger la méridienne. Mais il y est à peine arrivé qu'il est pris par la maladie et qu'il y meurt en 1804.

C'est en examinant ses papiers à Paris qu'on découvrit le fatal secret qui avait empoisonné les dernières années de sa vie.

OBSERVATION DU PASSAGE DE VÉNUS

DU 9 DÉCEMBRE 1874, FAITE A L'ILE SAINT-PAUL [1].

Extrait du récit, lu à la séance publique de l'Institut au mois d'octobre 1875, par le commandant de l'expédition M. Mouchez alors capitaine de vaisseau, aujourd'hui Contre-Amiral, Directeur de l'Observatoire de Paris, membre de l'Académie des sciences.

Partie de Paris le 28 juillet, la mission se trouvait le 22 septembre dans le voisinage des iles Saint-Paul et Amsterdam. Le 23, au lever du Soleil, éclatait un premier coup de vent qui nous obligeait à diminuer de toile au moment même où j'espérais atteindre le mouillage : c'était le commencement de nos épreuves. Le ciel était sombre, la mer grosse ; de la brume et une pluie de neige fondue obscurcissaient l'horizon. Il devenait impossible de reconnaître la terre dans de semblables conditions. Cependant la brise m'ayant paru diminuer un peu vers midi et le ciel s'embellir, je fis allumer les feux et faire immédiatement route pour le mouillage qui, situé dans l'est de l'ile, près de la coupée du cratère, me semblait assez bien abrité contre ces vents du sud-ouest pour nous permettre de tenir sur nos ancres jusqu'au premier beau jour.

Poussés par le vent et le courant, nous approchons rapidement de l'ile, que nous découvrons droit devant nous au milieu d'une éclaircie dans la brume ; puis nous laissons tomber l'ancre au pied des hautes falaises qui forment les deux côtés de la coupée du cratère. Comme il était trop tard pour descendre à terre, notre première exploration fut forcément remise au lendemain matin.

Rien ne saurait donner l'idée du sombre et sauvage aspect des lieux qui venaient de s'offrir subitement à nos regards, quand nous contournâmes ce rocher abrupte qui allait devenir notre séjour pendant trois ou quatre mois. Il faisait presque nuit ; nous étions dominés à très petite distance par des falaises nues et à pic de 200 à 300 mètres de hauteur, dont les crêtes aïgues déchiraient les nuages bas et sombres, courant avec une extrême rapidité au-dessus de nos têtes. Le vent accompagné de grêle et de pluie, tombait de temps à autre par violentes rafales, dans le bassin du cratère où il soulevait de nombreuses colonnes d'eau, véritables petits cyclones de 10 à 20 mètres de hauteur, parcourant ce bassin dans différentes directions.

On distinguait vaguement à terre, sur le revers intérieur du cratère, quelques

---

[1] Cette ile est entre le cap de Bonne-Espérance et l'extrémité sud-ouest de l'Australie vers le 40° degré de latitude sud.

vestiges de cabanes et de nombreux débris de naufrages d'un sinistre augure ; puis, au milieu de l'étroite passe par laquelle on pénétrait dans le cratère, l'énorme carcasse de la frégate anglaise *Mégéra*, presque entièrement à sec, éventrée par le vent et les vagues, entourée de ses nombreux débris et de ses chaudières à fleur d'eau, sur lesquels la mer se brisait comme sur un amas de rochers. Elle résistait depuis trois ans à tous les ras de marée et à toutes les tempêtes.

Au point du jour, conduits par nos six pêcheurs malgaches, qui allaient reprendre immédiatement possession des ruines de leur cabane de l'année précédente, nous franchissions sans accidents, entre deux grosses lames, la barre du cratère et nous nous dirigions vers la pêcherie, située à l'origine de la jetée nord, seul endroit de toute l'île où l'on pouvait débarquer sur un terrain présentant quelques mètres de surface horizontale.

Nous débarquons au pied de la pêcherie, près des hangars et des huttes aux trois quarts détruites et dont les toits ont été dispersés par les coups de vent de l'hiver. Les huit cents naufragés de la *Mégéra* avaient vécu plusieurs mois sur ce rocher et y avaient construit dans toutes les anfractuosités voisines de la pêcherie de nombreuses huttes, de toutes formes, encombrées d'un matériel considérable d'objets les plus divers.

Sur le versant intérieur de la falaise, nous apercevions au-dessus de la pêcherie l'établissement principal, consistant en une rangée de huit à neuf cabanes ; adossées à la montagne, elles semblaient nous offrir l'abri le plus convenable pour y loger de suite notre personnel. Les toitures seules étaient à refaire.

En approchant de la cabane qui me paraissait la mieux conservée, j'en entendis sortir un bruit étrange et confus, et, au moment où j'allais en franchir le seuil, je me vis assailli par un troupeau de cabris, de chats sauvages, de rats et de souris, sortant précipitamment et fuyant dans la montagne ; plus d'un mètre de fumier recouvrait le sol et montrait que cette hutte avait servi d'étable pendant tout l'hiver. Je mis quelques hommes à la nettoyer pour la rendre habitable le jour même et en faire le logement du personnel.

Des barils et des caisses à eau placés au pied de cette rangée de cabanes avec quelques conduits en planches avaient servi à recueillir une certaine quantité d'eau de pluie pendant l'hiver, et assuraient notre approvisionnement des premiers jours, jusqu'à ce que nous eussions le temps d'établir notre cuisine distillatoire.

Je pris la décision de construire l'observatoire au pied de nos logements, sur le point culminant de la jetée nord, de manière à le protéger complètement contre les crêtes des lames des grands ras de marée, qui seules pouvaient les atteindre.

Pendant cette excursion à la recherche d'un emplacement pour nos instruments, nous constatons une absence complète d'arbres ou de végétaux : sur toute la surface de l'île on ne rencontre qu'une herbe coriace, ressemblant à l'alfa de l'Algérie, et à peine suffisante pour donner quelque abri aux nombreuses bandes de pingouins ou manchots établis sur le versant des falaises. Ces curieux animaux sont tellement familiers que, pour traverser leurs groupes compacts il faut les repousser du pied et de la main pour ne pas les écraser ; nous pouvons les prendre, les caresser : ils reprennent bientôt après leurs occupations les plus intimes avec la même insouciance que s'il n'y avait rien de changé, sinon l'arrivée de quelques pingouins de plus.

Près de la pêcherie, nous trouvons les sources d'eau chaude signalées dans toutes les descriptions de cette île. La température de quelques-unes est assez élevée pour qu'on puisse y faire cuire des poissons et des homards.

Après cette excursion, je rentre à bord à 9 heures pour faire commencer immédiatement l'opération du débarquement. Tout le personnel de la mission est envoyé à terre préparer les logements et refaire les toitures. Malheureusement le vent souffle avec force et amène de fréquents grains de grêle ; la mer est grosse et déferle souvent sur la barre ; les embarcations la traversent difficilement et non sans danger. On a de la peine à se tenir debout sur les jetées et il est impossible de parvenir à couvrir les huttes avec des toiles que le vent renverse à chaque instant avec les hommes qui essayent de les consolider. Le soir, tout le personnel rentre à bord sans avoir pu sensiblement avancer les travaux ; les six pêcheurs malgaches restent seuls à terre. Le lendemain 24, même temps ; la nuit fut très mauvaise ; le mauvais temps continue pendant toute la journée du lendemain. Il est impossible de mettre une embarcation à la mer, ni de songer à essayer de franchir la barre.

La nuit suivante fut pire encore. Les secousses devenaient de plus en plus fortes ; les rafales sifflaient avec une telle violence et se succédaient si rapidement qu'il était impossible de s'entendre parler. Le 25 au point du jour la tempête était dans toute sa violence ; nos ancres se rompent et *la Dives*, emportée par l'ouragan, perdait en quelques minutes l'abri de l'île.

Pendant trois jours le vent souffla avec la même violence, accompagné de très fréquents grains de grêle et de pluie qui ne permettaient plus de rien distinguer à quelques mètres de distance. Le 29, il y eut une amélioration sensible ; un soleil embrumé, blafard, à contours indécis, fut visible pendant quelques instants, ce qui nous permit de déterminer notre position assez exactement ; nous n'avions perdu que 40 lieues. Je voulus tout tenter pour regagner le mouillage de Saint-Paul ; nous continuâmes donc de lutter vigoureusement, demandant à la machine et à la mâture tout l'effort qu'elles étaient capables de produire dans ces conditions difficiles.

Enfin, après 72 heures d'un louvoyage très serré sous voile et vapeur, nous avons le bonheur de revoir notre île et de pouvoir laisser tomber notre dernière ancre le 1er octobre, au même point d'où nous avions été chassés par la tempête huit jours avant.

Par le plus heureux des hasards, la barre ne déferle pas ce jour-là ; aussitôt le navire mouillé, toutes les embarcations sont mises à la mer et chargées de colis et du personnel de la mission ; on accélère les voyages autant que possible. Le temps fut assez favorable pendant toute cette journée ; aussi, au coucher du Soleil, la plus grande partie de notre matériel était à terre, et nous avions l'immense satisfaction de voir à peu près finie l'opération que j'avais toujours considérée comme la plus difficile et la plus critique. Toute la mission coucha pour la première fois à terre. Le temps paraissait beau ; mais, vers le matin, une nouvelle tempête se déclarait. *La Dives*, pour ne pas exposer sa dernière ancre, la relevait et s'éloignait de l'île : elle disparut bientôt dans la brume et la pluie ; mais le coup de vent ne dura qu'une journée et le 4 elle revenait au mouillage ; elle acheva de débarquer quelques colis secondaires et les douze bœufs qu'elle avait apportés de la Réunion.

Le ministre de la marine m'avait prescrit de conserver *la Dives* à mes ordres pendant tout le temps de mon séjour à Saint-Paul ; mais le détestable temps qui régnait alors dans ces parages et la perte des ancres m'obligèrent, à mon grand regret, à me priver de ses services et à la renvoyer immédiatement à Saint-Denis, d'où elle repartirait pour venir nous chercher vers le 20 ou le 25 novembre. Au moment où elle disparaissait derrière la pointe nord de l'île commençait un nouveau et violent coup de vent, presque aussi fort que celui que nous avions éprouvé à notre arrivée et qui allait rendre bien difficiles nos premiers travaux d'installation.

La première quinzaine d'octobre qui suivit notre débarquement fut presque exclusivement consacrée à l'installation matérielle de la mission, au logement, à l'organisation du service des vivres, à la construction de la machine distillatoire pour convertir l'eau de mer en eau potable. Pressés par le mauvais temps et obligés de faire simultanément presque tous ces travaux de première nécessité avec un personnel très réduit, tout le monde sans exception dut apporter le concours de ses bras et de son activité.

Pendant cette période, le temps est continuellement très mauvais. Des rafales d'une grande violence tombent du haut des falaises comme des coups de massue sur nos cabanes, dont elles défoncent quelquefois les toitures et dispersent les débris ; des grains subits de grêle et de pluie nous obligent, souvent plusieurs fois dans la même heure, à abandonner les travaux. Le 11 octobre, la cabane méridienne étant à peu près terminée, une violente rafale tombe si subitement qu'il est impossible de prendre aucune précaution ; elle arrache le toit de cette cabane qu'elle jette brisé à 30 mètres de distance ; c'est encore un travail à recommencer.

Pendant la seconde quinzaine, les coups de vent et la grêle sont un peu moins fréquents, mais en général le temps est toujours fort mauvais ; le thermomètre se tient entre 7 et 12 degrés ; le ciel est presque toujours couvert. La mer déferle très fréquemment sur la barre qui est rarement praticable, même par le beau temps.

Les principaux travaux étant terminés, nous faisons les premiers essais de nos instruments et les premières observations, fort difficiles d'ailleurs par suite des brumes, des nuages et des mauvais temps continuels ; je commence à concevoir de sérieuses inquiétudes sur la possibilité de faire à Saint-Paul des observations astronomiques de quelque valeur et surtout celles du passage de Vénus ; car les conditions climatologiques me paraissent pires encore que ne le disaient les renseignements recueillis ; pendant les plus beaux temps le zénith ne reste jamais découvert plus d'une demi-heure ou une heure de suite. Il est presque continuellement embrumé, même quand le ciel est dégagé tout autour de l'horizon ; les crêtes de l'île semblent arrêter tous les nuages ou leur donner naissance.

L'instant de la journée où le ciel est le plus dégagé est dans l'après-midi de 2 heures à 4 heures, quand le Soleil chauffe directement le cratère ; mais aussitôt qu'il approche de l'horizon et que l'ombre des crêtes se projetant sur le bassin amène un brusque refroidissement, on voit aussitôt de petits flocons de brouillard se former de tous les côtés le long des parois verticales, monter et se réunir bientôt en bancs de brume épaisse qui couvrent le ciel, au moment même où la disposition du Soleil allait permettre d'apercevoir les étoiles.

Nos pêcheurs malgaches profitent des rares jours où la barre est praticable pour faire leurs premières sorties de pêche ; ils prennent généralement deux à trois cents morues, dont quelques-unes pèsent de 40 à 50 kilogrammes, ayant à peu près les dimensions d'un homme.

Notre table est donc confortablement alimentée à l'aide de ces poissons, des homards et de quelques cabris que l'on prend à la course chaque fois qu'on en désire. Cette bonne nourriture, jointe à une grande activité de travail, un climat très salubre et une ventilation énergique, entretient l'état hygiénique de la mission en parfaites conditions. Il n'y a pas eu une seule indisposition qui ait nécessité l'intervention du médecin pendant toute la durée de notre séjour.

On poursuit très activement tous les travaux relatifs à l'installation et à l'essai des instruments ; mais ce n'est que le 19 que le ciel se découvre assez, pendant une heure ou deux, pour me permettre d'observer quelques étoiles, à l'aide desquelles j'obtiens l'heure et l'orientation approchée du méridien.

En général le temps à Saint-Paul est d'une extrême variabilité ; on passe subitement, et souvent plusieurs fois dans la même heure, d'une brume épaisse à un ciel bleu, ou d'un ciel bleu à de fortes pluies ; cela oblige à saisir au vol quelques fils d'une étoile qui paraît et disparait en quelques secondes entre des nuages courant toujours avec une extrême rapidité. Nous commençons, M. Turquet et moi, à lever le plan de l'île, en allant faire quelques stations au théodolite sur les points culminants, sur les sommets des falaises les plus saillants.

Dans la seconde quinzaine de novembre, les coups de vent deviennent rares ; mais nous avons des brouillards continuels et, quand bien rarement le ciel paraît, il est tellement brumeux qu'on peut à peine distinguer les plus belles étoiles ; il pleut très fréquemment. Tous les travaux préparatoires se poursuivent cependant avec la même ardeur et les observateurs restent nuit et jour auprès des instruments pour profiter de la plus courte éclaircie.

Le 17 novembre, dans l'après-midi, nous avons le vif plaisir de voir arriver *le Fernand* (venant de la Réunion), qui nous apporte les premières nouvelles de France. Depuis plusieurs jours, un marin montait chaque matin sur les sommets de l'île pour scruter l'horizon du côté de l'ouest. Ce petit navire profite de la première pleine mer, le lendemain, pour entrer dans le cratère et s'amarrer près de la pêcherie. Au milieu de notre isolement, l'arrivée du *Fernand* est un grand événement.

En décembre, les coups de vent du sud-ouest deviennent rares et sont remplacés par les vents du nord-ouest modérés ; la température s'élève ; la pluie et les brumes deviennent de plus en plus fréquentes : il pleut trois fois plus dans le mois de décembre que dans le mois de novembre.

Pendant les premiers jours du mois, nous terminons les derniers préparatifs de l'observation ; tout le personnel de timoniers et de marins est distribué entre les observateurs, et bien exercé au travail qu'il doit accomplir. Chacun reçoit une copie d'un ordre de jour, où j'ai indiqué le poste à occuper et le travail à faire.

Pendant les premiers jours de décembre, l'observation du passage eût été entièrement manquée ; les 3, 4, 5 sont des journées sombres et brumeuses ; nous perdons de plus en plus l'espoir de rien voir ; la seule chance, très faible et très précaire, que nous conservions, était celle due à l'influence favorable qu'aurait la nouvelle Lune, arrivant précisément le 9 décembre. D'après le dire des pêcheurs malgaches, il y aurait toujours une embellie plus ou moins longue le jour de la nouvelle Lune.

Mais le 6 décembre la pluie est incessante ; le 8, le vent passe au nord et nord-est, toujours très frais et pluvieux. *La Dives* arrive au mouillage avec notre courrier d'Europe ; une petite goélette de pêche, qui était arrivée la veille sur rade, ne peut résister au mauvais temps ; elle casse son ancre et disparaît dans la brume. La nuit du 8 au 9, qui fut détestable, fit disparaître la dernière lueur d'espérance : la pluie était torrentielle : de violentes rafales de nord-est secouaient nos cabanes au point de nous faire craindre à chaque instant une destruction complète de notre établissement. Tout semblait irrévocablement perdu ; mais vers trois ou quatre heures du matin, le vent sauta subitement du nord-est au nord-ouest, amenant une rapide amélioration du temps : le voile sombre qui nous enveloppait se déchire, la pluie cesse et le ciel bleu apparaît de temps à autre entre les nuages bas courant avec une grande rapidité. Au lever du Soleil, vivement surpris d'un tel changement, nous courons tous aux instruments et nous terminons rapidement les derniers préparatifs. A sept heures tout le monde est attentif à son poste, entièrement prêt à faire son devoir bien étudié d'avance.

Les nuages étaient encore très fréquents, mais ils s'éclaircissaient de plus en plus et laissaient souvent voir le ciel. La tempête avait complètement purifié l'atmosphère ; aussi le ciel paraissait-il d'un bleu limpide, quand on le voyait entre les nuages ; malheureusement plusieurs bancs de brume, qui passèrent depuis 7 h. 4 m. jusqu'à 7 h. 18 m. nous firent manquer le premier contact.

Ce ne fut que vers 7 h. 18 m. que les nuages se dissipèrent pendant assez longtemps pour permettre de suivre assez régulièrement les diverses phases du phénomène, quoique le Soleil soit resté souvent caché par des bancs de brume, surtout vers la fin, qui arriva à 11 h. 33 m. Quelques minutes après l'observation du Soleil, le ciel se couvrit complètement ; la brume revint aussi intense que la nuit précédente et la pluie recommença avec de violentes rafales. Le mauvais temps dura encore deux jours.

En résumé, l'observation a été faite aussi heureusement qu'on pouvait le désirer, mais qu'on n'aurait jamais osé l'espérer sous un tel climat. Tout s'est passé avec le plus grand ordre ; aucun accident fâcheux, aucun oubli n'est survenu ; le programme réglé d'avance a été exactement suivi, et nous croyons avoir tiré tout le parti possible des circonstances particulières dans lesquelles s'est effectué le passage.

Pendant la seconde quinzaine de décembre, la saison d'été s'établit tout à fait : la température s'élève souvent à 18 ou 20 degrés dans l'après-midi ; les coups de vent deviennent rares, les brumes et les calmes de plus en plus fréquents ; il pleut souvent : le temps est on ne peut plus défavorable pour les observations astronomiques.

On commence à faire les préparatifs de départ ; on embarque chaque jour les objets qui ne sont plus utiles et on termine la construction d'une pyramide commémorative de 9 mètres de hauteur. Le 4 janvier, nous quittons l'île ; nous faisons une visite à l'île d'Amsterdam, puis une relâche à la Réunion.

Enfin la mission est de retour à Paris le 5 mars, sept mois et dix jours après son départ.

LA MÉTÉORITE D'OSCHANSK

La Nature, sous ce titre, *Revue des sciences*, contient dans son numéro du
6 décembre 1890, un article où M. Stanislas Meunier raconte une chute d'aérolithes, arrivée en Russie, le 30 août 1887, dans le gouvernement de Perm. Nous
lui empruntons l'extrait suivant, qui ne saurait paraître dépourvu d'intérêt.

« Entre Perm et Oschansk il se produisit vers midi et demi, au milieu d'un ciel
très clair, une traînée de feu presque horizontale semant des éclairs sur sa route,
et en même temps on entendit des détonations plus analogues à celles d'une
fusillade qu'à l'explosion du tonnerre. Un peu après, il tomba sur le sol une pluie
de pierres incandescentes qui devinrent noires en se refroidissant et qui s'enfon-
cèrent plus ou moins profondément dans le sol; elles étaient nombreuses et
pesaient de 1 à 330 kilogrammes.

« M. Nagibine se trouvait dans une rue d'Oschansk au moment de la chute et
il entendit le crépitement qui l'annonça. Environ une demi-minute après la cessa-
tion de ce bruit, il vit tomber une pierre noirâtre qui sifflait à travers l'air comme
eût fait un boulet de canon. Plusieurs ouvriers accoururent et trouvèrent la météorite au fond d'un trou de 50 centimètres environ de profondeur qu'elle avait
creusé dans le sol. Elle était grosse comme la tête d'un enfant et elle était encore
chaude : elle pesait 1 kilogr 790 grammes.

« A Tabor deux paysans qui travaillaient dans un champ, surpris par les
détonations et le roulement levèrent les yeux et virent le bolide de couleur
rouge sombre et suivi d'une fumée blanche agitée par le vent et répandant une
odeur de soufre. La masse passa à 200 mètres environ au-dessus de leur tête et
souleva par son choc une colonne de poussière ; l'un des paysans qui était monté
sur une meule de blé fut jeté à terre par le remous de l'air. Au point de chute on
trouva un trou de 4^m,20 de profondeur et de 2^m,10 de côté ; la pierre était trop
chaude pour qu'on pût la retirer de suite. On attendit au lendemain et on la sortit
par morceaux pesant : l'un 98 kilogrammes et les autres de 100 grammes à
11 kilogrammes. Il y eut environ 82 kilogrammes de débris, et l'on peut évaluer
le poids total de cette seule pierre à 328 kilogrammes...

« Il est tombé encore une autre pierre que l'on n'a pas retrouvée dans la
rivière Kamo qui coule à Tabor. D'après le récit d'un garde forestier, la terre
trembla aux abords et l'eau de la rivière, après avoir été soulevée en une haute
colonne, a continué de bouillonner longtemps après la chute. Une troupe de 50 à
60 chevaux qui buvaient à la rivière au même moment, furent jetés par terre par
l'ébranlement de l'air. »

TABLE DES MATIÈRES

Préface 1
Introduction 3

LIVRE PREMIER

MOUVEMENT DIURNE ET DESCRIPTION DE LA SPHÈRE CÉLESTE

Chapitre premier. — L'horizon et la sphère céleste. 7
Chapitre II. — L'étoile polaire et la Grande-Ourse. — Mesure des distances angulaires 10
Chapitre III. — Les planètes. 15
Chapitre IV. — Méridienne et points cardinaux. — Gnomon. — Tableau de la déclinaison de l'aiguille aimantée 17
Chapitre V. — Hauteur du pôle. — Réfraction. Lentilles. Lunette. Télescope. 22
Chapitre VI. — Cercle mural. Lunette méridienne. Théodolite. Equatorial. 30
Chapitre VII. — Jour sidéral et jour solaire. — Cadran solaire. 36
Chapitre VIII. — Cercles de la sphère céleste. Ascension droite et déclinaison. Globes et cartes célestes. 40
Chapitre IX. — Description du ciel. 45
Chapitre X. — Description du ciel (suite) 49
Chapitre XI. — Constellations zodiacales. — Tableau de l'aspect du ciel à 9 heures du soir au commencement de chaque mois 52
Chapitre XII. — Aspect général du ciel. — Voie lactée. 58

LIVRE II

LA TERRE

Chapitre premier. Réflexions suggérées par le spectacle de la Terre. Supériorité de l'homme sur toute la nature. 62
Chapitre II. — Forme sphérique de la Terre. Evaluation du rayon terrestre. — Les antipodes ; opinions des anciens à ce sujet 66

Chapitre III. — Détermination de la latitude et de la longitude terrestres. — Construction d'un globe terrestre   72

Chapitre IV. — Conséquences provenant de la différence des heures en divers lieux. — Tableau des latitudes et des longitudes des villes importantes   77

Chapitre V. — Mesure du méridien. Triangulation   80

Chapitre VI. — Travaux géodésiques. Mesures topographiques   84

Chapitre VII. — Mesures marines. Direction des navires. Cartes marines . .   87

Chapitre VIII. — Rotation de la Terre. Expérience de Foucault   90

Chapitre IX. — Opinions des anciens sur la rotation de la Terre. Le procès de Galilée   94

Chapitre X. — L'origine de la Terre et la Bible. 100

LIVRE III

LE SOLEIL

Chapitre premier. — De l'influence du Soleil sur la Terre. 103

Chapitre II. — Le mouvement propre du Soleil 105

Chapitre III. — L'Écliptique. Tropiques et cercles polaires. Zones terrestres. 107

Chapitre IV. — Le Zodiaque. — Précession des équinoxes. 111

Chapitre V. — L'année tropique et l'année sidérale. — Le calendrier. . . 115

Chapitre VI. — De l'inégalité des jours et des nuits. Tableau de la durée du plus long jour à diverses latitudes. — Table de correction pour l'heure du lever et du coucher du Soleil 120

Chapitre VII. — Différences de température à la surface de la Terre 126

Chapitre VIII. — La courbe elliptique suivie par le Soleil. Loi du mouvement. 128

Chapitre IX. — Parallaxe d'un astre 132

Chapitre X. — Détermination de la parallaxe de Mars. Parallaxe solaire au moyen des passages de Vénus. — Voyage de Le Gentil aux Indes . . 136

Chapitre XI. — Distance de la Terre au Soleil. — Rayon et volume de cet astre. — Réflexions 141

Chapitre XII. — Révolution de la Terre autour du Soleil 145

Chapitre XIII. — De la durée des jours et des nuits en divers lieux. — Aurore boréale. 149

Chapitre XIV. — Les taches du Soleil. Sa rotation. La constitution du Soleil. Protubérances solaires. 154

LIVRE IV

LA LUNE

Chapitre premier. — Le mouvement propre de la Lune. 161

Chapitre II. — Les phases de la Lune 163

Chapitre III. — Révolution synodique. — La néoménie chez les anciens. — La Lune rousse. 167

Chapitre IV. — Périodes chronologiques dépendant du cours de la Lune. — Formule de Gauss pour déterminer le jour de la fête de Pâques . 171

Chapitre V. — Orbite de la Lune. — Sa distance à la Terre. — Son rayon et son volume 175

Chapitre VI. — De l'aspect de la Lune chez les anciens. La Lune nous présente toujours la même face. 177

Chapitre VII. — Constitution physique de la Lune. — Ses montagnes. Carte de la Lune 179

Chapitre VIII. — Notions historiques sur les éclipses. — Eclipse de Lune. . 184

Chapitre IX. — Eclipses de Soleil. Description de l'éclipse totale du 18 juillet 1860 en Espagne. 188

Chapitre X. — Les protubérances solaires. Analyse spectrale. — Observations et découvertes de M. Janssen. 195

Chapitre XI. — De la prédiction des éclipses. Leur utilité pour la chronologie 202

LIVRE V

LES PLANÈTES ET LA GRAVITATION UNIVERSELLE

Chapitre premier. — Mouvements apparents des planètes. — Carte de la marche de Jupiter pendant les années 1891 et 1892. 205

Chapitre II. — Explication des mouvements apparents des planètes. . . . 208

Chapitre III. — Copernic. Tycho-Brahé. — Les lois de Képler. 211

Chapitre IV. — Newton et la gravitation universelle 215

Chapitre V. — La théorie cosmogonique de Laplace et le récit biblique de la création 220

Chapitre VI. — Description des planètes. Tableau de leurs éléments. . . . 224

Chapitre VII. — Les planètes inférieures. Mercure. Vénus. 227

Chapitre VIII. — Mars. 231

Chapitre IX. — Jupiter. Mesure de la vitesse de la lumière. 235

Chapitre X. — Saturne 240

Chapitre XI. — Uranus. — Neptune. 244

Chapitre XII. — De la masse des astres. 248

Chapitre XIII. — Les marées. Détails historiques. 251

Chapitre XIV. — Théorie du phénomène des marées. 255

LIVRE VI

LES COMÈTES ET LES ÉTOILES FILANTES. — LES AÉROLITHES

Chapitre premier. — Notions historiques sur l'apparition des comètes . . . 260

Chapitre II. — Caractères qui distinguent les comètes 263

Chapitre III. — Marche des comètes. — Comète de Halley   266

Chapitre IV. — Les comètes périodiques   271

Chapitre V. — De quelques comètes remarquables   274

Chapitre VI. — De la nature des comètes. — Lumière zodiacale. — Photographie du ciel   277

Chapitre VII. — Les étoiles filantes   282

Chapitre VIII. — Les bolides. — Détails historiques sur les chutes d'aérolithes   285

Chapitre IX. — Chutes récentes d'aérolithes. — Leur composition   293

LIVRE VII

LES MONDES STELLAIRES

Chapitre premier. — Mouvements propres des étoiles. — Etoiles multiples. — Etoiles variables. — Etoiles temporaires   297

Chapitre II. — De la distance des étoiles   301

Chapitre III. — Les nébuleuses   304

Chapitre IV. — La pluralité des mondes habités. — La science astronomique et Dieu   308

APPENDICE

Description du ciel empruntée à Cicéron   313

Aventures de Méchain et Delambre pendant leurs travaux géodésiques . .   315

Récit de la mission envoyée à l'île Saint-Paul pour l'observation du passage de Vénus du 9 décembre 1874   318

Météorite d'Oschansk, tombée en Russie le 30 août 1887   324

ÉVREUX, IMPRIMERIE DE CHARLES HÉRISSEY